突发环境健康危害事件案例分析

主　编　杨智聪　钟　嶷

U0199541

人民卫生出版社
·北京·

图书在版编目（CIP）数据

突发环境健康危害事件案例分析 / 杨智聪，钟嶷主编 . -- 北京：人民卫生出版社，2021.5

ISBN 978-7-117-31475-6

Ⅰ.①突… Ⅱ.①杨… ②钟… Ⅲ.①环境污染事故 - 事故处理 - 案例 - 中国 Ⅳ.①X507

中国版本图书馆 CIP 数据核字（2021）第 074669 号

人卫智网	www.ipmph.com	医学教育、学术、考试、健康，购书智慧智能综合服务平台
人卫官网	www.pmph.com	人卫官方资讯发布平台

突发环境健康危害事件案例分析
Tufa Huanjing Jiankang Weihai Shijian Anli Fenxi

主　　编：杨智聪　钟　嶷

出版发行：人民卫生出版社（中继线 010-59780011）

地　　址：北京市朝阳区潘家园南里 19 号

邮　　编：100021

E - mail：pmph @ pmph.com

购书热线：010-59787592　010-59787584　010-65264830

印　　刷：北京顶佳世纪印刷有限公司

经　　销：新华书店

开　　本：710×1000　1/16　印张：18

字　　数：304 千字

版　　次：2021 年 5 月第 1 版

印　　次：2021 年 7 月第 1 次印刷

标准书号：ISBN 978-7-117-31475-6

定　　价：80.00 元

《突发环境健康危害事件案例分析》
编写委员会

主　　编　杨智聪　钟　嶷

副 主 编　何蔚云　郭重山　王德东　周金华

　　　　　孙丽丽　杨轶戡　范淑君

编　　者（按姓氏笔画排序）

　　　　　王德东　石同幸　冯文如　毕　华　刘世强

　　　　　刘伟佳　江思力　孙丽丽　李　琴　杨轶戡

　　　　　杨智聪　步　犁　吴　迪　吴　燕　何蔚云

　　　　　陈玉婷　陈思宇　范淑君　周自严　周金华

　　　　　钟　嶷　施　洁　郭重山　黄仁德　蒋琴琴

　　　　　谭　磊　黎晓彤

序

　　环境污染与整治是近年党和政府高度重视的公共卫生问题。环境污染引发的突发公共卫生事件具有突发性、不确定性、持续性、复杂性和处理艰巨性等特征。应对突发环境污染事件，需进行快速、细致、准确的调查。通过调查分析病例临床表现、事件现场状况、人群三间分布、实验室检测数据、环境污染环节及模拟试验结果等，查找事件原因，摸清影响人群，明确污染因素，提出有效的处理措施。若处置不当，将直接影响人民群众健康安全，随时可能引发更为复杂的社会热点事件。

　　广州市疾病预防控制中心从事环境卫生的专业同行，认真收集了二十多年来他们亲身经历和处置解决的环境污染突发事件的案例，科学地分类、整理、总结与反思。本书不仅包含预防医学方面的知识，还糅合了空调通风系统、装修装饰材料、游泳场所水质净化和饮用水水处理工艺等非医学专业学科知识。

　　本书在分享环境污染突发事件应急处置中积累的宝贵经验的同时，也点评了案例亮点和一些案例不足之处，有较强的针对性、指导性和实用性，为开展环境突发事件的个案调查提供了参考与借鉴。可作为环境卫生专业人员的辅助参考技术书籍，也是预防医学方面不可多得的参考教材。

北京大学公共卫生学院

2020 年 12 月

前　言

突发环境污染事件是指在社会生产和人民生活中所使用的化学品、易燃易爆炸危险品、放射性物品,在生产、运输、储存、使用和处置等环节中,由于操作不当、交通肇事或人为破坏而造成的爆炸、泄漏,从而造成环境污染和人民群众健康危害的恶性事故。突发环境污染事件的基本特征有发生时间的突然性、污染范围的不确定性、负面影响的多重性和健康危害的复杂性。

卫生健康部门负责处置的突发环境污染事件,按涉及的介质分类,主要是饮用水污染事件、空气污染事件和土壤污染等其他事件。近二十多年来,广州市疾病预防控制中心(前身为广州市卫生防疫站)根据国家应急预案,结合本市具体情况制定了饮用水和公共场所等突发事件应急预案,成功处置了多起突发环境污染事件,并参加了 2008 年汶川大地震的救援行动,在保护人民健康、保障公共卫生安全和维护经济社会稳定等方面发挥了重要作用。

广州市疾病预防控制中心认真落实以人为本、执政为民的理念,组织专家编写了《突发环境健康危害事件案例分析》。本书作者由空气、饮用水等环境卫生领域的专家和技术骨干组成,具有丰富的理论知识和实践经验。在参考了国内外最新研究成果的基础上,分析 1996—2019 年广州市突发环境污染事件,总结广州市饮用水、空气污染事件的处置经验,为提高饮用水和空气突发事件的防范和处置水平,以及政府制定质量安全政策提供依据。

全书分三部分,第一部分主要阐述空气污染引发的突发健康危害事件,第二部分主要阐述饮用水污染引发的突发健康危害事件,第三部分阐述游泳场所和游泳池污染引发的突发健康危害事件。本书数据翔实,科学严谨,内容丰富,重点突出,通俗易懂,实用性和指导性强,可作为饮用水和空气相关的环境保护、预防医学、供水、监督与管理、疾病控制等专业技术人员,以及负责管理和生产的第一线人员的选用教材和参考书。

限于时间和能力,本书疏漏与错误之处在所难免,不当之处,敬请广大读者批评、指正。

编者

2020 年 12 月

目 录

第一部分 空气污染引发的突发健康危害事件

第二部分　饮用水污染引发的突发健康危害事件

附录

第一部分 空气污染引发的突发健康危害事件

空气污染,又称为大气污染,由于人类活动或自然过程引起某些物质进入大气中,当排放的物质越来越多,远远超过大气的自净能力时,就导致大气的组成发生变化。当大气中污染物质的数量、浓度和持续时间达到有害程度,危害到人类的健康和环境时,即形成大气污染。

除了室外大气污染危害严重,目前室内环境空气污染(简称室内空气污染)也越来越受到学者们的广泛关注。室内空气污染是有害的化学性、物理性和 / 或生物性因子进入室内空气,并对人体身心健康产生直接 / 间接,近期 / 远期,或者潜在有害影响的状况。2017 年 10 月 27 日,世界卫生组织国际癌症研究机构公布的致癌物清单中将家用燃料燃烧的室内排放列为 2A 类致癌物。

"室内"主要指居室内。目前室内空气污染有害物质主要包括甲醛、苯、氨、放射性氡等。随着室内空气污染程度加剧,人体会产生机体有害反应甚至威胁到生命安全,是日益受到重视的人体危害之一。

一、室外大气污染

空气污染对健康的直接危害 空气污染对健康的影响分为急性危害和慢性危害。急性危害主要是由于大气(特指室外环境空气)污染物的浓度在短期内急剧增高(如重度雾霾),人群大量吸入污染物造成的急性危害,主要表现为呼吸道和眼部刺激性症状、咳嗽、胸痛、呼吸困难、咽喉痛、头痛、呕吐、心功能障碍、肺功能衰竭、诱发慢性心脑血管疾病的急性发作等。

(1)急性危害:大气污染物的浓度在短期内急剧升高,可使当地人群因吸入大量的污染物而引起急性中毒,按其形成的原因可以分为烟雾事件和生产事故。

1)烟雾事件:根据烟雾形成的原因,烟雾事件可以分为煤烟型烟雾事件和光化学型烟雾事件。

①煤烟型烟雾(coal smog)事件：主要由燃煤产生的大量污染物排入大气，在不良气象条件下不能充分扩散所致。自19世纪末开始，世界各地曾经发生过多起烟雾事件，著名的有马斯河谷烟雾事件、多诺拉烟雾事件以及伦敦烟雾事件。

②光化学型烟雾(photochemical smog)事件：光化学型烟雾是由汽车尾气中的氮氧化物(NO_x)和挥发性有机物在日光紫外线的照射下，经过一系列的光化学反应生成的刺激性很强的浅蓝色烟雾所致，其主要成分是臭氧、醛类以及各种过氧酰基硝酸酯，这些通称为光化学氧化剂。近年来，我国的大气污染形势比较严峻，严重的大气污染在各地时有发生。特别是2013年1月2日至12月14日间，我国中东部地区大范围出现严重的雾霾天气，引起国内外的关注。在此期间，天津、河北、山东、江苏、安徽、河南、浙江、上海等多地空气质量指数达到六级严重污染级别，使得京津冀与长三角雾霾连接成片状结构。

2)事故性排放引发的急性中毒事件：事故造成的大气污染急性中毒事件一旦发生，后果通常十分严重。近年发生的代表性事件有博帕尔毒气泄漏事件、切尔诺贝利核电站爆炸事件、重庆市开县特大天然气井喷事件、福岛核泄漏事件、天津港"8·12"火灾爆炸事件、以及宣威肺癌事件等。

(2)慢性危害：空气污染对健康的慢性危害主要包括如下几点：

1)影响呼吸系统：大气中的SO_2、NO_x、硫酸雾、硝酸雾及颗粒物不仅能产生急性刺激作用，还可长期反复刺激机体引起咽炎、喉炎、眼结膜炎和气管炎等。呼吸道炎症反复发作，可以造成气道狭窄，气道阻力增加，肺功能不同程度的下降，最终形成慢性阻塞性肺疾患(COPD)。

2)影响心血管系统：对美国哈佛等六个城市进行的队列研究首次提出，大气污染的长期暴露与心血管疾病死亡率增加有关。对美国50个州暴露大气污染16年的近50万成年人的死亡数据分析后发现，在控制饮食、污染物联合作用等混杂因素后，$PM_{2.5}$年平均浓度每增高$10\mu g/m^3$，心血管疾病患者死亡率增加6%，且未观察到其健康效应的阈值。此外，大气污染长期暴露还与心律不齐、心衰、心搏骤停的危险度升高有关。

3)增加癌症风险：2013年10月17日，世界卫生组织下属的国际癌症研究机构发布报告，首次明确将大气污染确定为人类致癌物，其致癌风险归为人类致癌物。报告指出，有充足证据显示，大气污染与肺癌之间存在因果关系。此外，大气污染还会增加人群罹患膀胱癌的风险。

当今,人类面临"煤烟污染""光化学烟雾污染"之后的"室内空气污染"为主的第三次环境污染。美国专家检测发现,在室内空气中存在500多种挥发性有机物,其中致癌物质就高达20余种,致病病毒200余种。危害较大的主要有:氡、甲醛、苯、氨以及酯、三氯乙烯等。大量触目惊心的事实证实,室内空气污染已成为危害人类健康的"隐形杀手",也成为全世界各国共同关注的问题。研究表明,室内空气的污染程度要比室外空气严重2～5倍,在特殊情况下可达到100多倍。随着人们生活水平的不断提高,人们对生存环境,尤其是室内生活环境的要求越来越高。随着越来越复杂的室内装潢材料的出现,造成的室内环境污染也越来越严重。人的一生有80%以上的时间是在室内度过的,因而室内环境质量对人的健康至关重要,室内环境污染对人体健康的影响已越来越为人们所关注。

二、室内空气污染

1. 主要污染物　人们对室内空气中的传染病病原体认识较早,而对其他有害因子则认识较晚。早在人类住进洞穴并在其内点火烤食取暖的时期,就存在烟气污染。当时这类影响的范围极小,持续时间极短暂,人的室外活动也极频繁,因此,室内空气污染无明显危害。进入20世纪中期以来,由于民用燃料的消耗量增加、进入室内的化工产品和电器设备的种类和数量增多,更由于为了节约能源寒冷地区的房屋建造得更加密闭,室内污染因子日渐增多,而通风换气能力反而减弱,这使得室内有些污染物的浓度较室外高达数十倍以上。

目前,室内空气污染物的种类已高达900多种,主要分为3类:

(1)气体污染物:挥发性有机物是最主要的成分,还有O_3、CO、CO_2、NO_x和放射性元素氡(Rn)及其子体等。特别是室内通风条件不良时,这些气体污染物就会在室内积聚,浓度升高,有的浓度可超过卫生标准数十倍,造成室内空气严重污染。

(2)微生物污染物:如过敏反应物、病毒、室内潮湿处易滋生的真菌与微生物。

(3)可吸入颗粒物(PM_{10}和$PM_{2.5}$)

2. 污染物来源

(1)室内活动:某些地区的煤中含有较多的氟、砷等无机污染物,燃烧时能污染室内空气和食物,吸入或食入后,能引起氟中毒或砷中毒。

(2)烹调:烹调产生的油烟不仅有碍一般卫生,更重要的是其中含有致癌突变物。

(3)室内不清洁,致敏性生物滋生:主要的室内致敏生物是真菌和尘螨。主要来自家禽、尘土等。尘螨喜潮湿温暖,主要生长在尘埃、床垫、枕头、沙发椅、衣服、食物等处。无论是活螨还是死螨,甚至其蜕皮或排泄物,都具有抗原性,能引起哮喘或荨麻疹。

(4)病人传播病原体:患有呼吸道传染病的病人,通过呼出气、喷嚏、咳嗽、痰和鼻涕等,可将病原体传播给他人。

(5)室内用品:室内使用的复印机、静电除尘器等仪器设备产生 O_3。O_3 是一种强氧化剂,对呼吸道有刺激作用,尤其损伤肺泡。家用电器产生电磁辐射,如果辐射强度大,可导致人头晕、嗜睡、无力、记忆力衰退等。

(6)室内的尘埃、燃烧颗粒物、飞沫等污染物,与室内的空气轻离子结合,形成重离子:重离子的不良影响包括使人头痛、心烦、疲劳、血压升高、精神萎靡、注意力衰退、工作能力降低、失眠等。

(7)呼出气:呼出气的主要成分是 CO_2。每个成年人每小时平均呼出的 CO_2,大约为22.6L。此外,伴随呼出的还可有氨、二甲胺、二乙胺、二乙醇、甲醇、丁烷、丁烯、二丁烯、乙酸、丙酮、氮氧化物、CO、H_2S、酚、苯、甲苯、CS_2 等。

室内空气污染物的来源很广,种类很多,对人体健康可以造成多方面的危害。污染物往往可以若干种类同时存在于室内空气中,可以同时作用于人体而产生联合有害影响。

3. 室内污染因子　人们在室内进行生理代谢,进行日常生活、工作学习等活动,均可产生很多污染因子。主要有以下几个方面:

(1)吸烟:室内主要的污染源之一。烟草燃烧产生的烟气,主要成分有CO、烟碱(尼古丁)、多环芳烃、甲醛、氮氧化物、亚硝胺、丙烯腈、氟化物、氰氢酸、颗粒物以及含砷、镉、镍、铅等物质,约3000多种,其中具有致癌作用的约40多种。

(2)燃料燃烧:室内主要污染源之一。不同种类的燃料,甚至不同产地的同类燃料,其化学组成以及燃烧产物的成分和数量都会不同。煤的燃烧产物以颗粒物、SO_2、NO_2、CO、多环芳烃为主;液化石油气的燃烧产物以 NO_2、CO、多环芳烃、甲醛为主。

(3)厨房空气。厨房空气中,SO_2 可达17mg/m³;NO_2 可高达50mg/m³;CO 可达 300mg/m³ 以上;颗粒物约在 $1 \sim 2$mg/m³。有烟囱时,SO_2 可降至约在 0.05mg/m³ 左右;NO_2 在 0.6mg/m³ 左右,CO 约 6mg/m³;颗粒物约 1.4mg/m³。液化石油气燃烧充分而室内无抽气设备时,SO_2 由未检出至 0.05mg/m³;

NO_2 为 10mg/m³ 以上;CO 为 3~4mg/m³;颗粒物为 0.26mg/m³;甲醛可达 0.1~0.4mg/m³。

4. 室内污染物危害　SO_2 和 NO_2 会损伤呼吸道。CO 除引起急性中毒外,其慢性影响为损伤心肌和中枢神经。颗粒物中含有大量的多环芳烃,其中很多是致癌原。从 1775 年 P. 波特发现英国扫烟囱工人易患阴囊癌开始,人们逐渐认识到煤焦油中含有致癌物。20 世纪 80 年代对云南省宣威市肺癌高发原因的研究,证明了当地燃煤的烟气中,含有大量致癌的多环芳烃。另一项流行学调查发现,北方非肺癌高发地区的农民肺癌原因之一是冬季家中燃烧蜂窝煤而不安装烟囱。液化石油气燃烧颗粒物的二氯甲烷提取物中,含有硝基多环芳烃,这是一种强致基因突变物。

甲醛是室内常见的挥发性有机物,无色,有刺激性,易溶于水,可与氨基酸、蛋白质、DNA 反应,从而破坏细胞。低浓度的甲醛即可对人体产生急性不良影响,如头痛、流泪、咳嗽等症状,高浓度的甲醛可引起过敏性哮喘。长期吸入一定浓度的甲醛还有致癌作用,如家具厂工人的呼吸道、肺、肝等的癌症发病率高于其他工种的工人。目前,国际癌症研究协会建议将甲醛作为可疑致癌物。

5. 主要危害人群

(1)办公室白领:白领精英们长期工作在空气质量不好的环境中,容易导致头晕、胸闷、乏力、情绪起伏大等不适症状,影响工作效率,并引发各种疾病,严重者还可致癌。办公环境变成了看不见的健康慢性杀手。

据中国疾病预防控制中心专家调查,由于办公室空间相对密闭,空气不流通,空气污浊,氧气含量低,容易导致肌体和大脑新陈代谢能力降低。长期坐办公室者容易患"白领综合征"。

(2)妇女,特别是孕妇群体:室内空气污染特别是装修有害气体污染对女性身体的影响相对更大。

由于女性脂肪多,苯吸收后易在脂肪内贮存,因此女性更应注意苯的危害。女性在怀孕前和怀孕期间应避免接触装修污染。国内外众多案例表明,苯对胚胎及胎儿发育有不良影响,严重时可造成胎儿畸形及死胎。

调查发现,装饰材料和家具中使用的各种人造板、胶合剂等,其游离甲醛是可疑致癌物。长期接触低浓度的甲醛可以引起慢性呼吸道疾病、女性月经紊乱、妊娠综合征,引起新生儿体质降低;高浓度的甲醛对神经系统、免疫系统、肝脏等都有毒害,还可诱发胎儿畸形、婴幼儿白血病。

(3)儿童：儿童身体正在发育中，免疫系统功能不完善。儿童呼吸量按体重比较成年人高 50%，使他们更容易受到室内空气污染的危害。从儿童的身体和智力发育看，室内空气环境污染对儿童的危害不容忽视。室内空气污染会诱发儿童的血液性疾病，增加儿童哮喘病的发病率，影响儿童的身高和智力健康发育。

(4)老年人：人体进入老年期，各项身体功能下降，比较容易受到环境因素的影响而诱发各种疾病。空气污染不仅是引起老年人气管炎、咽喉炎、肺炎等呼吸道疾病的重要原因，还会诱发高血压、心血管、脑出血等病症，甚至危及体弱者的生命。

(5)呼吸道疾病患者：在污染的空气中长期生活，会引起呼吸功能下降、呼吸道症状加重，有的还会导致慢性支气管炎、支气管哮喘、肺气肿等疾病，肺癌、鼻咽癌患病率也会有所增加。

室内空气污染物主要成分为可吸入颗粒物外，还是多种致癌化学污染物和放射性物质的主要载体。生物活性粒子有细菌、病毒、花粉等，是大多数呼吸道传染病和过敏性疾病的元凶。在室内环境中，特别是在通风不良、人员拥挤的环境中，一些致病微生物容易通过空气传播，使易感人群发生感染。一些常见的病毒、细菌引起的疾病如流感、麻疹、结核等呼吸道传染病都会借助空气在室内传播。非典病毒肆虐的事实也充分说明，室内生物污染不可轻视。

6. 我国室内空气污染相关实例　中国室内装饰协会总结了中国室内环境污染九大典型案件，给所有人敲响了警钟。

(1)国内首例室内装修甲醛污染案宣判：1998 年陈先生购买了位于北京昌平的一套住宅，装修入住后，陈先生因空气污染患"喉乳头状瘤病"。经检测，室内空气中甲醛浓度超标 25 倍。

(2)首例家具室内环境案消费者获赔：2001 年杨老师在北京某家具商场订购一套价值 6400 元的卧室家具，使用一个月，杨老师全家人出现身体不适的感觉。经检测，存放家具的房间，空气中甲醛超出国家标准 6 倍多。经过法院调解，木器厂为杨老师办理退货并一次性付给货款及连带损失共计 7000 元。

(3)首例涉外室内环境甲醛污染案件：2000 年 7 月，美国一家律师事务所北京办事处装修后员工普遍感到有头疼、气闷、流泪等不适症状。经检测，发现室内空气中甲醛超标。经国际经贸仲裁委裁决，被告退还原告 20% 的装修款和利息合计人民币 23 万元，同时消除律师事务所北京办事处办公室的甲醛污染。

6

（4）天津消费者首次打赢室内氨污染官司：1998年10月，天津市民李某在新房装修入住后即发现室内的空气异常，全家人先后出现不适症状。经检测，室内氨气超过国际标准达10倍以上，原因为建筑商使用了混凝土防冻剂所致。

（5）国内首例新车车内环境污染案：原告卢先生于2002年3月在北京花费约70万元购置一辆改装进口车，使用后，发觉车内气味刺鼻难忍，卢先生和司机都发生头顶小片脱发的症状。经检测，车内空气甲醛含量超出正常值26倍多。

（6）南京装修污染母子同患血液性疾病案：2001年10月，南京市民栗某请装饰公司装修新居，入住3个月后，栗某及其母发现同患再生障碍性贫血。经检测，结果发现室内环境中甲醛超标12.6倍，挥发性有机物超标3.3倍。

（7）首例由室内甲醛超标引发的房屋租赁案：2003年9月，房客石某因室内空气甲醛超标将房东（上海ZYLWC住宅业主）告上法庭。

（8）广东新居装修污染导致孕妇流产赔偿案：2003年初，广东省佛山市谭某夫妇在搬进装修过的新居3个月后胎儿流产。经检测，主卧室甲醛超过国家标准4倍多。

（9）现代城"氨气污染案件"：1999年，业主孙某、张某购买了位于朝阳区现代城公寓2号楼房屋，入住后，两位业主感觉房间内气味难闻，具有强烈刺激性。经检测室内空气中氨浓度超标。

7. 空调污染相关案例　空调污染是指空调内部生成或积聚的污染物通过空调通风系统进入室内环境，继而对室内人群造成健康危害。空调系统内污染物各种各样，按性质可分为物理、化学和生物性三种。生物性污染物（细菌、霉菌、致病菌、病毒、螨虫等）不仅可积聚在空调系统内部，而且能在适宜生长的某些部位（风机盘管、散热片等）大量繁殖，是对人体健康危害极大的一类污染物。空调污染引起的人体健康损害和疾病种类达几十种，但主要有呼吸道感染（军团菌引起的军团病是最常见的呼吸道感染疾病）和过敏性疾病（包括过敏性鼻炎、哮喘、过敏性肺泡炎等）。

（1）空调污染引起呼吸道感染：2019年4月，深圳刘女士，因为天气闷热开自家安装的挂式空调。此空调自去年快入冬后一直未使用。直接打开空调前，未请专业的家电清洗公司进行清洗。空调启动后，刘女士闻到吹出来的风有一股难闻的味道，连续吹了三四天后，感觉身体不适，有头晕发热的迹象。遂就医，医院检查结果为吹空调引起的呼吸道感染，幸好及时发现病因并及时就医。

（2）空调污染引起过敏性鼻炎：市民魏先生患有慢性鼻炎，每年大多在春季时发病。2006年入夏以后还是不断打喷嚏。经赴院检查，是由尘螨引起的过敏性鼻炎。但是魏先生自述家中打扫的一尘不染，其本人也很少出门，尘螨从何而来？魏先生将家中的空调打开，滤网上积有厚厚的一层灰尘，自述家中空调从未清洗过。医院呼吸科主任分析，魏先生的病很可能是由空调中的尘螨引起。

（3）空调污染引起哮喘：65岁的张先生是位"老哮友"，往年春秋季才发作，可2017年夏天却发病。据子女介绍，夏季天气炎热，张先生并未外出，家人全天为老人开启空调。据哮喘科主任介绍，哮喘突然发作和老人长期待在空调房里存在关联。空调房内温度过低，人体的上呼吸道受到冷空气的突然袭击，身体仿佛置身于深秋季节，让原本就处于高反应状态的气管、支气管反射性地痉挛，引起咳嗽、气喘等症状。而且在使用空调的房间，空气得不到彻底更新和流通，加上空调器内、房间内存积的病毒、螨虫和灰尘无法外放，也可能诱发哮喘。

（4）军团菌事件：军团菌肺炎是伴随着空调而来的一种现代病，目前已比较少见。2016年陈先生体检后被告知肺部有一小团阴影。其本人并无吸烟史，且有独立办公室，不可能受到"二手烟"、粉尘的"毒害"。经调查，很可能是陈先生办公室的中央空调导致。其所在的办公大楼已经使用10余年，空调的通风管多年无人清理，每个办公室的空调通风口也从未清洗过。几年不清洗的中央空调，空调风管里的垃圾包括土头、尘土、毛发、蟑螂等昆虫的尸体等都很常见。

上述四个案例告诉我们家用空调应在每年启用前进行清洗，开启后每两个月再清洗一次。清洗时不但要清洗送风口，拆卸滤网清洗，还要清洗散热片。进行家用空调清洗时，必须开启门窗，保持室内通风。空调清洗后，应开启20分钟，保持室内外通风，避免在空调清洗后造成室内空气的二次污染。

综上所述，空气污染引发的公害事件能给人类带来灾难性的后果；而室内空气污染也对人群产生较大的影响，甚至危害人体健康。虽然近年来，严重的公害事件很少出现，但是空气污染引起的小范围危害事件仍不断发生。在本书中，我们将详细讲述近年来日常工作和生活中发生的某些空气污染引发的突发健康危害事件，以案例为警示，教育各行从业者规范生产经营安全，避免各种突发事件的发生，保护人民生命财产安全。

（范淑君　江思力　吴　燕）

参考文献

[1] 美国洛杉矶光化学烟雾事件,天津职业大学公开课.

[2] LA SMOG, the battle against air pollution. Marketplace. 2014-07-14.

[3] PHOTOCHEMICAL SMOG REACTIONS. California State University, Northridge.

[4] 1943 年美国洛杉矶光化学烟雾事件,洛杉矶华人资讯网,https://www. chineseinla.com/f/page_viewtopic/t_4348/view_previous.html.

[5] 1984 年印度博帕尔毒气泄漏:导致近 60 万人死亡,人民网,2014-12-02.

[6] 何晨晖,张艳亮.云南宣威肺癌流行病学研究及进展 [J].世界最新医学信息文摘,2019,19(06):110-111,113.

[7] 杨克敌.环境卫生学 [M].8 版.北京:人民卫生出版社,2017.

[8] 朱蓓丽,程秀莲,黄修长.环境工程概论 [M].北京:科学出版社,2016.

第一章　公共场所空气污染中毒事件

我国公共场所相关监督管理法规持续得到完善:卫生部在 1987 年 4 月 1 日发布并实施《公共场所卫生管理条例》,于 1991 年 3 月 11 日发布了《公共场所卫生管理条例实施细则》;2016 年 2 月 6 日根据《国务院关于修改部分行政法规的决定》(国务院令第 666 号)对《公共场所卫生管理条例》第一次修改。2019 年 4 月 23 日根据《国务院关于修改部分行政法规的决定》(国务院令第 714 号)第二次对《公共场所卫生管理条例》修改;《公共场所卫生管理条例实施细则》2011 年 3 月 10 日中华人民共和国卫生部令第 80 号发布,自 2011 年 5 月 1 日起施行。

政府各部门对各类公共场所也不断加强监督管理,但由于公共场所人员密集、复杂、流动性大,场所内仍不断发生各类空气污染造成的气体中毒和传染病传播事件。通过以下案例分析,了解公共场所可能污染来源、特点以及评价指标和标准,掌握公共场所污染的调查、监测方法及处理措施等。

案例一　一起百货商店员工一氧化碳中毒事件

一、信息来源

2004 年 4 月 30 日 16:10,广州市疾病预防控制中心接到某医院急诊科电话,报急诊科接诊两名昏迷病人,怀疑为气体污染中毒事件。

二、基本情况

病人来自一间 MQ 百货商店。该百货店位于 DS 大街 48 号,处于繁华居民区,附近无工矿企业。该店呈狭长通道型,约 50m²,西向马路处为门口,整店堆满了日用货品,多为床上用品(如竹席、革席、枕头、被单等)。店后一狭窄通道连一楼梯间,5m² 左右。整店除了店门外,其余三面墙壁均无窗户及出口,通风条件差。该店左侧是一杂物小商店,右侧为一眼镜店。店内有一个电热水壶,无煮食器皿。(图 1-1-1-1)

该百货店所处地区上午 10 时左右至下午 16 时左右停电,停电期间相邻的眼镜店用发电机发电。该百货店 2 名店员在楼梯间休息,其中 1 名中午购买盒饭食用,第 3 名员工在卖货。下午 15 时左右发现楼梯间两名店员昏迷不醒,即拨打 120 急救电话送医院急救。其他店铺和居民区无类似病例报告。

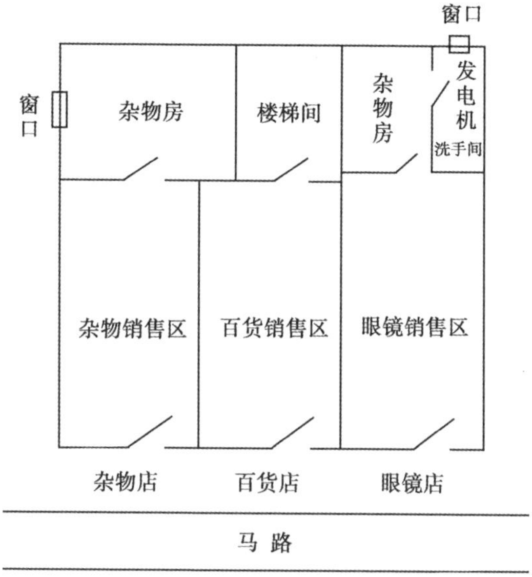

图 1-1-1-1　事发现场平面示意图

三、现场调查和检测

1. 患者情况　两名患者为夫妇,男患者 56 岁,女患者 55 岁。主要症状为抽搐、昏迷。两夫妇及另一员工(阿兰)于上午 9 时开店,9 时多停电,眼镜店开始发电。

男患者 10 时许在楼梯间地下睡觉(平时两夫妇轮替休息),11 时左右,女患者感觉头晕,不适,就坐于杂物处,以为饥饿,买盒饭吃。由于另一位男患者已睡着,没有叫醒其吃饭。女患者于 14 时左右呕吐,呕吐物主要为中午吃的饭菜。后觉头晕越来越明显,意识不清晰,自找祛风油涂抹,后叫丈夫起来,但叫不醒(男患者一直睡在楼梯间地下),自行到床上睡觉,又呕吐一次,发觉视物模糊,男患者在地下抽搐,15 时左右该店负责人来店发现二人昏迷立即送医院,经医院抢救,17 时 40 左右苏醒。另一店员阿兰在外面卖货区,不知里面发生的情况。

2. 环境因素调查

(1)现场检测:对 MQ 百货点布点监测,卖货区 1 个点,杂物区及楼梯间各一个点。监测项目:CO、CO_2、SO_2、NO_2、甲醛、总挥发性有机物。

结果显示 CO 浓度超标(5~6 倍)、总挥发性有机物浓度超标(190 倍)。其余检验项目符合《室内空气质量标准》(GB/T 18883—2002)。

根据患者症状、现场调查及检测结果调查组初步确定应是气体中毒,见表 1-1-1-1。

表 1-1-1-1　现场空气检测结果(1)

检测项目	检测浓度	标准值*
CO/$(mg \cdot m^{-3})$	36.9～56.1	≤ 10
CO_2(%)	0.073～0.079	≤ 0.15
SO_2/$(mg \cdot m^{-3})$	0.37～0.45	≤ 0.50
NO_2/$(mg \cdot m^{-3})$	0.24～0.38	≤ 0.24
甲醛 /$(mg \cdot m^{-3})$	0.10～0.18	≤ 0.1
总挥发性有机物浓度 /$(mg \cdot m^{-3})$	114～117	≤ 0.6

*《室内空气质量标准》(GB/T 18883—2002)。

(2)现场调查资料

1)百货店中毒气体来源追踪:事发百货店非新装修,装饰陈旧,虽然通风严重不良,但售卖的货品,多为床上用品,店内无煮食器皿,楼梯间也无液化气瓶或煤气管道,百货店周围是居民区及小商铺,无其他工矿企业可能排放产生引起急性中毒的气体。

据现场调查,MQ 百货店未中毒的员工反映:自上午十时左右停电开始,相邻的眼镜店便用发电机发电。由于该地区从 10 时左右至下午 16 时左右停电,停电期间相邻的眼镜店用发电机发电,是否发电过程中产生有毒气体,调查组带着疑问检查了眼镜店。

2)眼镜店情况:眼镜店面积及形状与 MQ 百货店相似,前面为眼镜售卖区,后面间隔有杂物房,杂物房没有窗及通风装置,杂物房右边为一洗手间,眼镜店内有一台柴油发电机,平时摆放在杂物房,发电时搬至洗手间,并洗手间门关闭,但未将发电机进、排气管接到室外。眼镜店杂物房旁边刚好就是 MQ 百货店楼梯间,两店间有管线相通,可见较大的缝隙。

3)模拟试验:调查人员要求该眼镜店重新发电,模拟发电现场情况,并在眼镜店洗手间及杂物间各布一个点。当发电机发动时,整个眼镜店和隔壁MQ百货店充满刺激气味,眼镜店杂物房、百货店后面的杂物处和楼梯间尤甚。

发电前与发电7分钟后对比,发电后各项指标较发电前显著升高,见表1-1-1-2。

表 1-1-1-2　现场模拟试验气体测定结果（2）

| | 眼镜店 | | | | 百货店 | | | | | | 标准值* |
| | 杂物间 | | 洗手间 | | 发货区 | | 杂物区 | | 楼梯间 | | |
	发电前	发电后	发电前	发电后	发电前	发电后	发电前	发电后	发电前	发电后	
$CO/(mg \cdot m^{-3})$	5.5	>228	2.5	—	36.9	>228	44	>228	56.1	>228	10
$CO_2/(mg \cdot m^{-3})$	0.073	0.099	0.073	—	0.077	0.073	0.073	0.074	0.079	0.079	0.1
$NO_2/(mg \cdot m^{-3})$	0.53	受干扰	0.47	—	0.38	受干扰	0.34	受干扰	0.24	受干扰	0.24

*《室内空气质量标准》(GB/T 18883—2002)。

四、结论与讨论

1. 结论　经现场卫生学调查、流行病学调查分析,从患者临床表现、空气检测结果及模拟试验判定该次中毒主要是过量吸入 CO 引起。

2. 讨论

（1）监测结果:发电前百货店由于本身通风不好,所测的 CO、NO_2、甲醛、总挥发性有机物均偏高甚至严重超标。发电后这些项目除 NO_2 外,其他检测项目都有不同程度的升高,尤其 CO 超过标准的 22 倍以上。发电前眼镜店存放发电机的杂物房和洗手间只有总挥发性有机物超标,发电后 SO_2 明显升高（因发电时是关闭洗手间的门,所以未测定发电时洗手间内的指标）,CO 与百货店一样,超过标准的 22 倍以上。

眼镜店发电机发电时,产生大量 CO,浓度为 >228mg/m³,SO_2 和总挥发性有机物也相继升高,引起隔壁百货店 CO 也急剧升高至 >228mg/m³,由于停电时间接近 6 小时,发电机也发电将近 6 小时,CO 等有害气体浓度肯定比现场调查时发电机开动 7 分钟时更高,导致售货员较长时间内吸入高浓度的 CO 而引起中毒。

(2)百货店严重通风不良,导致店内 CO 等有害气体堆积,也是这次中毒的重要因素。

该事件百货店通风条件差,当调查人员来到现场所测的 CO、NO₂、甲醛、总挥发性有机物均偏高甚至严重超标。通过模拟试验——隔壁店柴油发电机发电后,这些项目除 NO₂ 外,其他项目都有不同程度的升高,尤其是 CO 超过标准的 22 倍以上。而百货店前售货的员工和眼镜店的员工却安然无恙,这除了店前和店后相距一定距离,有门隔开,CO 等有毒气体相对较少外,更重要的是两店都在营业时间,店门大开,空气流通,而百货店后面的楼梯间却密不透风;眼镜店的发电机是放在店后的卫生间里,并且关门开窗使用,明显差别导致上述结果。

(3)室内空气中毒临床症状与食物中毒症状类似,同店人员或者同家庭成员中毒,可能有共同进食史,遇到病人病情严重不能主诉时,需迅速进行排查找出中毒原因。可以建议医院做血液中 HbCO 饱和度检测,以确定是否由 CO 引起的中毒。南方地区室内 CO 中毒事件相比食物中毒事件少见,医院忽略了该项指标的检测。这次事件涉及夫妇二人,但无共同进餐史,故可以排除食物中毒。

五、风险评估及防控措施

1. 风险评估 次事件是由于室内通风不良,高温停电,隔壁店违规在室内使用发电机,导致店内 CO 等有害气体泄漏、堆积而造成人员中毒。

CO 是一种无色、无味、无刺激性的气体,吸入体内后与血液中的血红蛋白(Hb)呈可逆性结合,CO 与 Hb 的结合力比 O₂ 与 Hb 的结合力大 200～300 倍,CO 对人体的危害,主要取决于空气中 CO 的浓度和接触时间,接触者血液中 HbCO 与空气中的 CO 浓度成正比,中毒症状则取决于血液中 HbCO 饱和度。SO₂ 为无色、强刺激性、臭味气体,主要引起呼吸道刺激症状和损害。空气中总挥发性有机物对人体影响主要是嗅觉、刺痛感、黏膜刺激、过敏、呼吸道症状、神经毒性作用等,由于所含有机物品种繁多,不可能一一定性,我国测定该指标主要是选择了甲醛、苯、甲苯、对(间)二甲苯、邻二甲苯、苯乙烯、乙苯、乙酸丁酯、十一烷作为应识别组分。

2. 防控措施 ①加强场所内通风排气,百货店内及后面的楼梯间内需安

14

装排气扇。②眼镜店内发电机需按要求使用。

六、点评

CO中毒事件时有发生,但因发电机发电引起CO渗漏到隔壁店室内造成人员中毒事件极为少见。这起小百货店中毒事件的原因已查明,我们对中毒原因的判断及源头分析是经过不断考证并结合模拟试验得出的结果。

在这次中毒事件调查中显示出模拟试验在类似事件中的重要作用。由于气体来去无踪,且医院未检测血液中HbCO饱和度,除非是已经明确泄漏物或爆炸物,否则只要室内一通风,有毒气体就很快融合在大气中,在处理室内空气中毒事件时,当调查人员到现场,通常已测不出超标的有毒气体。要还原中毒环境,必须经过现场调查发现有毒气体源头,进行现场模拟试验(需保证安全为前提)。通过模拟试验,找出当时现场有毒气体产生来源并检测有毒气体浓度,为判断中毒原因提供科学证据。

(钟　巍　刘世强　陈玉婷)

参考文献

[1] 杨克敌.环境卫生学[M].8版.北京:人民卫生出版社,2017.

[2] 中华人民共和国住房和城乡建设部.国家市场监督管理局.民用建筑工程室内环境污染控制规范:GB 50325—2020 [S].北京,中国计划出版社,2020.

[3] 国家质量监督检验检疫总局,卫生部,国家环境保护总局.室内空气质量标准:GB/T 18883—2002[S].北京:中国标准出版社,2003.

案例二 一起休闲中心员工吸入刺激性混合气体中毒事件

一、信息来源

2009 年 3 月 10 日,广州市疾病预防控制中心接到 BY 区疾病预防控制中心报告,BY 区某人民医院接诊了怀疑不明气体中毒的 13 名病人,均为某休闲中心员工。

二、基本情况

事发现场为 BY 区某休闲中心。2009 年 2 月 24 日,该休闲中心一保安员与客人发生纠纷致一客人死亡,之后死者家属一直纠缠该休闲中心。2009 年 3 月 9 日 20 时死者家属到该休闲中心门外焚烧冥纸和香烛直至 3 月 10 日 4 时,当天该休闲中心正常营业,无顾客,当时共有 20 多名员工在现场,无不适症状。3 月 10 日 16 时 30 分死者家属又在二楼收银台处焚烧冥纸、香烛和衣物并添加辣椒粉,点燃后口含矿泉水喷灭,产生大量刺激性气体。30 分钟后当时在现场的十几名员工开始出现头晕、恶心、咽痛、口干、咳嗽等不适症状,其中吴某在消防通道处晕倒,工作人员速拨打 120 急救电话将吴某与其他 12 名员工一起送至 BY 区某人民医院救治,经现场证实发病人数为 9 人。

三、现场调查和检测

1. **病例情况** 在该人民医院就诊的 13 人,均为女性,有症状 9 人,表现为头晕、咽痛和轻微咳嗽。入院时除晕倒的 1 名员工(吴某),其余均意识清醒,查体及实验室检查结果无异常。至 2009 年 3 月 11 日凌晨 2 点到该人民医院就诊人员已全部出院,各员工情况正常;吴某转至另一医院经检查结果无异常后,于 2009 年 3 月 11 日 14 时出院。

2. **三间分布情况** 2009 年 3 月 10 日该休闲中心员工在吸入大量刺激性气体后,有 13 名员工出现头晕、恶心、咽痛、口干、咳嗽等不适症状,其中一人晕倒,后均入院治疗。

3. **环境因素调查** 事发场所位于该休闲中心,共三层楼,一楼为商铺,二楼为沐足区(平面示意图见图 1-1-2-1),三楼为桑拿区。二楼分为 A、B 两区。A 区为包间共 26 间房,分东、西两面,东面临街的房间设有窗户,西面的房间无窗户,无排气扇。B 区为休息大厅,无窗户,无通风设备。二楼集中通风空调系统,未见排风设施;空调机房卫生状况较差,空调滤网有较多灰尘;新风设计是从窗外进入空调机房,与空调机房空气混合入风机,但新风口已经被物体堵塞,不能正常通风,完全依靠旁边的按摩房开窗获取新风。事发当时二楼按摩房门窗全部关闭,整个二楼没有新风进入。

广州市疾病预防控制中心工作人员到达现场时,可见二楼收银台前地面上残留一堆未燃烧完的香纸和衣物,工作人员已经打开门窗通风,但空气中还是有刺激性的气味,感觉咽喉刺激明显,导致呛咳。

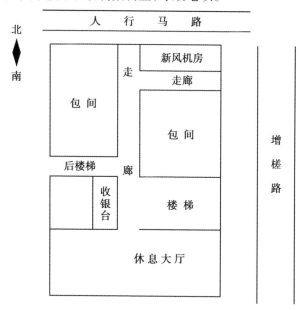

图 1-1-2-1 该休闲中心二楼平面示意图

对该休闲中心二楼进行了现场空气检测,CO 检测浓度为 10.8mg/m³,甲醛检测浓度为 0.22mg/m³,CO 和甲醛浓度均超标,其余 CO_2、SO_2、NO_2 以及挥发性有机物检测浓度未超标。BY 区疾病预防控制中心检测结果也显示 CO 检测浓度为 10.6mg/m³,甲醛检测浓度为 0.22mg/m³,CO 和甲醛浓度均超标,同样,NO_2 浓度未超标。检测结果见表 1-1-2-1 和表 1-1-2-2:

表 1-1-2-1 广州市疾病预防控制中心检测结果

检测项目	检测浓度	标准值
$CO/(mg \cdot m^{-3})$	10.8	$\leqslant 10$

续表

检测项目	检测浓度	标准值
CO_2/%	0.06	$\leqslant 0.15$
SO_2/$(mg \cdot m^{-3})$	0	$\leqslant 0.50$
NO_2/$(mg \cdot m^{-3})$	0	$\leqslant 0.24$
甲醛 /$(mg \cdot m^{-3})$	0.22	$\leqslant 0.12$
挥发性有机物 /$(mg \cdot m^{-3})$	0.15	$\leqslant 0.60$

表 1-1-2-2　BY 区疾病预防控制中心检测结果

检测项目	检测浓度	标准值
CO/$(mg \cdot m^{-3})$	10.6	$\leqslant 10$
CO_2/%	0.06	$\leqslant 0.15$
甲醛 /$(mg \cdot m^{-3})$	0.22	$\leqslant 0.12$

四、结论与讨论

1. 结论　根据现场调查、空气检测结果和病人临床症状,判定此次事件的原因是吸入 CO、甲醛等混合气体引起的中毒事件。依据有:①临床表现:符合 CO、甲醛等混合气体中毒症状体征:中毒员工出现恶心、头晕、咽痛、口干、咳嗽等症状。②发病时间:3 月 10 日 16 时 30 分死者家属焚烧冥纸、香烛和衣物等产生大量刺激性气体后 30 分钟,出现不适症状。③现场调查:该中心二楼新风供应严重不足;事发现场仍充满刺激性的气味,CO、甲醛超标。

2. 讨论　某休闲中心由于室内通风不良,加上家属在此休闲中心二楼收银台处焚烧冥纸、香烛和衣物并添加辣椒粉,点燃后口含矿泉水喷灭,产生大量刺激性气体。导致现场的十几名员工出现头晕、恶心、咽痛、口干、咳嗽等不适症状,其中一名员工晕倒。

此事件区别于食物中毒和饮用水中毒。依据为这起事件起因为员工吸入大量刺激性气体后出现症状,病程进展快,神经系统症状明显,无腹痛、腹泻、呕吐等症状。结合现场检测结果,可以判断不是食物和饮水中毒。食物中毒的发病具有如下共同特点:①发病潜伏期短,来势急剧,呈暴发性,短时间内可能有多数人发病,发病曲线呈突然上升趋势。②发病与食物有关,病人食用同一污染食物史;流行波及范围与污染食物供应范围相一致;停止污染食物供应后,流行即告终止。③中毒病人一般具有相同或相似的临床表现,常出现恶心、呕吐、腹痛、腹泻等消化道症状。④中毒病人对健康人不具传染性,即人与人之间不直接传染。且食物中毒还有如下流行病学特点:①发病的季节性特点:食物中毒发生的季节性与食物中毒的种类有关,细菌性食物中毒主要发生在夏秋季,化学性食物中毒全年均可发生。②发病的地区性特点:绝大多数食物中毒的发生有明显的地区性,如副溶血性弧菌食物中毒及河豚中毒多见于沿海地区,肉毒杆菌中毒主要发生在新疆等地区,霉变甘蔗中毒多见于北方地区,农药污染食品引起的中毒多发生在农村地区等。但由于近年来食品的快速配送,食物中毒发病的地区性特点越来越不明显。③引起食物中毒的食品种类分布特点:动物性食物引起的食物中毒较为常见,其中肉及肉制品引起的食物中毒居首位。植物性食物引起的食物中毒中谷与谷类制品引起的食物中毒居首位,毒蕈引起的食物中毒危害性大、死亡率高。

而 CO 中毒的临床表现有:①急性中毒:急性 CO 中毒严重度与 CO 吸入浓度和时间密切相关,临床上常以即时测定的 HbCO 浓度来判断 CO 中毒的程度。轻度中毒:主要表现以脑缺氧为主的临床症状,如剧烈的头痛、头昏、四肢无力、恶心、呕吐,或出现轻至中度意识障碍。血液中的 HbCO 浓度可高于 10%。中度中毒:除上述症状外,出现浅至中度昏迷,经抢救恢复后无明显并发症。血液中的 HbCO 浓度可高于 30%。重度中毒:出现深昏迷或去大脑皮质状态。可并发脑水肿、休克或严重的心肌损害、肺水肿、呼吸衰竭、上消化道出血、脑局灶损害如视锥细胞系或视锥细胞外系损害。血液中的 HbCO 浓度可高于 50%。急性 CO 中毒迟发脑病:部分急性 CO 中毒患者,在意识障碍恢复后,经 2～60 天的“假愈期”,可出现精神异常(如表情淡漠、反应迟钝、记忆障碍、行为失常、定向力丧失等),视锥细胞外系损害、皮质性失明以及间脑综合征等神经系统改变。迟发性脑病的发生可能与 CO 中毒急性期的病情重、醒后休息不够充分或治疗处理不当有一定关系。②慢性影响:长期接触低浓度 CO 是否可引起慢性中毒尚无定论,但有学者认为可出现神经系统症状,如头痛、头晕、耳鸣、无力、记忆力减退、睡眠障碍等。

此外,甲醛对健康危害主要有以下几个方面:①刺激作用:甲醛的主要危害表现为对皮肤黏膜的刺激作用,甲醛是原浆毒物质,能与蛋白质结合、高浓度吸入时出现呼吸道严重的刺激和水肿、眼刺激、头痛。②致敏作用:皮肤直接接触甲醛可引起过敏性皮炎、色斑、坏死,吸入高浓度甲醛时可诱发支气管哮喘。③致突变作用:高浓度甲醛还是一种基因毒性物质。实验动物在实验室高浓度吸入的情况下,可引起鼻咽肿瘤。④突出表现:头痛、头晕、乏力、恶心、呕吐、胸闷、眼痛、咽痛、胃食欲缺乏、心悸、失眠、体重减轻、记忆力减退以及自主神经紊乱等;孕妇长期吸入可能导致胎儿畸形,甚至死亡,男子长期吸入可导致男子精子畸形、死亡等。

五、风险评估及防控措施

CO 属于窒息性气体,为无色、无味、无臭,为一种血液、神经毒物。含碳物质不完全燃烧时均能产生 CO。CO 经呼吸道进入体内,可迅速与血液中的血红蛋白(Hb)结合,形成碳氧血红蛋白(HbCO)。因 CO 与 Hb 的亲和力比氧与 Hb 的亲和力约大 300 倍,故小量的 CO 即能与氧竞争,充分形成 HbCO,而使血液携氧能力降低。HbCO 的解离速度又比氧合血红蛋白(HbO_2)的解离速度慢 3600 倍,故 HbCO 形成后可在血液中持续很长时间,并能阻止 HbO_2 释放氧,更加重了机体缺氧。

甲醛,无色有刺激性气体,对人眼、鼻等有刺激作用。可作为酚醛树脂、脲醛树脂、维纶、乌洛托品、季戊四醇、染料、农药和消毒剂等的原料。2017 年 10 月 27 日,世界卫生组织国际癌症研究机构公布的致癌物清单中,将甲醛放在一类致癌物列表中。2019 年 7 月 23 日,甲醛被列入有毒有害水污染物名录(第一批),危害严重。

针对此次事件,对该休闲中心的建议:①对现场打开门窗进行充分通风排气,现场工作人员要撤离现场,密切注意员工身体状况,出现不适立即上报。②该场所应改善通风排气系统,保证足够新风量,以保障员工和顾客健康安全。

六、点评

这起事件的起因明确,为一起典型的室内通风不良场所有毒有害气体短时间内大量产生,在室内蓄积导致浓度急剧上升而又无法及时排出的公共场所群体性混合气体(一氧化氮和甲醛)等造成的中毒事件。

此 CO、甲醛等混合气体引起的中毒事件说明,公共场所应按照卫生要求加强通风排气,保证足够的新风量,以保障员工和顾客的健康安全。

(范淑君　冯文如　杨轶戬)

参考文献

[1] 邬堂春.职业卫生与职业医学 [M].8 版.北京:人民卫生出版社,2017.

[2] 张向宇.实用化学手册 [M].2 版.北京:国防工业出版社,2011.

[3] 郎建平,陶建清.无机化学 [M].南京:南京大学出版社,2014.

[4] 梁国仑.特种气体贮运、应用、安全与特性——一氧化氮、一氧化碳、二氧
化碳 [J].低温与特气,1997,9(4):61-65.

[5] 干雅平.室内环境检测 [M].杭州:浙江大学出版社,2015.

[6] 孟彩云.我国甲醛生产现状与技术进展 [J].化学工程与装备,2010,60(9):
160-162.

案例三　某服装店一氧化碳中毒事件

一、信息来源

2009 年 7 月 10 日 17 时 30 分,广州市疾病预防控制中心接到 YX 区疾病预防控制中心报告,广州医学院附属某医院接诊了怀疑不明气体中毒的 6 名病人。

二、基本情况

事发地点为 YX 区 BJ 路服装店,共有员工 23 人。7 月 9 日上午共有 10 人到店里上班。该店上午 9:00 开门营业,9 时 30 分停电,于 11 时 30 分开始自行使用发电机进行发电。发电机位于二楼夹层,燃料为汽油。14 时 40 分左右服装店员工车某出现头晕、头痛乏力等症状,随后店内又陆续有 5 位员工出现上述症状,由该店负责人送至广州医学院附属某医院就诊。医院初步诊断为不明气体中毒。患者经吸氧和补液等治疗后症状好转,无危重、死亡病例。

三、现场调查和检测

1. 病例情况　6 名患者的首发症状均为头晕。全部患者均有头痛、胸闷、乏力,其中 3 人自觉呼吸困难,4 人有四肢麻木,2 人意识迷糊,2 人出现低热(37.1～37.5℃),均无恶心、呕吐、腹痛、腹泻。临床检验 6 名患者的心电图均正常,其中 5 人进行血常规及生化检查,全部受检者的血红蛋白浓度和氧合血红蛋白浓度均偏低(65～118g/L)、(74.5%～86.5%),碳氧血红蛋白浓度增高(12.8%～23.1%),4 人氧饱和度升高(99.6%～100%),2 人高铁血红蛋白增高(2.3%～2.5%)。

2. 三间分布情况　2009 年 7 月 9 日 14 时左右,该服装店 6 名员工出现头晕、头痛、胸闷、发力、自觉呼吸困难、四肢麻木、甚至意识模糊等症状。

3. 环境因素调查　事发场所位于 BJ 路,共两层楼,一楼为商铺,二楼夹层为仓库(图 1-1-3-1)。服装店门口朝东,正对 BJ 路;商铺最里面是收银台,收银台后面为试衣间;收银台和试衣间之间有条通道通向试衣间后面的空调机房,机房内堆满杂物;机房门口有楼梯通向二楼夹层的仓库,二楼夹层内放置较多的服装,夹层靠近东墙边放置有一台发电机。一楼商铺和二楼夹层均无窗户和排气扇,整个服装店无有新风进入,直至疾控中心工作人员到达现场二楼夹层时仍可以闻到明显的汽油味。

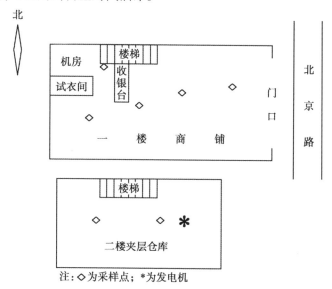

注：◇为采样点；＊为发电机

图 1-1-3-1　商铺平面图

　　疾控中心工作人员到达现场后,对该服装店一楼商铺和二楼夹层仓库进行了现场空气检测,结果 CO 超标,最严重的二楼夹层仓库 CO 浓度高达 111.3mg/m³,超标十几倍;甲醛浓度也偏高,超出国家标准;同时对该服装店隔壁的服装店也进行了检测,该服装店 CO 浓度未超标。检测结果见表 1-1-3-1。

表 1-1-3-1　YX 区某服装店室内空气检测结果

检测地点	$CO/(mg \cdot m^{-3})$	$SO_2/(mg \cdot m^{-3})$	$NO_2/(mg \cdot m^{-3})$	甲醛 / $(mg \cdot m^{-3})$
一楼商铺 1	21.3	0	0	—
一楼商铺 2	20.0	0	0	—
一楼商铺 3	27.5	0	0	—
一楼商铺 4	31.3	0	0	0.18
楼梯口	36.3	0	0	0.25
二楼夹层 1	106.3	0	0	—
二楼夹层 2	111.3	0	0	0.31

续表

检测 地点	CO/(mg·m⁻³)	SO₂/(mg·m⁻³)	NO₂/(mg·m⁻³)	甲醛 / (mg·m⁻³)
隔壁某服装店	3.8	—	—	—
室外对照	5.0	0	0.6	<0.04**
标准值*	≤ 10	≤ 0.50	≤ 0.24	≤ 0.12

* 为《室内空气质量标准》(GB 18883—2002)的限值;

** 为小于仪器最低检出限。

四、讨论

根据现场调查、空气检测结果和病人临床症状,判定此次事件为一起非职业性一氧化碳中毒事件,依据如下:

1. 患者症状 患者的主要症状为头晕、胸闷乏力等缺氧症状,经吸氧和输液等治疗后情况好转正常。

2. 发病地点和时间 事发时该服装店员工位于一楼商铺,而当时二楼夹层正在使用发电机发电,使用燃料为汽油;一楼商铺和二楼夹层无窗户和排气装置,通风不畅,汽油不完全燃烧释放出大量一氧化碳气体。发电机一直工作2个多小时,产生的一氧化碳气体无法排出室外而被员工吸入,至发电机停止工作后1个多小时员工出现中毒症状。

3. 现场调查 现场调查发现空气中一氧化碳和甲醛浓度均超出国家标准,并能闻到明显的汽油味。极大可能是发电机使用汽油发电时汽油燃烧不完全而释放出大量一氧化碳,疾病预防控制中心工作人员检测时距事发已经5个小时,一氧化碳浓度仍高达111.3mg/m³,而服装店无窗户和排气扇,通风排气不畅,一氧化碳无法排出,导致员工出现中毒症状。一楼商铺售卖的是服装,二楼夹层是仓库,存放较多的衣物,衣物释放出甲醛,导致甲醛浓度偏高。

五、风险评估及防控措施

1. 风险评估 CO 为无色、无味、无刺激性,是一种血液、神经毒物,吸入体内后与血液中的血红蛋白(Hb)呈可逆性结合,CO 与 Hb 的结合力比 O_2 与 Hb

的结合力大 200～300 倍,CO 对人体的危害,主要取决于空气中 CO 的浓度和接触时间,接触者血液中 HbCO 与空气中的 CO 浓度成正比,中毒症状则取决于血液中 HbCO 饱和度。此次全部受检者的血红蛋白浓度和氧合血红蛋白浓度均偏低(65～118g/L)、(74.5%～86.5%),HbCO 浓度增高(12.8%～23.1%),4 人氧饱和度升高(99.6%～100%),2 人高铁血红蛋白增高(2.3%～2.5%)。

2. 防控措施　控制措施:①该服装店一楼商铺和二楼夹层,尤其是二楼夹层加装窗户和排气扇,进行充分的通风排气。同时密切注意员工的身体状况,出现不适立即上报。②当前高温天气,广州市处于用电高峰,容易出现部分地区停电的情况。因此,类似于该服装店这样的单位应该加强管理,确保通风排气顺畅;确需发电的,发电机应放置于通风状况良好的地方,最好设置单独的房间,并装备强排风设施。

该次事件是由于室内通风不良,服装店违规在室内使用发电机,导致店内 CO 等有害气体泄漏、堆积而造成人员中毒。应加强使用发电机、热水器等人们经常使用的小型机器或家电卫生安全常识宣教,做好使用的卫生指导,做好有关卫生知识宣传,提高人们对室内通风排气重要性的认识。

六、点评

这起事件的起因明确,服装店因停电使用小型发电机发电,发电机使用的燃料为汽油,由于不完全燃烧释放出大量 CO 气体,加之服装店通风不畅,导致店内 CO 无法排出,员工出现中毒症状。因为 CO 与空气的密度相差小,不容易扩散,既不易下沉也不易上升,所以当室内 CO 浓度升高,且通风不良时,很容易由于 CO 聚积而导致中毒。尤其是家庭常见的煤气中毒。而此次事件涉及的服装店属于柴油发电机发电产生的 CO 中毒,柴油发电机工作时会消耗大量氧气,生成水、CO_2、CO(燃烧不完全时)、氮氧化物等,因此一定要放在室外或通风良好的地方,尤其是柴油机的进排气管要接至室外。针对 CO 中毒,病人血 HbCO 检测可提供有利的证据,即可确诊,本次事件接诊的医院也进行了相应的检测,更加证实了调查结果。但如果是混合性气体中毒或者医院没有考虑到 CO 中毒,延误抽检血样,HbCO 可能不高,影响判断。

(范淑君　冯文如　吴　燕)

参考文献

[1] 邬堂春 . 职业卫生与职业医学 [M].8 版 . 北京 : 人民卫生出版社 ,2017.

[2] 朱玉璧 . 发电生产危险化学品安全管理 [M]. 北京 : 中国电力出版社 ,2011.

[3] 梁国仑 . 特种气体贮运、应用、安全与特性——一氧化氮、一氧化碳、二氧化碳 [J]. 低温与特气 ,1997,9（4）:61-65.

[4] 干雅平 . 室内环境检测 [M]. 杭州 : 浙江大学出版社 ,2015.

案例四　一起写字楼办公室员工因吸入一氧化碳等气体造成的不适事件

一、信息来源

2007 年 8 月 27 日 12:00，广州市疾病预防控制中心接到广州市某人民医院电话，报告广州市某机电设备有限公司 5 人在公司办公室因吸入不明气体，于 2007 年 8 月 27 日 8:30 开始先后出现头晕、头痛、乏力、心悸、手脚麻木等症状，送至该院就诊。

二、基本情况

2007 年 8 月 27 日 8:00，广州市某机电设备有限公司员工开始上班，8:30 该公司员工在小会议室开会，其中有 5 人（4 女 1 男，年龄分布在 25~39 岁）先后出现头晕、头痛、乏力、心悸、手脚麻木等症状，被送至广州市某人民医院就诊。

三、现场调查和检测

1. **病例情况**　患者以头晕、乏力、胸闷、心悸为主，其中 1 人血常规示血红蛋白偏高，其余 4 人血常规、心电图、胸透未见明显异常。目前 5 名患者经吸氧、对症等治疗后，患者症状好转，已出院。医生初步诊断混合气体接触反应。

2. **三间分布情况**　2007 年 8 月 27 日 8:30 左右，该机电设备有限公司的 5 名员工自上班半小时后出现头晕、头痛、乏力、心悸、手脚麻木等症状。

3. **环境因素调查**　现场为广州市某机电设备有限公司，位于 TH 区珠江新城 HP 广场，占地面积 75m²，2 房 1 小会议室 1 厅，公司共有员工 13 人。HP 广场为东、西两座连体 27 层大楼，其中 2~4 层是 DLTS 酒店，5 层是 AMJ 餐厅，6 层以上是写字楼。

广州市疾病预防控制中心相关人员于 2007 年 8 月 27 日 15:30 到达该机电有限公司现场，随即对该公司的小会议室和办公区（已开窗通风、换气）进行现场监测，结果见表 1-1-4-1。参照《室内空气质量标准》（GB/T 18883—2002），小会议室甲醛超标 0.2 倍，办公区甲醛超标 0.4 倍，小会议室总挥发性有机物超标 0.8 倍，办公区总挥发性有机物超标 0.6 倍，CO、CO_2 浓度检测结果未见异常。

表 1-1-4-1　8 月 27 日 15:30 广州市某机电设备有限公司室内空气的监测结果

监测地点	甲醛 / $(mg \cdot m^{-3})$	CO/ $(mg \cdot m^{-3})$	CO_2/%	总挥发性有机物 / $(mg \cdot m^{-3})$
小会议室	0.12	3.4	0.10	1.06
办公区	0.14	2.3	0.10	0.930
国家标准限值	0.10	10	0.10	0.60

　　为了进一步了解现场情况,广州市疾病预防控制中心会同广州市生态环境局(原环保局)、广州市某人民医院于 2007 年 8 月 28 日再次对该机电设备有限公司小会议室和办公区模拟 8 月 27 日的现场(关闭中央空调通风系统和窗户约 15 小时),进行监测,结果见表 1-1-4-2。参照《室内空气质量标准》(GB/T 18883—2002),该公司甲醛超出仪器的量程,CO 超标 27 倍以上,CO_2 超标 1.1 倍,总挥发性有机物超标 2.3 倍,8 楼走廊 CO 超标 13.6 倍,甲醛和 CO_2 检测结果未见异常。

表 1-1-4-2　8 月 28 日 9:45 HP 广场西座 8 楼室内空气的监测结果

监测地点	甲醛 / $(mg \cdot m^{-3})$	CO/ $(mg \cdot m^{-3})$	CO_2/%	总挥发性有机物 / $(mg \cdot m^{-3})$
某公司	超出仪器量程 (0.05~10ppm)	>279	0.21	1.97
8 楼走廊	0.04	146	0.08	—
国家标准限值	0.10	10	0.10	0.60

四、讨论

　　通过流行病学调查,出事地点空气现场检测结果,结合病人临床表现,综合分析,病人是由于吸入办公室内甲醛、总挥发性有机物、CO 等有毒气体引起身体不适。依据如下:

　　1. 患者症状　患者的主要症状为头晕、头痛、乏力、心悸、手脚麻木等缺氧症状,经吸氧和输液等治疗后情况好转正常。

　　2. 发病地点和时间　事发时某机电设备有限公司员工刚开始上班半个小时,有 5 人集聚在小会议室开会,前一晚所在大厦下班时关闭了中央空调通风系统和窗户,使得甲醛、CO、总挥发性有机物等有毒气体积聚,且员工早上上班时,小办公室没有彻底通风。

3.现场调查　现场调查发现小会议室甲醛超标0.2倍,办公区甲醛超标0.4倍,小会议室总挥发性有机物超标0.8倍,办公区总挥发性有机物超标0.6倍。尽管CO、CO_2浓度检测结果未见异常,但是再次对该机电设备有限公司小会议室和办公区模拟8月27日的现场(关闭中央空调通风系统和窗户约15小时)进行监测后。检测结果显示该公司甲醛、CO、CO_2、总挥发性有机物、8楼走廊CO等均超标,甲醛和CO_2检测结果未见异常。因此,若通风排气不畅,甲醛、总挥发性有机物、CO这些有害气体无法排出,会导致员工出现中毒症状。

五、风险评估及防控措施

大多数总挥发性有机物具有令人不适的特殊气味,并具有毒性、刺激性、致畸性和致癌作用,特别是苯、甲苯及甲醛等对人体健康会造成很大的伤害。总挥发性有机物是导致城市灰霾和光化学烟雾的重要前体物,主要来源于煤化工、石油化工、燃料涂料制造、溶剂制造与使用等过程。

室内的总挥发性有机物主要是由建筑材料、室内装饰材料及生活和办公用品等散发出来的。如建筑材料中的人造板、泡沫隔热材料、塑料板材;室内装饰材料中的油漆、涂料、粘合剂、壁纸、地毯;生活中用的化妆品、洗涤剂等;办公用品主要是指油墨、复印机、打字机等;在由于室内装饰装修材料造成的室内空气污染中,总挥发性有机总挥发性有机物类多、成分复杂、长期低剂量释放、对人体危害较大。它的释放主要是因为使用了含大量有机溶剂的溶剂型涂料以及家装使用的各种板材粘合剂。此外,家用燃料及吸烟、人体排泄物及室外工业废气、汽车尾气、光化学污染也是影响室内总挥发性有机物含量的主要因素。

总挥发性有机物可有嗅味刺激性,相关的化合物具有基因毒性。目前认为,总挥发性有机物能引起机体免疫水平失调,影响中枢神经系统功能,出现头晕、头痛、嗜睡、无力、胸闷等自觉症状;还可能影响消化系统,出现食欲缺乏、恶心等,严重时可损伤肝脏和造血系统,出现变态反应等。

一般认为,正常的、非工业性的室内环境总挥发性有机物浓度水平不至于导致人体的肿瘤和癌症。当总挥发性有机物浓度为$3.0\sim25mg/m^3$时,会产生刺激和不适,与其他因素联合作用时,可能出现头痛。当总挥发性有机物浓度大于$25mg/m^3$时,除头痛外,可能出现其他的神经毒性症状。

针对此事件,防止中毒扩散的措施和建议:①该写字楼应做好写字楼内的通风排气工作,正确使用写字楼内部的空调通风系统。②未开启空调时,注意自然通风,外窗保持适当开度,同时保证排气扇正常运转,确保室内空气流通。

六、点评

本次事件不但对事故的环境空气质量进行了检测,还为了验证现场流行病学的调查结果,又进行了模拟现场的试验检测,用科学的方法证实了这是一起 CO、总挥发性有机物等有毒气体积聚导致的中毒事件。根据患者症状和现场检测结果,可确认是有毒气体中毒。现场 CO 浓度超标,总挥发性有机物浓度超标,但总挥发性有机物不是定性指标。调查人员又进行了一次现场模拟试验进行中毒气体确认。关闭中央空调通风系统和窗户约 15 小时后进行监测,结果表明该公司甲醛超出仪器的量程,CO 超标 27 倍以上,二氧化碳超标 1.1 倍,总挥发性有机物超标 2.3 倍,8 楼走廊 CO 超标 13.6 倍,甲醛和 CO_2 检测结果未见异常。

这个案例在深入有毒气体中毒现场调查中有比较高的参考意义。在室内空气中毒调查中,最重要的证据是现场检测出中毒气体,并找到有毒气体产生原因。如果现场环境破坏导致现场检测不能确定具体空气污染有害物质,可在保证安全的前提下尽可能进行模拟试验,证实中毒气体及其来源。

(范淑君　郭重山　冯文如)

参考文献

[1] 邬堂春. 职业卫生与职业医学 [M].8 版. 北京,人民卫生出版社,2017.

[2] 郎建平,陶建清. 无机化学 [M]. 南京:南京大学出版社,2014.

[3] 尚丽新,朴丰源. 环境有害因素的生殖和发育毒性 [M]. 郑州:河南科学技术出版社,2017.

[4] 干雅平. 室内环境检测 [M]. 杭州:浙江大学出版社,2015.

[5] 挥发性有机物(VOCs)污染防治技术政策 [Z]. 中华人民共和国环境保护部,2013-05-24.

案例五　一起百货商店一氧化碳中毒事件

一、信息来源

2010年1月20日晚上约22时30分广州市疾病预防控制中心接到广州医科大学附属某院电话报告,广州市HZ区某百货商店12名员工出现头痛、头晕、呕吐等症状,正在该院就诊,疑为CO中毒。

二、基本情况

2010年1月20日早上约9时,广州市HZ区某百货商店停电,该商店员工自行利用柴油发电机发电供本商店使用。商店员工将发电机放置在商店内的临时储物区(该区与商店的售货营业区之间以货架简单分隔)。当天约11时,有4名员工出现头痛、头晕、呕吐等症状,至下午15时30分,共有12名员工出现相似症状。所有病人于16时至20时先后到广州医科大学附属某院急诊部就诊。该院对病人进行对症、补液等治疗。至1月21日凌晨约4时,所有病人的不适症状基本消失,全部病人出院,自行回家休养。

三、现场调查和检测

1. 病例情况　经统计,12名病人的临床表现有:头痛(11人),头晕(11人),恶心(8人),呕吐(5人),口干(4人),乏力(3人),心悸(2人),畏寒(2人)。医院对12名病人进行血常规和血生化检验,有4名病人白细胞计数升高。

2. 三间分布情况　2010年1月20日约11时至下午15时30分,广州市HZ区某百货商店12名员工出现头痛、头晕、呕吐等症状。

3. 环境因素调查　12名病人均为该百货商店员工,在发病前72小时无共同进餐史。

该商场约1000m²,商场相对密闭,只有三个门口与外界相通,使用集中式空调通风系统。2010年1月20日9时至13时,由于停电,该商场员工自行使用一台柴油发电机在商场内的临时储物区(该区与商店的售货营业区之间以货架简单分隔)发电。由于电力只够维持该商场的照明、冰箱、收款机的正常使用,所以该商场的集中式空调通风系统未能启用,导致商场内外的通风换气不良,柴油发电机产生的废气(其中含有CO)在该商场内大量蓄积。

31

四、讨论

根据现场调查情况,判定该事件为疑似 CO 中毒。

1. 主要症状 患者的主要症状为头痛(11 人),头晕(11 人),恶心(8 人),呕吐(5 人),口干(4 人),乏力(3 人),心悸(2 人),畏寒(2 人)等缺氧症状,经吸氧和输液等治疗后情况好转正常。

2. 发病地点和时间 事发时,广州市 HZ 区某百货商店停电,该商店员工自行利用柴油发电机发电供本商店使用。该商店员工将发电机放置在商店内的临时储物区(该区与商店的售货营业区之间以货架简单分隔)。发电 2 小时后,有 4 名员工出现头痛、头晕、呕吐等症状。6 小时后,共有 12 名员工出现相似症状。所有病人于下午和晚上先后到广州医科大学附属某院急诊部就诊。

五、风险评估及防控措施

1. 风险评估 CO 中毒是由于吸入的 CO 与人体血红蛋白结合形成碳氧血红蛋白,使氧气不能与血红蛋白结合而失去携氧能力,导致人体组织器官缺氧,从而诱发一系列临床症状的急性疾病。大脑是人体需氧量最大的器官,CO 中毒后常以大脑缺氧为主要症状,大多数轻至中度中毒患者经及时救治,通常预后良好。重症中毒患者可发生 CO 中毒迟发性脑病,进而出现神经系统后遗症。CO 中毒迟发脑病多发生于重症病例,临床多在意识障碍恢复后经过 2～60 天假愈期,出现神经系统症状。因此,在 CO 中毒患者的治疗和护理中,要注意 CO 中毒迟发脑病。

2. 防控措施 针对此事件,防止中毒扩散的措施和建议:①停电期间,该商场员工应严格按照有关的小型发电机安全使用规程,将发电机放置在独立的专门发电房或室外通风处,严禁在相对密闭的商场内部使用发电机。②该商场员工应做好商场内的通风排气工作,正确使用商场内部的通风排气设施。③该商场的中毒员工应注意休养,在完全康复的前提下,才可返岗上班。

六、点评

该事件是一起由于自行使用柴油发电机发电导致的 CO 中毒事件。提示我们在公共场所一定要注意保持通风排气,保证足够的新风量,才能保障员工和顾客的健康和安全。此外,急性 CO 中毒会出现迟发性脑病症状,即部分急性 CO 中毒患者,在意识障碍恢复后,经过 2～60 天的"假愈期",可出现精神异常(如表情淡漠、反应迟钝、记忆障碍、行为失常、定向力丧失等),视锥细胞外系损害、皮质性失明以及间脑综合征等神经系统改变。迟发性脑病的发生可能与 CO 中毒急性期的病情重、醒后休息不够充分或治疗处理不当有关。因此,专业人员建议该商场的中毒员工应注意休养,在完全康复后,才可回单位上班。

(范淑君　冯文如　吴　燕)

参考文献

[1] 邬堂春. 职业卫生与职业医学 [M].8 版. 北京:人民卫生出版社,2017.

[2] 朱玉璧. 发电生产危险化学品安全管理 [M]. 北京:中国电力出版社,2011.

[3] 梁国仑. 特种气体贮运、应用、安全与特性——一氧化氮、一氧化碳、二氧化碳 [J]. 低温与特气,1997,9(4):61-65.

[4] 干雅平. 室内环境检测 [M]. 杭州:浙江大学出版社,2015.

[5] 孟彩云. 我国甲醛生产现状与技术进展 [J]. 化学工程与装备,2010,60(9):160-162.

案例六 某酒店集中空调通风系统调查

一、信息来源

广州市疾病预防控制中心于 2010 年 1 月 1 日接报一起疑似在广州感染军团菌病例。

二、基本情况

广州市疾病预防控制中心于 2010 年 1 月 1 日收到广东省卫健委(原广东省卫生厅)和广州市卫健委(原广州市卫生局)批转的 WHO 的文件,称一外籍人士于 2009 年 11 月 13 日确诊患有军团病(已痊愈)。该外籍人士于 2009 年 11 月 3～5 日在中国旅游时曾入住广州市某旅游酒店(以下简称"旅游酒店"),怀疑患病与该旅游酒店有关。该外籍人士所住的客房是旅游酒店 6 区客房,于 2009 年 7 月投入使用。6 区主体楼呈 V 形,全部是客房。旅游酒店的美食廊和西餐厅为入住客人提供餐饮服务。

三、现场调查和检测

1. 现场调查

(1)客房和餐厅通风空调结构:6 区客房共 8 层,每层 41 间客房。该区客房共有 8 套空调通风系统,每层一套,均采用空气 - 水式设计。新风机为定风量卧地式风柜,型号为 CDM07,电机功率为 3kW,设计风量 6237m³/h。客房室内热湿负荷采用空气 - 水调节方式,水系统终端在每个客房内通过风机盘管与空气进行热交换。新风机房位于每层楼中间电梯井的旁边,新风经过新风口进入风机房,然后进入风柜调节处理后,经过送风管送至每间客房,回风经客房风机盘管与新风混合后再送回客房。

美食廊和西餐厅各自有一套空调通风系统,采用回风式设计,新风与回风在风机房内混合后送入风柜进行调节处理,餐厅内热湿负荷则通过新风柜进行调节处理。

(2)6 区客房空调卫生状况:6 区客房的新风口位于新风机房外墙,开口朝向花园,花园环境清洁干净,新风口周围无污染源。3 楼的新风机房清洁干净,新风口百叶有少量灰尘,风柜的新风滤网也有少量灰尘。4 楼新风机房卫生状况与 3 楼相同,新风机房风柜的冷凝水通过水管接至地漏。风机房内有风机和机房的清洗维护记录。客房送风口和回风口百叶清洁干净,回风通过吊顶的盘管风机调节处理后送出,打开送风口百叶后发现,新风管内积尘较多,送风管内也有少量积尘,但盘管风机和冷凝水盘清洁干净。

（3）餐厅空调系统的卫生状况:美食廊主要供应早餐,风机房清洁干净,但放置有少量杂物。新风口开口于美食廊餐厅入口右侧外墙上,但新风口被人为堵上,无新风供应,仅仅依靠餐厅开门自然通风。风柜的滤网清洁干净,无积尘;回风口百叶关闭,有少量积尘。

西餐厅的新风机房清洁干净,但有少量积水。新风口位于风机房上部,开口朝向花园,新风机房门口开于走廊,走廊两端分别通向花园和西餐厅入口处,平时新风机房的门常开,从走廊获取新风以弥补新风量。风柜滤网较清洁干净,有清洗维护记录。

（4）冷却塔卫生状况:旅游酒店集中空调系统的冷却塔位于 5 区楼顶,共有 22 套冷却塔,相互联通,开放式设计,距离 6 区客房空调新风口大于 100m。冷却塔内清洁干净,个别塔内有少量沉淀物,冷却水水质良好,无明显浮游物和水色。

（5）空调系统清洗状况:旅游酒店委托有关公司定期对酒店空调系统进行清洗和水质检测,其中空调风管 1 年清洗 1 次,冷却塔每个月清洗 1 次,有清洗记录。空调送风口、新风机房和滤网则有酒店内部员工定期进行清洗维护,有清洗记录。

2. 现场检测结果　依据卫生部《公共场所集中空调通风系统卫生规范》(2006),对旅游酒店 6 区客房的集中空调系统进行了抽样检测,检测结果见表 1-1-6-1 ~ 表 1-1-6-3。

冷却水未检出嗜肺军团菌(由于天气寒冷,空调系统没有冷凝水)。

风管内表面和空调送风均未检出 β - 溶血性链球菌。

风管内表面积尘量、细菌总数和真菌总数均合格。

送风中细菌总数超标两宗,而真菌总数均超标。

表 1-1-6-1　旅游酒店 6 区客房空调送风微生物检测结果

检测地点	送风中空气 细菌总数 /(cfu·m^{-3})	送风中 真菌总数 /(cfu·m^{-3})	送风中 β - 溶血性链球菌
6321 房空调送风口	1100	980	未检出
6322 房空调送风口	1100	1100	未检出

检测地点	送风中空气 细菌总数 /(cfu·m^{-3})	送风中 真菌总数 /(cfu·m^{-3})	送风中 β – 溶血性链球菌
6403 房空调送风口	240	760	未检出
6404 房空调送风口	230	540	未检出
标准值	≤ 500	≤ 500	不得检出

表 1-1-6-2　旅游酒店 6 区客房空调风管内表面积尘量和微生物检测结果

检测地点	风管内表面 积尘量 / (g·m^{-2})	风管内表面 细菌总数 / (cfu·cm^{-2})	风管内表面 真菌总数 / (cfu·cm^{-2})	风管内表面 β – 溶血性链 球菌
6321 房空调送风管内表面	0.15	1	<1	未检出
6322 房空调送风管内表面	0.14	<1	<1	未检出
6403 房空调送风管内表面	0.15	<1	<1	未检出
6404 房空调送风管内表面	0.16	<1	7	未检出
标准值	≤ 20	≤ 100	≤ 100	不得检出

表 1-1-6-3　旅游酒店 6 区客房空调冷却塔嗜肺军团菌检测结果

检测地点	嗜肺军团菌	标准值
13 号冷却塔	未检出	不得检出
15 号冷却塔	未检出	不得检出
18 号冷却塔	未检出	不得检出
21 号冷却塔	未检出	不得检出

四、结论及讨论

1. 结论　无明显证据证明该外籍人士患病与酒店空调系统卫生有直接
关系。

2.讨论 根据现场调查、检测结果以及问卷调查结果,初步表明旅游酒店空调系统无嗜肺军团菌污染,无明显证据证明该外籍人士患病与酒店空调系统卫生有直接关系。酒店对集中空调系统定期清洗,但空调送风卫生状况较差,多项指标不符合卫生部《公共场所集中空调通风系统卫生规范》(2006)的要求,如果气候和温度条件适合,则较适宜嗜肺军团菌的生长,因此酒店须立即对空调通风系统进行全面清洗,并定期检查维护。

五、风险评估及防控措施

集中空调通风系统是为使房间或密闭空间空气温度、湿度、净度和气流速度等参数达到给定的要求,而对空气进行处理、输送、分配,并控制其参数的所有设备、管道、附件及仪器仪表的总和。目前,集中空调通风系统在我国被广泛使用,它们在改善室内微小气候方面起着重要作用,但是也存在许多卫生问题。本案例中经现场调查发现6区客房的新风管内积尘较多。新风口是空调系统采集新鲜空气的部位,如新风口污染严重,新风的补充不仅达不到"新鲜"室内空气的目的,反而会恶化室内空气。应定期对新风管进行清洗,保证新风管道内干净无积尘。

此外,美食廊餐厅入口右侧外墙的新风口被人为堵上,无新风供应,仅仅依靠餐厅开门自然通风,通风效果及新风量远远不能达到要求。当人们长时间生活、工作在密闭的空调房间里,可能导致室内 CO、CO_2、可吸入颗粒物等污染物浓度增加,室内空气质量恶化,人在这样的环境中会感到烦闷、头痛、乏力等不良反应。补充新鲜空气以稀释室内空气污染物浓度,是改善室内空气质量简单而又重要的手段。应移除美食廊新风口的堵塞物,恢复新风口正常取风。

六、点评

本案例通过详细调查酒店集中空调的各项设施设备,并进行了采样检测,判定无明显证据证明酒店空调系统卫生与该外籍人士患病有直接关系。由于是事后调查,且天气原因无法采集冷凝水,现场检测证据不完整。调查后,可对酒店集中空调通风系统管理人员进行培训,对疾控应加强全面的检测能力建设,建立直接污染源的标准检测方法,以及时准确地应对此类公共卫生事件。

(步 犁 吴 燕 陈思宇)

参考文献

[1] 杨克敌 . 环境卫生学 [M] .8 版 . 北京 : 人民卫生出版社 , 2017.

[2] 金银龙 . 集中空调污染与健康危害控制 [M]. 北京 : 中国标准出版社 , 2006.

案例七　某会议室空调系统设计缺陷导致场所的室内空气质量调查

一、信息来源

广州市疾病预防控制中心接到广州市卫健委一项检测任务,对某大型会议室内空气质量进行了现场调查和快速检测。

二、基本情况

会议室为一圆形会议室,设主席台和听众席,会议室使用风机盘管＋新风系统的空调通风系统。

三、现场调查和检测

1. 现场调查　会议室内清洁干净,无不良气味。会议室空调风机采用吊顶设计,位于主席台左侧茶水间天花上方;空调新风口开于外墙,新风经天花板夹层进入新风机房(未设置新风管道直接连接于空调风机),然后进入空调风机进行处理;回风通过茶水间侧墙上的回风口集中回风,通过茶水间天花上的 3 个回风口进入天花夹层空间(未设置回风管道直接连接于空调风机及排风口);新风和回风经空调风机处理后由送风管道通过设置于会议室天花上面的侧送风口送入会议室。调查发现新风口、回风口和空调风机设置有空调滤网。

2. 现场检测情况　根据要求,检测人员在会议室主席台设置 1 个检测点,听众席设置 5 个检测点;检测项目为温度、相对湿度、CO、CO_2、可吸入颗粒物、甲醛、SO_2、NO_2、臭氧等。检测结果显示放射性氡和外照射水平为广州市室内典型值水平;其余所检测的项目也均未超标(表 1-1-7-1)。

表 1-1-7-1　会议室室内空气质量结果

监测项目	主席台	观众席 1	观众席 2	观众席 3	观众席 4	观众席 5	标准值*
温度 /℃	19.9	19.9	20.0	20.0	19.8	19.5	22～28
相对湿度 /%	51.1	51.7	51.2	51.0	51.5	52.3	40～80
$SO_2/(mg \cdot m^{-3})$	0	0	0	0	0	0	≤ 0.50
$NO_2/(mg \cdot m^{-3})$	0	0	0	0	0	0	0.24

续表

监测项目	主席台	观众席1	观众席2	观众席3	观众席4	观众席5	标准值*
臭氧/$(mg \cdot m^{-3})$	0	0	0	0	0	0	0.16
CO/$(mg \cdot m^{-3})$	0.1	0.1	0.1	0.1	0.1	0.1	10
CO_2/%	0.0565	0.0596	0.0597	0.0587	0.0573	0.0595	0.10
可吸入颗粒物/$(mg \cdot m^{-3})$	0.012	0.007	0.008	0.009	0.006	0.007	0.15
甲醛/$(mg \cdot m^{-3})$	<0.04	<0.04	<0.04	<0.04	<0.04	<0.04	0.10
氡/$(Bq \cdot m^{-3})$	—	15	—	—	27	—	400
外照射/$(\mu Sv \cdot h^{-1})$	—	0.20	—	—	0.31	—	0.5

* 标准值参考《室内空气质量标准》(GB/T 18883—2002)。

四、结论及讨论

1. 结论 该会议室由于集中空调通风系统的新风采集系统设计和建设不符合相关卫生规范的要求,造成室内新风供应不足,可能导致场所内通风不良。

2. 讨论 现场调查空调新风和回风未设置专用管道连接于空调风机和新风口,无排风口;新风和回风均将天花上空间作为管道使用,且新风口较小,回风口较大,极易造成空调风机在运行过程中,新风和回风无法按比例调节进风量,进而导致回风量大而新风量小,从而造成进入室内的新风量长期不足。

现场检测显示放射性氡和外照射水平为广州市室内典型值水平;其余所检测的项目均未超标,包括 CO_2。CO_2 是室内新风量足够与否的指示指标,本次检测时会议室内无会议,因此 CO_2 比较低。如果会议室内召开会议,人员密集,如果新风量不足,会造成室内 CO_2 浓度增高,影响人体健康和舒适度。

五、风险评估及防控措施

1. 风险评估 新风量是指单位时间内由集中空调系统进入室内的室外空气的量,单位为 $m^3/(h \cdot 人)$,新风量的多少关系到公共场所内人员的健康。《公共场所集中空调通风系统卫生规范》(WS 394—2012)中提到:集中空调系统新风应直接取自室外,不应从机房、楼道及天棚吊顶等处间接吸取新风。本案例中会议室的新风经过风机房,和回风混合再到风机,且新风口较小,这在举办大型会议时会导致室内 CO_2 浓度升高,影响参会人员的身体健康。应改造新风取风口,并用管道将新风连接到风机。

2.防控措施　改造新风取风口,设置专用的新风和回风管道,将新风和回风直接引入空调风机混合处理,而不是经过天花上面空间间接进入风机;新风和回风管道设置风阀,根据季节按比例调节新风和回风的进风量。

设置排风口,将室内不进入风机房的多余回风通过排风口排出室外。

加强集中空调系统的空调风机、滤网、管道、风口等卫生管理,保证空调系统的卫生状况良好。

六、点评

本案例将现场调查与现场检测结果结合,很好地说明了使用这类风机盘管＋新风系统的空调通风系统的会议室应注意的问题及解决办法。本案例中未加入新风量的检测,在证据链条上有些许瑕疵。在有条件的情况下,应进行会议室新风量检测,及会议室满人时 CO_2 浓度检测,以更好地判断室内通风效果。

(步　犁　石同幸　施　洁)

参考文献

[1] 杨克敌.环境卫生学 [M].8 版.北京:人民卫生出版社,2017.

[2] 金银龙.集中空调污染与健康危害控制 [M].北京:中国标准出版社,2006.

案例八　甲型 H1N1 密切接触者医学隔离场所的卫生状况评估

一、信息来源

5月12日,广州市疾病预防控制中心组织技术人员对甲型流感密切接触者医学观察点大酒店进行了卫生检查。

二、基本情况

2019年,全球甲型 H1N1 流感疫情进一步扩散,5月11日国内出现首例确诊病例。为切实做好甲型流感疫情的防控工作,广州市疾病预防控制中心派员对医学观察点进行现场调查。医学观察点大酒店位于广州市 HD 区新白云国际机场空港三、四路横一路交界处,与中国海关、中国检验检疫局及中国边检局连在一起,形成一个"井"形。酒店共有6层,二楼以上为客房,共有58间,餐厅在一楼,餐厅面积约为400m²。现5楼和6楼设为医学观察区。客房采用分体空调,洗手间的排风通过排气扇经管道排向竖井,竖井口设在楼顶。

三、现场调查及人员隔离情况

1. 现场调查

(1)客房通风排气情况:客房采用分体空调,洗手间的排风通过排气扇经管道排向竖井,竖井口设在楼顶,排气扇可见积尘积污。据工程部人员反映,空调滤网在被隔离人员入住之前已经进行清洗。

(2)用品用具卫生情况:布草间设在5楼,房间面积较小,物品堆放较杂乱,存放有较多杂物。目前还作为供应所有客房布草的唯一存放间。被隔离人员用过的布草在同一层楼客房的洗手间内进行浸泡消毒,用洗衣机甩干后再送 GZ 大厦进行进一步清洗。服务员反映,布草需经被隔离人员要求才更换。

杯具洗消间设在4楼,物品堆放较杂乱,存放有较多杂物。目前还作为供应所有客房杯具的唯一存放间。只负责部分客房杯具的洗消,大部分杯具直接送到一楼餐厅与餐具一起清洗消毒,无专门的杯具保存柜。杯具数量按照1:2比例配置。被隔离人员用过的杯具在房间的洗手间内进行浸泡消毒,然后送至1楼餐厅进行进一步清洗消毒,未设立独立的消洗间对被隔离人员用过的杯具进行清洗消毒。

（3）餐厅厨房卫生情况：厨房的消洗设备较完善，餐厅厨房地面较干净。未设立专用杯具洗消设施，也未有专门的杯具保存柜。

2. 人员隔离情况 该酒店在6楼收住密切接触者，5楼收住口岸检验检疫机构转送来的留验人员。医务防疫人员住在2楼，清洁区和半清洁区有明显划分，5、6楼均有保安24小时看守，严格限制人员进出。

3. 消毒和个人防护 市疾控中心为酒店提供了消毒用的泡腾片，并对服务员进行了培训。服务员每天均能按要求做好隔离场所的清洁和消毒，并且在工作期间能做好基本的个人防护。

驻点的医务人员能按要求做好个人防护，每日对密切接触者和留验人员测量体温和健康询问，每天测量体温二次，翔实记录，并及时上报。

4. 垃圾和污水管理 目前该隔离医学观察（留验）场所的医疗垃圾密封放置在一个安全处未处置，密切接触者和留验人员的生活垃圾未做特殊处理与普通生活垃圾混在一起处置。酒店无独立的污水处理系统，污水经管网排放至机场污水处理系统统一处理。

四、结论及讨论

1. 结论 该酒店在落实以上措施的改进和人员培训后可以用作医学观察场所。

2. 讨论 根据以上的现场检查情况分析，酒店卫生现状、卫生设施基本能满足目前被隔离人员较少时的要求，但仍需进一步完善，尤其是今后存在被隔离人员继续增加的可能。措施如下：

（1）室内空气：加强客房的通风，尽量保持自然通风；在空调开放的情况下，保证每天定时开窗进行自然通风；定期清洗空调送风滤网及洗手间排气扇。观察期满后或者被隔离人员更换时应及时对空调滤网进行清洗消毒。必要时，可用0.2%过氧乙酸溶液或500～1000mg/L的含氯消毒液擦拭消毒空调器；定期对客房（包括走廊）室内空气进行消毒，观察期满后或者被隔离人员更换时应及时对房间室内空气、用品用具进行彻底消毒。

（2）用品用具：隔离楼层和非隔离楼层不能共同使用同一间杯具洗消间，应该设立隔离区专用杯具洗消间。非隔离楼层应该另外设立独立的布草间，5楼的布草间归5、6楼隔离区专用，同时被隔离人员使用的布草每天及时清理。如果酒店客房全部设为隔离区，及时增加杯具的数量，按照1∶3的比例配置，同时设立专用的杯具洗消间，增设足够的消毒柜和保存柜。耐热、耐湿的纺织品可煮沸消毒 15～30 分钟,或用 0.04% 过氧乙酸溶液浸泡 120 分钟或 250mg/L 有效氯的含氯消毒剂浸泡 30 分钟。隔离人员用后的餐具可用 0.1% 过氧乙酸溶液或 500mg/L 有效氯含氯消毒剂溶液浸泡 20 分钟后,再用清水洗净。加强室内环境清洁卫生,对卫生间、地面、门、窗把手、家具及家电等表面的清洁,使用一般清洁剂即可达到目的。必要时,可用 0.1% 过氧乙酸溶液或 500～1000mg/L 含氯消毒液对上述场所及物品进行湿式拖扫或擦拭;如果留观人员出现疑似或确诊病例,须对房间内所有物品(包括被褥)进行彻底的消毒。

(3)污物处理:建议该酒店与有关废弃物处理中心联系,尽快落实酒店内医疗及生活垃圾无害化处理。在没有落实回收之前应对垃圾进行消毒,可用 0.1% 过氧乙酸溶液或 500mg/L 有效氯含氯消毒剂溶液浸泡 20 分钟或喷洒湿润消毒作用 60 分钟后,再按生活垃圾进行处理。

(4)其他:加强酒店从业人员的个人防护;隔离区设立明显的标识,加强人员的流动管理,特别加强电梯的管理,防止普通住客误入隔离区;做好电梯的清洁消毒工作。

五、风险评估及防控措施

根据疫情防控需要设立的医学观察场所,重点在于场所的通风、人员的防护、环境和用品用具的清洁消毒以及场所内人员的严格管理。

完善医学观察场所的管理流程,在使用期间应注意对场所进出人员的消毒,健康宣教等工作;注意用品用具的消毒。

在疫情期间,原则上不使用集中空调通风系统。如确需使用时,隔离场所负责人需充分了解场所的空调通风系统的通风类型、供风范围,按以下要求开启空调:

隔离场所的空调是局部空调,没有新风和回风系统的,开启空调时应同时开窗,补充新风。

场所的空调是风机盘管加新风系统,但回风是房间内自循环的,使用空调时需开启最大新风量运行。

场所的空调是集中空调通风系统,即新风、回风都是集中处理传送的,则应关闭回风阀,全新风运行。当全新风运行不能满足风量或舒适度,需开启回风系统时,应开启最大新风量运行,宜达到 $30m^3/(h\cdot人)$。安装空气净化消毒装置。

使用空调通风时,应确保所有设备保持正常运转,新风口、新风机房、过滤网和送风排风管道保持清洁,隔离人员离开后,需对空调部件、开放式冷却塔和送风管道进行清洗消毒。

当隔离人员中出现确诊病例时,应立即关闭其所在房间区域的集中通风空调,对空调系统进行清洁消毒。

六、点评

此次集中医学观察场所的调查,综合考察评估,提出专业技术意见建议,使启用场所的选址和室内设备及要求符合集中医学观察场所的要求。同时在作为隔离场所使用期间,应加强日常的督导管理,提醒酒店方面做好员工的各项培训,提高安全意识。

(步　犁　石同幸　施　洁)

参考文献

[1] 杨克敌. 环境卫生学 [M]. 8 版. 北京:人民卫生出版社,2017.

[2] 金银龙. 集中空调污染与健康危害控制 [M]. 北京:中国标准出版社,2006.

[3] 《广州市新冠肺炎防控指挥办医疗防治组关于印发广州市境外来穗返穗人员新冠肺炎集中医学观察场所工作指引》(穗卫肺炎防控函〔2020〕292 号).

案例九 疑似集中空调冷却塔引发的军团菌感染事件

一、信息来源

2010年4月21日,广州市疾病预防控制中心收到省疾控中心通报一例广州返回境外人员感染军团菌案例。

二、基本情况

2010年4月21日,广州市疾病预防控制中心接报一退伍军人于2010年4月14日开始出现发热、气促、咳嗽及疲倦等症状,被确诊为军团病,情况危殆。该人士于2010年4月3～6日来穗曾先后入住PY区某酒店(以下简称"PY酒店")、YX区某宾馆(以下简称"YX宾馆"),怀疑该人士患病与入住酒店有关。4月23日,广州市疾病预防控制中心及PY区疾病预防控制中心分别对上述酒店进行了现场调查。

该人士4月3日入住PY酒店的3号楼3307房,该酒店内设客房213间,其中3号楼63间,8号楼150间;4月5日入住YX宾馆12楼东区1212房,该宾馆4～7楼和9～24楼为客房。两住宿场所均无景观用水和温泉水。

三、现场调查及检测

1. 现场调查

(1)集中通风空调结构:PY酒店和YX宾馆的空调类型均为半集中式空调系统,客房的热湿负荷采用空气 - 水方式处理,水系统终端在每个客房内通过风机盘管与空气进行热交换。该人士入住的PY酒店3号楼客房未设新风口,只是利用负压经门缝从楼层过道获取新风;入住的YX宾馆12楼客房共有2套空调通风系统,新风机房位于客房走廊东西两端。

(2)空调卫生状况:PY酒店客房各新风口周围无明显污染源,与冷却塔距离大于100m。盘管风机出风口和回风口的散流器较清洁,但回风口过滤网、送风管和新风管积尘较厚,冷凝水接水盘有污垢。机房位于3号楼负1层,较清洁,无杂物,有少量积水。

YX宾馆东区客房的新风口位于新风机房外墙,新风口周围无污染源。12楼东区的新风机房清洁干净,但摆放有少量杂物,新风口百叶有少量灰尘,风柜的新风滤网也有少量灰尘。冷凝水通过水管接至地漏。风机房内有风机和机房的清洗维护记录。客房送风口和回风口百叶清洁干净,回风通过吊顶的盘管风机调节处理后送出,打开回风口百叶后发现,风机盘管周围积尘较多,冷凝水盘有少量积水和锈迹。对 13 楼西区客房的集中空调通风系统进行抽样调查发现,新风口、新风机房、送风口、回风口百叶、风机盘管和冷凝水盘卫生状况良好。

(3)冷却塔卫生状况:2 间酒店的冷却塔均为开放式设计,位于建筑物楼顶,视野开阔,无遮挡;冷却塔与新风口距离均大于 100m。

PY 酒店冷却塔位于 3 号楼楼顶东北角,共有 3 个;YX 宾馆冷却塔位于附楼楼顶,共有 2 个。

PY 酒店冷却塔安放在顶层四楼阳台东北面,客房新风口设在西面,冷却塔集水盘较清洁,未见大块杂物、沉积物、淤泥等。冷却水水质较好,无明显浮游物和水色。

(4)空调系统清洗状况:PY 酒店委托某水处理公司定期对酒店空调系统冷却塔进行清洗,每月 1 次,有清洗记录。冷却水每星期投药 1 次。据查最近在 4 月 19 日进行了清洗和投药;客房盘管风机每年清洗 1 次,至调查当天尚未清洗。

YX 宾馆定期对宾馆空调系统进行清洗,有清洗记录。空调冷凝水盘每年清洗 2 次,据查最近在 3 月份清洗过;冷却塔每月清洗 1 次,据查在抽样前一天(4 月 22 日)刚清洗过;空调送风口、新风机房和滤网则有酒店内部员工定期进行清洗维护,有清洗记录。

2. 现场抽样检测结果　依据卫生部《公共场所集中空调通风系统卫生规范》(2006),分别对 PY 酒店和 YX 宾馆的集中空调系统进行了抽样检测。抽取 PY 酒店冷却水 2 宗、3307 房冷凝水 1 宗、洗浴用水 4 宗进行嗜肺军团菌的检测,从其中 1 宗冷却水中检出嗜肺军团菌 1 型(表 1-1-9-1)。抽检 YX 宾馆冷却水 2 宗、1212 房和 1305 房浴室淋浴水各 1 宗,均未检出嗜肺军团菌(表 1-1-9-2);由于冷凝水水管设计原因,未能采集到空调系统冷凝水。

表 1-1-9-1　PY 酒店冷却水、冷凝水和洗浴水嗜肺军团菌检测结果

检测地点	嗜肺军团菌	标准值
3 号楼楼顶东北角冷却塔	检出嗜肺军团菌 1 型	不得检出
3 号楼 3307 房冷凝水	未检出	不得检出
3 号楼 3307 房洗浴水	未检出	不得检出

表 1-1-9-2　YX 宾馆空调冷却水、淋浴水嗜肺军团菌检测结果

检测地点	嗜肺军团菌	标准值
东面冷却塔	未检出	不得检出
西面冷却塔	未检出	不得检出
1212 房浴室	未检出	不得检出
1305 房浴室	未检出	不得检出

四、结论及讨论

1. 结论　根据目前的调查结果,无直接证据表明该人士患病与入住 YX 宾馆和 PY 酒店有关。

2. 讨论　2 间酒店的现场调查结果显示,两处集中空调新风口周围均无明显污染源,与冷却塔位置大于 100m,并进行定期清洗、消毒,符合《公共场所集中空调通风系统卫生规范》(2006)要求。

从 2 间酒店客房的冷凝水、房间的洗浴用水中均未检出嗜肺军团菌,表明其客房空调通风系统受嗜肺军团菌污染的可能性较低。

从 PY 酒店空调系统冷却塔的 1 宗冷却水中检出 1 株嗜肺军团菌。现场调查发现,该冷却塔安放在顶层四楼阳台东北面,周围无遮挡,上方和四周无法形成气流涡旋;客房新风口设在西面,距离冷却塔大于 100m;酒店空调通风管道无破损、渗漏记录;3 号楼客房新风未通过管道直接进入房间,而是靠负压从走廊吸取。因此,冷却塔冷却水造成客房通风系统受污染的可能性极低。同时,由于现场调查时间与患者入住该酒店时间相隔近 20 天,其间还进行了冷却塔系统的清洗消毒等操作,现场调查结果不能完全反映患者入住时的情况。

五、风险评估及防控措施情况

军团菌是一种需氧的革兰氏阴性杆菌,在自然环境中普遍存在,且存活时间长,但浓度一般较低。空调系统中的冷却塔登出常生长着大量的藻类、原虫等,并在某些季节水温也能达到 35℃以上,军团菌适宜繁殖的水温条件是 35~40℃,为军团菌提供了良好的生存环境和营养物质。2010 年 4 月 3～6 日期间,广州天气为 20~27℃,湿度为 95%~100%,较适宜军团菌的生长繁殖。阻断致病军团菌传播的途径主要依赖对集中空调通风系统冷却塔的清洁和管

理。加采取措施,立即进行清洗消毒。

六、点评

本案例特别之处在于嗜肺军团菌的感染来源不明确。由于感染与当时环境有关,而事后酒店又进行了集中空调系统的清洗,证据链条的断裂导致无法追查感染来源。本次应急处置将环境情况调查明确,但仍可以从以下几个方面进行改进:首先,从酒店获取与客人相同住房时间的人员名单,可调查其自离开酒店后 14 天内是否存在发热、气促、咳嗽及疲倦等症状,是否被诊断为肺炎。有症状者可检测嗜肺军团菌血清抗体判断是否存在既往或近期感染;其次,可联系香港健康防护中心对患者的致病菌进行基因测序,并对 PY 酒店空调冷却塔中的嗜肺军团菌同样进行基因测序,判断其同源性。

（步　犁　石同幸　施　洁）

参考文献

[1] 杨克敌 . 环境卫生学 [M]. 8 版 . 北京:人民卫生出版社,2017.
[2] 金银龙 . 集中空调污染与健康危害控制 [M]. 北京:中国标准出版社,2006.

第二章　学校空气污染中毒事件

目前,空气污染已经成为人们健康的最大威胁之一。大量触目惊心的事实证实,由于建筑、装饰装修、家具及空调造成的室内空气污染已成为危害人类健康的"隐形杀手"。世界卫生组织也已将室内空气污染列为人类健康的十大威胁之一。装修装饰材料的大量使用、空调通风系统的设计缺陷,均可引起室内空气污染,导致人群亚健康状态,甚至急、慢性中毒,如癌症——白血病,呼吸道疾病——军团菌病、加湿器热,过敏症——哮喘、过敏性肺炎,综合征——不良建筑综合征、建筑相关病、办公室病。尤其校园内人群密集、学生普遍易感,容易引起空气污染事件。通过学习以下两个案例,了解学校宿舍、教室比较常见的污染特点、评价指标和标准,掌握学校空气污染事件的调查、监测方法及处理措施等。

案例一　一起高校学生宿舍甲醛超标事件

一、信息来源

2016 年 09 月 23 日 10 时 30 分,广州市疾病预防控制中心(以下简称市疾控中心)接到广州市卫健委(原广州市卫计委)通知,称多方媒体报道某大学学生宿舍楼(自编 30 栋)出现疑似甲醛污染事件。要求市疾控中心派人前往调查。

二、基本情况

该校 2016 年 7 月对宿舍进行装修,7 月 15 日—8 月 25 日家具陆续搬进宿舍;学生于 9 月 1 日后陆续入住宿舍,之后部分学生反映出现咳嗽、皮肤红点等症状。

市疾控中心启动应急预案,专业技术人员携带所需采样器具及仪器赶往现场调查和检测,同时通知实验室立即启动仪器,做好相关检测准备。

三、现场调查和检测

1. 现场调查

(1)学生宿舍情况:该大学学生宿舍楼(自编 30 栋)位于学校东南角,为一新建学生宿舍楼,该学生宿舍楼共9层,整体呈回字形,宿舍通过房门与阳台通风,房门通内部长廊(8、9单边,直接通外部空间),阳台直接对大楼外部或内部天井,门窗开启时通风良好。共有753间(图1-2-1-1)。每间宿舍家具统一配套:4张床(铁架),4张连体书柜电脑台(木质),4个衣柜(木质),4张木凳,1台分体空调。

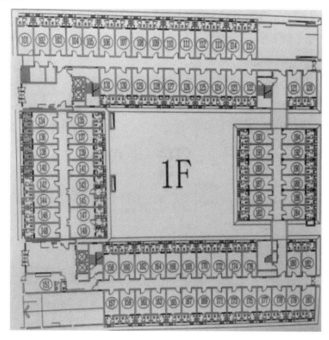

图1-2-1-1 宿舍楼一楼图纸

2016年7月对宿舍进行装修,7月15日—8月25日家具陆续搬进宿舍。学校于2016年7月14日、8月29日、9月1日分别对学生宿舍家具搬入前空气质量、家具材料甲醛释放量和家具搬入后的空气质量进行检测,结果显示:①学生宿舍家具搬入前空气质量(甲醛、氨、氡、苯、总挥发性有机物)均符合《民用建筑工程室内环境污染控制规范》(GB 50325—2010)(2013年版)Ⅰ类民用建筑的要求。②家具用夹板甲醛释放量符合E1标准 [《室内装饰装修材料人造板及其制品中甲醛释放限量》(GB 18580)]。③检测4间家具搬入后的宿舍室内空气中甲醛均超标(0.15～0.34mg/m³),最高超标倍数4.25,其他指标苯、总挥发性有机物未超标。

学校于2016年9月19日对该大楼学生宿舍进行光触媒处理(有38间未

做处理）。

（2）学生发病情况：学生于 9 月 1 日后陆续入住宿舍，之后部分学生反映出现咳嗽、皮肤红点等症状。

2. 现场检测情况 根据已有检测结果，确定甲醛为重点监测指标。市疾控中心工作人员分两天进行两次甲醛检测，具体如下：

（1）9 月 23 日第一次甲醛检测情况

1）检测（评价）依据：《民用建筑工程室内环境污染控制规范》（GB 50325—2010）（2013 年版）。

2）选点：根据现场情况，市疾控中心工作人员对学生宿舍楼（自编 30 栋）进行了抽样检测。选取高中低三个楼层，每个楼层选取不同坐向的房间（由于学校协调问题，未能完全按要求选取各个坐向）。具体选取检测房间：216、246、222、505、568、559、831、837、857。房间面积约为 20m²，每个房间布置一个监测点。

3）检测要求：采样前门窗关闭 1 小时，采样量 10L（20 分钟）。

4）检测结果：共抽检 9 间房，检测结果显示：除 505 房外，其余八间房甲醛浓度均超标，最高值为标准值的 3.875 倍。（表 1-2-1-1）

表 1-2-1-1　学生宿舍楼（自编 30 栋）甲醛检测结果（9.23）

检测地点	甲醛浓度 /(mg·m⁻³)	标准值 /(mg·m⁻³)
216 房	0.18	
246 房	0.27	
222 房	0.18	
505 房	0.04	
568 房	0.31	0.08
559 房	0.15	
831 房	0.13	
837 房	0.19	
857 房	0.14	
室外对照	0.02	

（2）9月25日第二次甲醛检测情况

1）检测或评价依据:《学生宿舍卫生要求及管理规范》（GB 31177—2014）;《室内空气质量标准》（GB/T 18883—2002）。

2）选点:具体选取检测房间:237、225、263、550、568、587、828、878、134,房间面积约为 20m²,每个房间布置一个监测点。

3）检测要求:采样前关闭门窗 12 小时,采样时间不少于 45 分钟。

4）检测结果:共抽检 9 间房,其中除 134 房（毛坯房）外,其余八间房甲醛浓度均超标,最高值为标准值的 4.4 倍。（表 1-2-1-2）

表 1-2-1-2　学生宿舍楼（自编 30 栋）甲醛检测结果（9.25）

检测地点	甲醛浓度 /（mg·m⁻³）	标准值 /（mg·m⁻³）
237 房	0.29	
225 房 #	0.19	
263 房	0.36	
550 房	0.31	
568 房	0.33	
587 房	0.44	0.10
828 房 #	0.44	
878 房	0.16	
134 房 *	0.08	
室外对照	0.02	

* 毛坯房;# 未做光触媒处理。

四、结论与讨论

1. 结论　根据现场调查、检测结果初步表明某大学学生宿舍楼（自编 30 栋）存在室内空气甲醛污染情况,新家具是学生宿舍空气中甲醛含量超标的主要污染源。

2. 讨论 该学生宿舍为内廊"回"字式宿舍,寝室面积较小且相对封闭,门窗未开启时空气流通差,容易造成宿舍微小气候不佳。近期有新家具陆续搬进宿舍,家具是一般室内空气污染的主要来源,主要污染物包括甲醛、氨、氡、苯、总挥发性有机物等。前期学校已经对学生宿舍家具搬进前空气质量、家具材料甲醛释放量和家具搬进后的空气质量进行检测,结果显示甲醛超标。市疾控中心两次封闭宿舍进行空气中的甲醛检测,从检测依据标准的更新到采样时间和地点的选择,现场抽检结果均表明除宿舍毛坯房外,其他抽检宿舍所检测出的甲醛均超标。人对甲醛的嗅觉阈为 $0.06 \sim 0.07 mg/m^3$,但个体差异很大。甲醛浓度为 $0.15 mg/m^3$,可引起眼红、眼痒、流泪、咽喉干燥发痒、喷嚏、咳嗽、气喘、声音嘶哑、胸闷、皮肤干燥发痒、皮炎等。

五、风险评估及防控措施

1. 风险评估 甲醛被世界卫生组织确定为致癌和致畸形物质,是公认的变态反应源,也是潜在的强致突变物之一。国际癌症研究机构(IARC)于 2004 年将甲醛列为第一类致癌物质。不同浓度的甲醛可引起不同的危害:甲醛浓度在每立方米空气中达到 $0.08 \sim 0.09 mg/m^3$ 时,儿童就会发生轻微气喘。当室内空气中达到 $0.1 mg/m^3$ 时,就有异味和不适感;达到 $0.5 mg/m^3$ 时,可刺激眼睛,引起流泪;达到 $0.6 mg/m^3$ 时,可引起咽喉不适或疼痛。浓度更高时,可引起恶心呕吐、咳嗽胸闷、气喘,甚至肺水肿;达到 $30 mg/m^3$ 时,会立即致人死亡。其他常见的症状包括胸闷、恶心、皮肤、皮疹、哮喘等。在严重的情况下,摄入甲醛可导致昏迷甚至死亡。

研究发现,根据不同气温对室内空气污染物浓度有影响,随着气温的升高,甲醛释放量越高,高气温甲醛释放量是低气温释放量的 4 倍,加上夏季湿度增加,实际污染物浓度可能会更高。据实验室研究,气温增加 $5 \sim 6 ℃$,气相中的甲醛浓度可增加一倍。当相对湿度由 30% 上升到 70% 时,甲醛浓度也会上升 40%,而当温度和温度同时增加时,复合作用结果可使甲醛浓度上升高达 5 倍。

近年家居装修新原料和材料发展日新月异,品种不断推陈出新,造成家居的室内空气污染现象不断出现。

2. 防控措施

(1)加强通风:学生宿舍内通风不畅,特别是在夏天使用分体空调时,关闭门窗,室内通风不良,建议加强机械通风,如加装排气扇(排气口不应设在内走廊)等,加强室内通风换气是降低甲醛浓度有效措施。

(2)消除污染源,使用合格环保的装修装饰材料:采取干预行动,必要时更换家具,降低室内空气中存在的污染物——甲醛。

(3)加强监测:聘请有资质的单位加强室内空气污染物——甲醛的监测,发现不合格的房间要及时采取有效干预措施。

(4)对症治疗:针对学生症状对症治疗,并观察有症状学生情况,统计发病人数。

六、点评

此案例的污染源比较清晰,室内空气污染主要来源有甲醛、苯和苯系物、氨、氡和总挥发性有机物等。前期学校已进行相关项目的监测,对甲醛污染来源相对明确。市疾控中心两次封闭式的监测现场检测处理流程合理,现场采样及实验室检验结果判定符合国家相关标准的要求。

新装修好的住宅不宜马上入住。一般在良好的通风换气基础上,经2～6个月之后再使用,以防高浓度甲醛等的危害。入住后仍要加强通风,并利用日照自然光,调节温度和湿度,加快各类污染物质的扩散。坚持做到室内通风、控制室内温湿度等;完善室内空气污染监测制度,定期监测,预防为主,防患于未然。

(施　洁　石同幸　刘伟佳)

参考文献

[1] 中华人民共和国卫生部,中国国家标准化管理委员会.生活饮用水卫生标准:GB 5749—2006 [S].北京:中国标准出版社,2007.

[2] 中华人民共和国城乡建设部,中华人民共和国国家质量监督检验检疫总局.民用建筑工程室内环境污染控制规范:GB 50325—2010[S].北京:中国计划出版社,2011.

[3] 中华人民共和国国家卫生和计划生育委员会,中国国家标准化管理委员会.学生宿舍卫生要求及管理规范:GB 31177—2014[S].北京:中国质检出版社,2014.

[4] 卫生部,国家环境保护总局.室内空气质量标准:GB/T 18883—2002[S].
北京:中国标准出版社,2002.

[5] 李启东.室内空气污染研究之进展 [A].第四届《室内空气污染监测和净
化技术》学术研讨会论文集 [C].中国环境卫生,2003,6(13):54.

案例二　一起高校聚集性结核病疫情事件

一、信息来源

2018 年 1 月 4 日,广州市疾病预防控制中心接到广州市卫生和计划生育委员会的通知,某学校 2017 年下学期有 2 名学生在老家确诊为肺结核。10～12 月,对该校 654 名师生进行了肺结核筛查,确诊 6 例患肺结核。要求对该校的通风和环境卫生状况进行调查。

二、基本情况

2017 年国庆节,该校区 15 级有 2 名学生(1 男 1 女)放假回老家期间,分别在某市结防所和某市第六医院确诊为肺结核。10 月 14 日,对该年级 162 名同学、9 名教师进行了结核筛查。11 月 8 日确诊 5 名同学患肺结核。11 月 23 日对 4 栋宿舍楼 2、3、4、5 层、9 栋的全体学生共 459 名同学进行了扩大筛查,发现 4 例疑似肺结核,12 月 15 日经专家会诊确诊 1 例。2017 年 12 月 19 日,对未参加筛查的 24 名同学再次筛查,无阳性。该校累计共有 8 例学生患有肺结核。

三、现场调查和检测

1. 临床表现　8 例活动性肺结核患者中,1 名学生出现右侧胸痛伴气促 1 个月余,1 名学生出现右侧胸痛 2 个月余,其余学生无明显不适。所有患者均为轻症,尚无重症表现。

2. 三间分布情况

时间分布:病例诊断时间分别为 10 个月(2 例),11 个月(5 例),12 个月(1 例)。

班级及宿舍分布:1 例男生在宿舍 9 栋 1527 房、7 例女生分别在女生宿舍 4 栋 516、207、332、635、334、406、221 房。其中 7 名学生为 15 年级同专业,同班上课;另外 1 名女生为 15 年级其他专业。

人群分布:目前确诊病例均为学生,尚未发现教职工病例。8 例肺结核确诊病例,男性 1 例,女性 7 例。其中 4 名同学已休学、其余 4 名在读,单独隔离居住。

3. 环境因素调查　该学校学生宿舍楼位于学校北侧,共 9 栋,1～6 栋有

5 层,7～9 栋有 17 层,住宿学生约 5000 人,本科生宿舍为 4 人间,人均面积约为 11m²。宿舍楼为筒子楼构造,一条长走廊串连着许多个单间。调查人员调查了 4 栋 201 房,房间阳台朝南,住 4 人;房间采用分体空调,房间设置前后两个门(前入户门,前门通走廊,走廊两侧为各宿舍单间;后玻璃推拉门通阳台,浴室洗手间由阳台进入),无窗户,无机械通风装置。

A、B 两栋教学实验楼位于学校南侧,均为 6 层建筑。学校 A 栋教学楼位于学校西南侧,A-104 课室位于 1 楼,采用集中通风空调系统,是新风系统＋多联机设计。新风机于一楼架空层吊顶设置,新风机空调滤网积尘较多。课室空调系统由楼层管理人员控制,空调季节室内多联机由楼管人员于每天上课前、下课后开关机,室外新风机基本不开;非空调季节室内多联机和室外新风机都不开启,课室依靠门窗自然通风。

学校师生卫生保健管理状况:学校设有医务室,配备 2 名校医,按照规定设有结核病疫情报告责任制度、晨检制度、因病缺勤病因追查及登记制度,但落实不到位;该校每年均要求教职员工进行年度健康体检,包括胸部 X 线检查项目,职工自愿参加,大部分职工均有健康检查。

4. 环境因素检测

(1)宿舍检测情况:根据现场情况,对学生宿舍楼 4 栋 201 房的 CO_2 和新风量进行了抽样检测。检测结果如下。

1)状态 1:201 房内进入 6 人,关闭门窗,停留 15 分钟。结果:室内 CO_2 浓度从 0.07% 上升至 0.12%。(表 1-2-2-1)

表 1-2-2-1　状态 1 的 CO_2 浓度变化情况

时刻 (t)/min	0	8	15
CO_2 换算值 /%	0.0704	0.0910	0.1192

2)状态 2:使用 CO_2 作为示踪气体,将气瓶放入 201 房间内释放气体,浓度达 0.12%。同时关闭门窗,室内无人员停留,测定 15 分钟。结果:室内 CO_2 浓度从 0.12% 下降至 0.11%。(表 1-2-2-2)

表 1-2-2-2　状态 2 的 CO_2 浓度变化情况

时刻 (t)/min	$0(c_1)$	$15(c_t)$
CO_2 换算值 /%	0.1192	0.1145

3）状态3:打开门窗,测定CO_2浓度。结果:1分钟内室内CO_2浓度从0.11%下降至0.07%。（表1-2-2-3）

表1-2-2-3　状态3的CO_2浓度变化情况

时刻(t)/min	0	1
CO_2换算值/%	0.1145	0.0654

4）4栋201房宿舍新风量

室外CO_2浓度本底值(c_0)为:0.0525%。

根据现场检测数据,通过计算,4栋201房的体积(V)、换气次数(A)和新风量(Q)为:

V=4.6×3.3×3.4=51.6m^3,减去室内物品总体积后为47.6m^3

A=[ln(c_1-c_0)−ln(c_t-c_0)]/t=[ln(0.1192−0.0525)−ln(0.1145−0.0525)]/0.25=0.3(次)

Q=A×V/P=0.3×47.6/4=3.57m^3/(人·h)

其中:c_1为开始时示踪气体浓度;c_t为15分钟时示踪气体浓度;c_0为示踪气体本底浓度;t为测定时间,单位为小时;P为宿舍人流量。宿舍检测结果显示宿舍内每个人的新风量为3.57m^3/(人·h),远远低于《室内空气质量标准》(GB/T 37488—2002)中新风量的标准[30m^3/(人·h)]。

（2）课室检测情况:因检测时为冬季,集中空调系统未启用,不能采用风管法测量;且课室面积较大,所需示踪气体较多,条件有限,故未能在现场进行新风量测量。

根据学校工作人员提供的课室集中空调通风系统平面图(图1-2-2-1),A-104课室空调新风机设计风量为5000m^3/h,课室设计容纳人数210人。根据设计图纸A-104课室满员时每人的新风量为23.8m^3/(人·h),不符合《室内空气质量标准》(GB/T 18883—2002)中新风量的标准(30m^3/(人·h))。实地调查发现A-104课室座位数为244个,按照5000m^3/h的设计风量,如果空调新风机开足风量,A-104课室每人实际新风量为20.5m^3/(人·h),也低于《室内空气质量标准》(GB/T 18883—2002)中新风量的标准(30m^3/(人·h))。

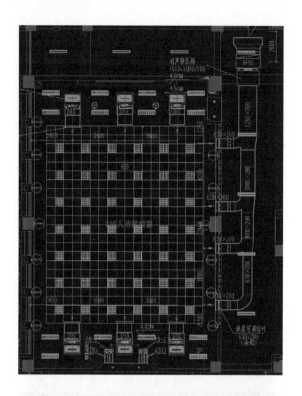

	多联机室内机	D56		台	1
	超薄型风管机	制冷量:Q=5.6KW			
		耗电量:N=0.11KW	电源:220V		
		静 压:40Pa	风量:900CMH		
	多联机室内机	D80		台	354
	超薄型风管机	制冷量:Q=8.0KW			
		耗电量:N=0.2KW	电源:220V		
		静 压:40Pa	风量:1280CMH		
4	新风室内机	XF28		台	10
		制冷量:Q=28KW	噪音:57/55/52dB(A)		
		耗电量:N=0.88KW	电源:220V		
		静压:220Pa	风量:2800CMH		
	新风室内机	XF40		台	18
		制冷量:Q=45KW	噪音:59/57/54dB(A)		
		耗电量:N=1.58KW	电源:220V		
		静压:300Pa	风量:4000CMH		
	新风室内机	XF50	噪音:59/57/55dB(A)	台	39
		制冷量:Q=56KW			
		耗电量:N=1.7KW	电源:220V		
		静压:300Pa	风量:5000CMH		

图 1-2-2-1　课室集中空调通风系统平面图

四、结论与讨论

1. 结论　根据临床表现、流行病学特征、个案调查及现场检测结果综合考虑这是一起学校聚集性结核病疫情。传染源的长期存在是聚集性疫情发生的主要原因。此次疫情发病患者聚集性明显,病例集中在 15 年级同专业,同一栋楼住宿,以女性为多,与班级中同性别学生接触相对频繁有关。

2. 讨论　此次疫情发生在寒冷的秋冬季节。因天气寒冷,学生在教室或宿舍很少开窗通风,且课室和教室的设计缺陷导致新风量不足,远远低于国家标准,从而增加了交叉感染的发病概率。不利的环境条件和设计缺陷加重通风不良的程度,是造成此次结核病疫情发生和流行的原因之一。

身体素质普遍较差是引起肺结核暴发的影响因素之一。《2017 年广东省 8 所高校学生体质健康抽测报告》指出,广东省高校 2016 届毕业生体质健康测试平均及格率仅为 85%,与教育部规定的 95% 的最低标准相差 10 个百分点。同时,8 所高校学生体质健康抽测报告中,抽测学生中优秀比例和良好比例很低,不及格率将近 30%,整体情况不容乐观。高校学生学习紧张、学业压力大,营养跟不上,体育锻炼少,免疫力下降,容易感染结核分枝杆菌。

新风量,是指从室外引入室内的新鲜空气,区别于室内回风。它是衡量室内空气质量的一个重要标准,直接影响到空气的流通,室内空气污染的程度。足够新风量能提供呼吸所需要的空气、稀释气味、去除过量的湿气、稀释室内污染物、提供燃烧所需空气、调节室温等等。新风量不足,使空气中的结核分枝杆菌不能较快地稀释扩散,从而增大了感染概率。此外,新风量不足导致人体呼吸和皮肤代谢所产生的有机物质的积累会引发人员不舒适反应,即使不产生直接的健康危害,也会降低人员对疾病的抵抗力。

本案例学生宿舍新风量采用示踪气体法即示踪气体浓度衰减法,常用的示踪气体有 CO_2 和 SF_6。在待测室内通入示踪气体,由于室内、外空气交换,示踪气体的浓度呈指数衰减,根据浓度随时间变化的值,计算出室内的新风量和换气次数。本法仅用于非机械通风且换气次数小于 5 次 /h 的公共场所(无集中空调系统的场所)。在机械通风系统处于正常运行或规定的工况条件下,则用风管法测量新风量,通过测量新风管某一断面的面积及该断面的平均风速,计算出该断面的新风量。如果一套系统有多个新风管,每个新风管均要测定风量,全部新风管风量之和即为该套系统的总新风量,根据系统服务区域内的人数,便可得出新风量结果。

五、风险评估及防控措施

1. 风险评估　肺结核主要由呼吸道传播,传染性肺结核病人在咳嗽、打喷嚏、吐痰等过程中产生含结核分枝杆菌的微滴,健康人群吸入这些含菌微滴可被感染。微滴干燥后结核分枝杆菌仍能存活,并随尘埃飞扬,吸入染菌也可感染。结核分枝杆菌能在干燥的环境中存活数月或数年,在黑暗潮湿的地方存活数月,甚至在低温条件下也能存活。对灰尘的黏附可保持传染性 8~10 天,在干痰中可存活 6~8 个月。且学校人员密集,其他非密切接触者被感染后发病的可能性仍然存在。为了控制结核病的流行,我们需要采取相关防控措施。

2. 防控措施　针对传染源、传播途径、易感人群三个方面,参照《学校结核病防控工作规范(2017版)》,该学校肺结核病疫情主要采取下列措施。

(1)病人管治:所有病患根据临床症状采取休学治疗、停课或独居上课等措施。

(2)密切接触者筛查:通过流行病学调查确定密切接触者范围,做到早发现、早诊断、早治疗、早隔离。

(3)环境监测与取样:对学校课室、饭堂、宿舍等集中场所进行新风量监测及环境采样,送往相关实验室开展深入分析,为溯源传染源提供线索并防止疫情扩散。

(4)规范休复学管理:学校需按照规范对学生办理休学手续,规范化完成疗程后,携带相关的检查资料到相关机构审核,凭复学诊断证明方可返校。

(5)开展预防性服药动员工作:动员 PPD 强阳性患者进行预防性服药,降低发病风险,同时做好药物不良反应监测工作。拒绝预防性服药的学生,校医需密切关注健康状况,并督促其进行 DR 胸片复查,一旦出现结核病可疑症状及时报告转诊。

(6)加强学校与医疗机构间信息反馈:确保信息畅通,及时做好相应的处置工作。

(7)加强校内结核病监测工作:加强晨检、因病缺勤病因追踪、可疑症状监测工作培训,加深对可疑症状的认识,提高警惕性。整理台账并保存。

(8)加强全校师生健康教育及舆情监测及人文关怀:通过线上教育、短信平台等方式做好全校师生的健康教育,提高自我防护的意识。凡出现咳嗽、咳痰 2 周以上、胸闷、胸痛等结核病可疑症状时要进行就诊排查,做好室内通风及个人防护,不隐瞒病情,不带病返校。出现可疑症状需要及时报告,对于病例及密切接触者,必要时提供相应的心理及物质支持,减少师生的恐慌心理,维持校园正常的学习和生活秩序。

(9)加强校内通风清洁及消毒工作:进一步落实教室、学生宿舍等场所通风制度。宿舍等采用自然通风的场所建议采用百叶窗和安装排气扇等机械通风装置,保持室内外空气对流,从而加强通风换气。课室等使用集中空调系统的场所,无论空调状态还是非空调状态,都要保持足够的新风供应,传染病流行期间要保持空调全新风运行、或持续开门窗自然通风,定期对空调系统管道进行全面清洗消毒。规范学校消毒工作流程,聘请具有资质的公司定期对校内进行消毒,在学生返校前彻底进行一次大清洁及消毒工作。

六、点评

本次结核病疫情调查重点介绍了环境因素的检测情况,通过示踪气体法的3种状态展示了室内空气的新风情况。门窗关闭时,室内空间较密闭,人体呼出的 CO_2 浓度迅速上升,提示通风换气不良;自然状态下(无人活动)示踪气体的浓度变化速率反映新风量大小;打开门窗通风后,新风量增大,示踪气体快速消失。通过公式计算出新风量的大小,从而客观直接地反映室内通风情况及程度。与以往的现场调查(查阅图纸,现场观察)相比,更能准确表达传播条件的易得性。

课室新风量需要测量两种状态下的新风量,一是在机械通风情况下的新风量,二是机械通风装置关闭下的新风量(冬季常态)。本案例因客观条件受限,仅用设计时的相关参数估计在机械通风情况下的新风量,未能实际测量,存在不准确性;机械通风装置关闭下的新风量未能测量,故课室新风量情况尚不清楚,无法准确判断该结核病引起传播的重点场所。

此外,本案例还缺乏实验室依据。根据发病学生的教室位置和宿舍床位,分别对教室里课桌和椅子,教室空调出风口、教室风扇、空调开关按钮,宿舍床边把手、宿舍空调出风口、宿舍水龙头把手等物体表面进行无菌采样,通过培养观察是否存在活的结核分枝杆菌,也是判断引起结核病传播的重点场所的方法之一。

(吴　燕　石同幸　陈思宇)

参考文献

[1] 秦田秀,尹宁,赵日秀 .1 起学校聚集性结核病疫情分析 [J]. 中国校医,
2015,29（3）:193-194.

[2] 莫靖林 . 学校结核病疫情防控研究进展及建议 [J]. 中国学校卫生,2017,
38（11）:1749-1752.

[3] 孟炜丽,王芳华,王春梅 .5 起学校结核病聚集性疫情分析 [J]. 中国热带医
学,2018,18（2）:176-178.

[4] 卫生部,国家环境保护总局 . 室内空气质量标准:GB/T 18883—2002[S].
北京:中国标准出版社,2002.

第三章　家居非职业性一氧化碳中毒事件案例分析

非职业性 CO 中毒事件是泛指公众在日常生活中,尤其是在居家场所发生的 CO 中毒事件,是燃煤取暖、炭火取暖、煤气热水器使用不当、人工煤气泄漏、汽车尾气等原因所致的意外伤害事故。近年来,我国部分地区非职业性 CO 中毒事件时有发生,其有病情发展迅速、短时间内造成健康损害、致残甚至死亡的特点,已成为严重危害人民健康的公共卫生事件。为了有效控制和处理非职业性 CO 中毒事件,公共卫生应急人员在熟悉家居非职业性 CO 中毒的基本特征的基础上,通过非职业性 CO 中毒事件案例进行分析讨论,掌握非职业性 CO 中毒与其他类型中毒的鉴别和确证、病因假设的验证以及 CO 中毒事件现场调查的步骤和方法,从而提高公共卫生应急人员对非职业性 CO 中毒事件的应急处置能力。

案例一　一起家庭一氧化碳中毒事件(一)

一、信息来源

2008 年 1 月 6 日,广州市疾病预防控制中心接到 LW 区疾病预防控制中心电话报告,有 3 名患者在某医院就医,临床症状表现为恶心、呕吐、头晕、意识障碍,怀疑 CO 中毒。

二、基本情况

患者家庭一家 4 口。2008 年 1 月 6 日上午 8 时 30 分母亲晨起后感到不适,出现呕吐、头晕、耳鸣、乏力等症状(未出现意识障碍),随后其儿子发现父亲和妹妹昏迷不醒,床上有呕吐物残留,遂将三人送至某医院就诊。

三、现场调查和检测

广州市疾病预防控制中心于 2008 年 1 月 7 日派员对患者、家庭以及同一栋住宅不同楼层住户进行了现场调查。

1. 病例情况　三名患者为同一家人。男性 1 名,女性 2 名。男性患者为父亲,女性患者为母亲和女儿。三名患者均有恶心、呕吐、头晕、乏力等症状,但无发热、腹痛、腹泻、发绀、瞳孔散大或缩小、麻痹、肌肉震颤等症状。三名患者经输液、吸氧等对症支持治疗后,症状有所缓解,至1月6日22时,两名意识障碍较轻患者恢复意识,症状缓解。三名患者均于1月8日16时40分出院。

2.环境因素调查

(1)饮食情况调查:患者一家4口人:父亲、母亲、儿子和女儿,仅有1月5日的晚餐是共同进餐,其余餐次未共同进餐。1月5日晚餐菜谱为:猪扒(C市场悦香鸡购)、南北杏猪展汤(一家四口都有进食,其子无发病)、盐水青菜(煮前浸泡30分钟、水煮熟透)、清蒸太阳鱼(姜葱清蒸)。现场已无上述剩饭剩菜,呕吐物已清理。

(2)家居调查:事件发生地位于LW区HM苑,为三房一厅一厨两卫格局(图1-3-1-1),面积约为90m²,患者家庭厨房内安装有普通燃气热水器和燃气炉,使用管道燃气;热水器为某品牌家庭燃气快速热水器,未装配烟囱管道与外界相通。据患者儿子介绍,事故发生前一月,事件发生地所在的住户进行燃气改造,由罐装气改为管道煤气,住户使用的热水器由G管道煤气公司免费提供。在厨房窗户上,仅装配有一个排气扇,由于油腻粘连,排气扇的后盖需人工撬开,才能正常抽风排气;主卧浴室使用电热水器;近期未对房子进行装修,未购置新家具。

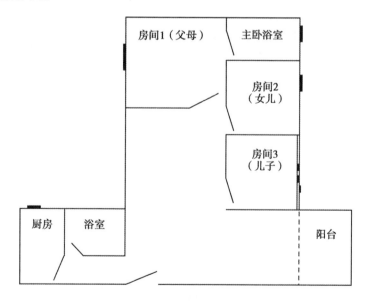

图1-3-1-1 患者家庭户型示意图

患者家庭的家人(夫妇及其女儿)平时未使用燃气热水器淋浴。最近儿子放假回家,经常使用燃气热水器淋浴。在事故发生前患者家庭曾进行较长时间的煲汤,厨房门在这个过程中未关闭。由于冬季,屋主没有开启室内其他窗户进行通风。事发当晚22时其子使用燃气热水器淋浴10分钟,未关厨房门,其余与外界相通的门窗均关闭。事故发生当晚,患者夫妇及其女儿夜晚睡觉时均打开卧室门并关窗,其子睡觉时开窗、关房间门。

3. 现场检测

(1)室内空气检测情况:LW区疾病预防控制中心于1月7日上午对患者家庭室内空气进行了检测,检测结果见表1-3-1-1和表1-3-1-2。

表 1-3-1-1　燃气热水器非工作状态下各房间 CO、CO_2 浓度

	CO/(mg·m^{-3})	CO_2/%	风速 /(m·s^{-1})
房间 1	47	0.098	0.07
房间 2	45	0.105	0.04
房间 3	43	0.118	0.05
厨房	42	0.131	0.04
大厅	53	0.121	0.04
外界环境对照	1	0.064	0.15
标准限值 *	10	0.10	0.2

* 根据国家《室内空气质量标准》(GB/T 18883—2002)。

表 1-3-1-2　燃气热水器工作状态及非工作状态 CO 浓度

	厨房		外界环境对照	标准限值 *
	非工作状态	工作状态		
CO/(mg·m^{-3})	42	303	1	10

* 根据国家《室内空气质量标准》(GB/T 18883—2002)。

市疾病预防控制中心于1月7日下午对患者家庭进行了检测,结果见表1-3-1-3和表1-3-1-4。

表 1-3-1-3　燃气热水器非工作状态下 CO 浓度和 SO₂ 浓度

地点	CO/$(mg \cdot m^{-3})$	SO$_2$/$(mg \cdot m^{-3})$
厨房	52.4	10.5
浴室	45.6	8.6
客厅 1	42.2	7.1
客厅 2	41.0	6.8
房间 3	39.9	6.6
房间 2	38.8	6.3
房间 1	34.2	6.0
标准限值 *	10	0.50

* 根据国家《室内空气质量标准》(GB/T 18883—2002)。

表 1-3-1-4　燃气热水器工作 3 分钟状态下 CO 浓度和 SO₂ 浓度

地点	CO/$(mg \cdot m^{-3})$	SO$_2$/$(mg \cdot m^{-3})$
厨房	1103.5	15.5
浴室	419.5	13.6
客厅 1	295.3	12.6
客厅 2	477.7	—
房间 3	188.1	—
房间 2	256.5	—
房间 1	155.0	—
标准限值 *	10	0.50

* 根据国家《室内空气质量标准》(GB/T 18883—2002)。

对同一栋的 301 房住户室内也进行了调查和空气检测,该住户情况与 501 房住户基本相同,约一年前进行了管道煤气改装(与患者住户是同一管道煤气公司),301 房住户门窗经常开放。空气检测结果见表 1-3-1-5。

表 1-3-1-5 301房住户燃气热水器工作状态下CO浓度和SO$_2$浓度

地点	CO/(mg·m^{-3})	SO$_2$/(mg·m^{-3})
厨房	2.7	—
浴室	2.7	—
客厅	1.8	—
房间 4	2.5	—
房间 3	3.9	—
房间 2	4.1	—
房间 1	4.8	—
室外对照	1.3	4.2
标准限值*	10	0.50

* 根据国家《室内空气质量标准》(GB/T 18883—2002)。

(2)医院检测结果:医院实验室检测结果显示氧合血红蛋白明显减少,碳氧血红蛋白显著升高(表 1-3-1-6、表 1-3-1-7)。

表 1-3-1-6 医院实验室结果一

	O$_2$Hb/%	COHb/%	胆碱酯酶 /(U·ml^{-1})	白细胞计数 /L^{-1}
父亲	70.20	29.20	4954	15.0 × 10^9
参考值	94 ~ 97	0 ~ 1.5	4600 ~ 12 000	(4.0 ~ 10.0)× 10^9

表 1-3-1-7 医院实验室结果二

	白细胞计数 /L^{-1}	尿亚硝酸盐
父亲	9.16 × 10^9	阴性
母亲	12.0 × 10^9	阴性
女儿	15.5 × 10^9	阴性
参考值	(4.0~10.0)× 10^9	阴性

四、结论与讨论

1. 结论　根据上述现场环境调查、室内空气检测、个案调查和患者的临床症状及临床检查结果,判定此次事故是一起急性非职业性 CO 中毒事件。

(1)临床表现:符合 CO 中毒的恶心、呕吐、头晕、乏力等症状,但无发热、腹痛、腹泻、发绀、瞳孔散缩小、麻痹、肌肉震颤等症状。

(2)现场空气检测结果:CO 浓度在燃气热水器工作状态下显著超标。

(3)实验室检查结果:氧合血红蛋白明显减少,碳氧血红蛋白显著升高。

2. 讨论　CO 中毒的临床表现主要为头痛、头昏、心悸、恶心、呕吐、四肢乏力、意识模糊,甚至昏迷等,但症状无特异性。在接收到事件报告后,公共卫生应急人员除了考虑 CO 中毒,还应考虑与其症状相似的其他类型的感染或中毒,如食物中毒、传染性疾病、农药中毒和亚硝酸盐中毒等。本次事件通过对患者的流行病学调查、临床症状和临床检查的结果的调查,发现患者无传染性疾病传染源、有机磷农药和亚硝酸盐的接触史,临床症状也无有机磷农药和亚硝酸盐中毒的特异症状,因此可以排除传染性疾病,有机磷和亚硝酸盐中毒的可能性。

对三名患者饮食情况的调查显示在事故发生前三名患者有共同进餐史,临床症状类似,发病时间短,比较集中。而且患者血象检查显示白细胞增加无特异性,现场也未采集到呕吐物和剩饭剩菜,故尚无法直接排除细菌性食物中毒的可能性。但后续通过现场检测、现场环境调查和临床检测结果已经很明确的表明本次事件为一起急性非职业性 CO 中毒事件。

由于 CO 气体来去无踪,家居室内一旦通风,CO 气体就很快逸散在大气中。通常在公共卫生应急人员处理室内 CO 气体中毒事件时,到达现场已经很难检测出有毒气体,或者检测的有毒气体浓度已很低。但在室内 CO 中毒调查中,最重要的证据是现场检测出 CO 气体,并找到产生原因。如果现场检测不出,就需要在保证安全的前提下尽可能进行模拟试验,还原 CO 中毒的环境,证实 CO 气体及其来源,为判断 CO 中毒提供科学证据。再者病人血中碳氧血红蛋白浓度高可提供有利的证据即确诊。如果是混合性气体中毒或者医院太迟抽检,碳氧血红蛋白含量也有可能不高。该事件发生时由于门窗紧闭,通风不好,热水器安装在室内且无强排措施,当应急人员来到现场所测的 CO 均超标,通过模拟试验 CO 超标更加明显,加上 SO_2 都有不同程度的升高,导致家庭成员较长时间内吸入高浓度的 CO 而引起中毒。

五、风险评估及防控措施

1. 风险评估　CO是一种无色、无臭、无刺激性气体,在日常生活中不易被察觉。居民使用管道天然气,含碳物质在不完全燃烧情况下可产生一定浓度的CO;其次居民对与燃气炉灶和热水器的不规范改造和使用;再次事件发生地1月份为冬季,天气寒冷,门窗通常关闭紧密,易造成室内通风不良,均容易导致CO中毒事件。本次事件就是因室内通风不良,导致CO的蓄积,人体在吸入一定量CO后发生急性CO中毒。

2. 防控措施　由于现场检测结果显示发生事故的患者厨房燃气热水器燃烧时,CO浓度和SO_2浓度显著高于热水器未工作状态时,建议住户更换热水器,并对厨房的排气扇进行维修或更换,保证在使用燃气热水器或煤气灶时,排气扇能正常工作。

该小区住户对现有的燃气热水器加装管道,将产生的废气直接排放到户外;或者更换为有排气管道直接通向室外的强排式燃气热水器。

加强社区卫生知识宣传教育,提高居民的防控意识;定期检查燃气管道、炉灶、燃气和燃油器械的安全性,及时发现问题。

六、点评

本案例是一起典型的家庭非职业性CO中毒事件的现场流行病学调查案例。调查人员严格按照突发事件现场调查的基本步骤开展调查,根据调查情况提出病因假设,并通过现场检测,现场模拟等来验证假设,明确了该起事件发生的原因并采取有效的措施,避免类似事件的再次发生。家庭非职业性CO中毒调查事件处理的关键在于血液中氧合血红蛋白的检测,能够使诊断更加明确,便于对患者尽早采取有效的治疗措施。

(杨轶戡　步　犁　冯文如)

参考文献

[1] 杨克敌. 环境卫生学 [M].8 版 . 北京:人民卫生出版社,2017.

[2] 黄飞 . 2007 年版卫生应急实用手册 [M].1 版 . 广州:广东人民出版社,

2007.

[3] 张亚英,王月华,黄惠敏.2007 年上海市杨浦区非职业性一氧化碳中毒原因分析 [J]. 环境与职业医学,2010,27(2):103-105.

[4] 洪雅洁,张毅,蒋馥阳.2013 年度大连市非职业性一氧化碳中毒事件情况分析 [J]. 实用预防医学,2014,21(11):1350-1351.

[5] 钱旭东,高金鑫. 非职业性一氧化碳中毒 201 起事件分析 [J]. 职业与健康,2011,27(10):1120-1122.

[6] 钟嶷,刘世强,陈玉婷,等. 一起急性一氧化碳中毒事件的调查报告 [J]. 华南预防医学,2005,31(6):63-64.

[7] 付桂琴,武辉芹,张彦恒. 石家庄市非职业一氧化碳中毒气象因素分析 [J]. 中国健康教育,2010,26(6):450-452.

[8] 陈秀红,赵希畅,乔旨鹰. 二起一氧化碳中毒事件的调查 [J]. 职业与健康,2008,24(5):498-499.

案例二 一起家庭一氧化碳中毒事件(二)

一、信息来源

2010 年 2 月 27 日 18 时 30 分,广州市疾病预防控制中心接到 PY 区疾病预防控制中心报告,PY 区 Z 医院接诊了 4 名怀疑不明气体中毒的病人。

二、基本情况

2010 年 2 月 26 日 20 时,邹某等 4 人在家里进食晚餐后,先后进行淋浴。当晚 4 人的淋浴时间超过 1 个小时,23 时 30 分汪某开始出现头晕、头痛症状(近几天汪某均有头晕、头痛症状),于是上床睡觉。邹某和蒋某夫妇睡主人房,汪某睡客房,贺某睡客厅沙发。27 日 9 时左右邹某睡醒后出现头晕、头痛、全身乏力症状,蒋某、汪某和贺某 3 人已经晕迷。10 时左右被 120 救护车送往 Z 医院医治,11 时 4 人全部被转送至 PY 区中心医院救治。其中贺某的中毒症状最严重,经 ICU 病房抢救后情况好转,截至 3 月 1 日 8 时,其余 3 位病人病情明显好转出院;贺某生命指征稳定,继续留院观察治疗。

三、现场调查和检测

1. 病例情况 患者 4 人,男性 2 人,女性 2 人。其中邹某和蒋某是夫妇,汪某是外甥女,贺某是汪某的男朋友。2010 年 2 月 26 日晚上洗浴后汪某开始出现头晕、头痛症状,27 日 9 时左右邹某出现头晕、头痛、全身乏力症状,蒋某、汪某和贺某 3 人晕迷,送至医院处理后情况好转。

2. 现场环境调查 事发场所位于 PY 区 N 镇某小区 1 幢 103 房,面积约 85m²,二房二厅二卫,大门口朝南(图 1-3-2-1)。热水器设在室内后

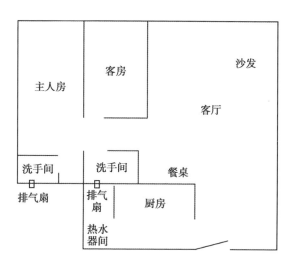

图 1-3-2-1 患者家庭户型示意图

阳台,阳台密闭,与厨房相通无间隔,使用的热水器为烟道式燃气热水器,无排气装置。公用洗手间和主人房洗手间均装有排风扇,其中公用洗手间的排气扇排向后阳台热水器间。在房间门窗紧闭的情况下,开启公用洗手间的排气扇可加速室内的空气流动,使空气在房内形成一个内循环气流。事发前几天天气潮湿,该家庭白天和晚上睡觉的大部分时间均关上门窗,26日晚上家里的门窗全部关闭。

3. 现场检测

(1)室内空气检测:现场调查后,于27日21时对事发家庭进行了室内空气检测,首先进行本底检测,CO浓度未超标,但明显高于室外CO浓度;然后模拟现场启动热水器30秒钟后检测,CO浓度严重超标,其中热水器间CO浓度高达801.25mg/m³,超标八十倍,厨房CO浓度高达1003.75mg/m³,超标100倍;关闭热水器5分钟后再进行检测,厨房与热水器间的CO浓度降低,客厅、客房、洗手间的CO浓度增高,均超标,其中客厅沙发处CO浓度均高于主人房、客房和洗手间。检测结果见表1-3-2-1。

表1-3-2-1 患者家庭室内空气CO浓度检测结果

检测地点	$CO/$ $(mg·m^{-3})$ (本底)	$CO/$ $(mg·m^{-3})$ (启动热水器30s)	$CO/$ $(mg·m^{-3})$ (关闭热水器5min)
热水器间	3.75	801.25	161.25
厨房	3.75	1003.75	258.75
餐桌	3.75	22.5	283.75
沙发	2.5	62.5	287.5
客房	3.75	13.75	128.75
公用洗手间	3.75	48.75	207.50
主人房	5	12.50	148.75
主人房洗手间	5	42.5	133.75
室外对照		0	
标准限值*		10	

*根据《室内空气质量标准》(GB 18883—2002)。

（2）医院检查结果:4 名病人主要症状以昏迷,意识障碍为主,伴头晕、头痛、呕吐、腹泻。其中病人贺某症状较重,除以上症状外,还出现脸部潮红、抽搐和瞳孔缩小等症状体征。医院实验室检验提示病人白细胞增高,但医院无氧合血红蛋白和碳氧血红蛋白浓度检验能力,未进行此方面的检测。

四、结论与讨论

1.结论　根据现场流行病学调查、现场空气检测和个案调查、患者的临床症状及实验室结果,判定此次事故是一起急性非职业性 CO 中毒事件。

2.讨论　本次事件在接到报告后,除了考虑气体中毒,还要考虑有可能是传染性疾病、农药、亚硝酸盐中毒以及细菌性食物中毒。通过调查 4 位患者的进餐史、接触史,结合患者食谱、临床症状和临床检查的结果,基本可以排除传染性疾病、有机磷和亚硝酸盐中毒的可能性;患者发病急、病程进展快、神经系统症状明显,无腹痛、腹泻、呕吐等症状,结合现场检测结果,可以排除食物中毒。但由于缺乏食物样品的采样和检测结果,临床也未能开展氧合血红蛋白和碳氧血红蛋白的检测,因此在病因链条的判断上应尽可能根据现场环境调查和空气检测结果来进行,后续遇到类似事件时也应该开展更全面的调查和检测,排除一切可能的原因。

患者的发病时间上来分析,事发时患者均在家,当晚陆续使用热水器淋浴后发病。临床表现基本符合 CO 中毒所有的头晕、头痛、乏力、昏迷伴意识障碍等缺氧症状和体征,经吸氧和输液等治疗后情况好转。

现场调查情况显示:该家庭的热水器为烟道式燃气热水器(5 年以上),无强制排气装置,由于天气潮湿,房间门窗紧闭,产生的 CO 气体无法排出室外而在室内循环,患者长时间大量吸入 CO,从而导致出现中毒症状。

由于调查人员到达现场进行检测时,门窗已经开启,此时的检测结果已不是事发当时的情况,因此需要在现场进行模拟试验,模拟事发时房间内的情况。通过模拟现场检测显示 CO 浓度严重超标,极大可能是因为热水器老化,再加上天气潮湿,通风不良,从而导致天然气燃烧不完全而释放出大量 CO。中毒的 4 人当中,事发当晚睡在客厅沙发的贺某中毒症状最重,与现场模拟检测显示沙发处的 CO 浓度明显高于客房和主人房的情况相符。

五、风险评估及防控措施

1.风险评估　广州市 12 月、1 月、2 月,是一年中最寒冷的季节,气温低,日取暖时间相对其他月份长。燃煤、燃气使用量相对偏多,造成室内一氧化碳浓度的积累增加;且由于气温低,人们御寒保暖的需要,窗门紧闭,室内通风相对较差,不利于 CO 气体扩散。同时,事发地 2 月份天气潮湿不利于 CO 等污染物的扩散,容易出现 CO 中毒事故。

2. **防控措施**　模拟试验结果显示:燃气热水器工作状态下,CO 浓度显著高于热水器未工作状态时,存在燃烧不完全、燃气泄漏的风险,建议住户更换热水器。

建议该家庭按照广州市煤气公司的有关要求,使用有排气管道直接通向室外的强排式燃气热水器;经常保持居室通风。热水器应放置于通风状况良好的地方,最好设置单独的房间,并装备强制排风设施。

同时加强社区环境卫生知识宣传教育,提高人们对室内通风排气重要性的认识和 CO 中毒防范意识。

六、点评

本案例是一起典型的家庭非职业性 CO 中毒事件的现场流行病学调查案例,调查人员严格按照突发事件现场调查的基本步骤开展调查。通过专业、细致入微的流行病学调查,对事故的环境卫生条件作了评估,提出病因假设,并通过现场检测,现场模拟等来验证假设,明确了该起事件发生的原因并采取有效的措施,避免类似事件的再次发生。但由于病人就诊的医院缺乏相关条件,未对病人氧合血红蛋白和碳氧血红蛋白浓度进行检验;其次未采集食品等样品进行检测,对于食物中毒的排除在病因假设的验证上缺少了部分证据,可能拖延了中毒原因排查。提示公共卫生应急人员在处理此类中毒事件时应考虑全面,在进行现场气体检测的同时不能忽视了食品、农药、水等相关因素,尽可能开展全面的样品采集和检测,同时要重视临床的实验室检测结果,综合分析鉴别,做出准确的判断。

(杨轶戬　步　犁　吴　燕)

参考文献

[1] 杨克敌.环境卫生学 [M].8 版.北京:人民卫生出版社,2017.

[2] 黄飞 . 2007 年版卫生应急实用手册 [M]. 广州 : 广东人民出版社,2007.

[3] 张亚英,王月华,黄惠敏 . 2007 年上海市杨浦区非职业性一氧化碳中毒原因分析 [J]. 环境与职业医学,2010,27(2):103-105.

[4] 洪雅洁,张毅,蒋馥阳 . 2013 年度大连市非职业性一氧化碳中毒事件情况分析 [J]. 实用预防医学,2014,21(11):1350-1351.

[5] 钱旭东,高金鑫 . 非职业性一氧化碳中毒 201 起事件分析 [J]. 职业与健康,2011,27(10):1120-1122.

[6] 钟嶷,刘世强,陈玉婷,等 . 一起急性一氧化碳中毒事件的调查报告 [J]. 华南预防医学,2005,31(6):63-64.

[7] 付桂琴,武辉芹,张彦恒 . 石家庄市非职业一氧化碳中毒气象因素分析 [J]. 中国健康教育,2010,26(6):450-452.

[8] 陈秀红,赵希畅,乔旨鹰 . 二起一氧化碳中毒事件的调查 [J]. 职业与健康,2008,24(5):498-499.

案例三　一起家庭一氧化碳中毒事件(三)

一、信息来源

2008年2月15日23时30分广州市疾病预防控制中心接到电话报告,YX区某医院接诊了来自一个家庭的5名患者,临床症状表现为:头晕、恶心、呕吐,怀疑为食物中毒。

二、基本情况

患者5人为同一家人。2月15日20时45分,患者利某靖在洗澡时出现头晕、恶心等症状并晕倒在浴室,其后在送院途中及入院后共呕吐两次;其父利某成、其母叶某焕、爷爷利某良、奶奶廖某妹在打开浴室门救出利某靖时相继出现头晕、头痛等不适症状,随后利某良晕倒,利某成出现恶心症状,廖某妹出现恶心症状并呕吐1次。后经报警求助,5名患者被送至医院。

三、现场调查与检测

1. 病例情况　患者共有5人,男性2人,女性3人;年龄12～66岁。2008年2月15日20时45分,患者利某靖在洗澡时出现头晕、恶心等症状,随后其父利某成、其母叶某焕、爷爷利某良、奶奶廖某妹相继出现头晕、头痛、恶心、呕吐等不适症状。但无发热、腹痛、腹泻、发绀、瞳孔散大或缩小、麻痹、肌肉震颤等症状。患者经吸高压氧、输液等对症支持治疗后,症状有所缓解,2名患者次日痊愈出院,其余3名患者症状基本消失。

2. 现场环境调查

(1)饮食情况调查:患者一家5口人,发病前72小时内,除三顿晚餐外,无其他共同进餐史。2月13日晚餐食谱为鸡、肉丸、生菜、莜麦菜;2月14日晚餐的食谱为罗非鱼、荷兰豆、芥菜;2月15日晚餐的食谱为菠菜牛肉、冬瓜肉片、莴笋炒牛肉。现场无上述剩饭剩菜,呕吐物已清理。

(2)住所调查:事发家庭为两房一厅一厨一卫居室(图1-3-3-1),面积约为50m²。家庭厨房内安装有普通燃气热水器和燃气炉,使用管道燃气;热水器为某品牌家庭燃气热水器,使用12年以上。厨房浴室相邻,两者之间的墙顶开有一个约100cm×30cm面积的通风口,浴室无直通室外的窗户。直排式的煤气热水器安装在厨房浴室共用墙面的厨房侧(通风口下方),厨房约4m²,北面有一常开的窗户,开窗面积约为 80cm×40cm,朝向马路。窗户上方安装了一台 10 寸排气扇,事发当时未使用。利某良、廖某妹(爷爷、奶奶)所住卧室 1 距浴室间隔不足 1m,房间内窗户常闭。利某成、叶某焕(父母亲)所住卧室 2 位于厅的另一侧,与浴室相距较远。

事发当晚,利某良、廖某妹、利某成、叶某桂焕四人分别在 17～20 时先后使用燃气热水器淋浴,20 时 45 分即事发时利某靖在浴室洗澡,利某良、廖某妹、叶某焕均在自己卧室内休息,利某成在客厅看电视。由于冬季,屋主没有开启室内其他窗户进行通风。

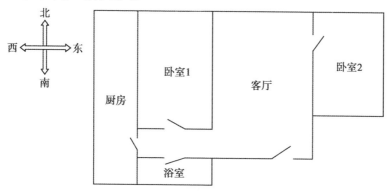

图 1-3-3-1　患者家庭户型示意图

3. 现场检测　对患者家庭室内空气进行了检测。结果见表 1-3-3-1。

表 1-3-3-1　燃气热水器非工作状态下和工作 15 分钟状态下 CO 浓度

地点	非工作状态下 CO 浓度 / $(mg \cdot m^{-3})$	工作 15min 状态下 CO 浓度 / $(mg \cdot m^{-3})$
厨房	2.0	776
浴室	1.9	1137
客厅	1.9	546
卧室 1	2.6	510
外界环境对照	1.0	
标准限值*	10	

* 根据国家《室内空气质量标准》(GB/T 18883—2002)。

4.临床检测结果 2月15日对症状较重的两位患者进行了碳氧血红蛋白的定性检验,结果为阴性。

四、结论和讨论

1.结论 根据上述现场流行病学调查和模拟试验的空气检测、个案调查、患者的临床症状及实验室结果,判定此次事故是一起急性非职业性一氧化碳中毒事件。

2.讨论 通过患者食谱,接触史、临床症状和临床检查的结果,可以排除传染性疾病,有机磷和亚硝酸盐中毒的可能性。

发病时间上患者利某靖在使用燃气热水器洗澡时晕倒,其他患者也在进入浴室吸入室内空气后出现症状。临床表现符合CO中毒症状体征:出现恶心、呕吐、头晕、头痛、乏力等症状,但无发热、腹痛、腹泻、发绀、瞳孔散缩小、麻痹、肌肉震颤等症状。患者经高压输氧和输液等对症支持治疗后病情很快好转。

现场调查情况显示:该家庭的热水器为使用12年以上的直排式热水器,热水器的唯一废气排放处位于与浴室相通的通气口,而厨房排气扇未开,事发当晚天气寒冷,也未开启室内其他窗户,通风明显不足。同时现场模拟试验显示CO浓度在燃气热水器工作状态下急剧上升,15分钟后CO浓度超标达51~113倍。

五、风险评估及防控措施

1.风险评估 每年的12月到次年的2月为冬季取暖期,尤其1月和2月的室外天气最寒冷,此时,人们在室内活动时间较多,门窗关闭室内通风差。遇到因燃煤取暖、煤气热水器使用不当和人工煤气泄漏时,室内蓄积的CO气体排除不畅,容易发生非职业性CO中毒事件。本次事件正是由于燃气热水器使用不当,使用过程中未开启强排装置,加上门窗紧闭通风不良,从而导致CO中毒的发生。

2.防控措施 模拟试验结果显示:燃气热水器工作状态下,CO浓度显著高于热水器未工作状态时。该热水器使用年限已久,引起燃烧不完全、燃气泄漏的可能,建议住户更换该热水器。

建议该家庭按照广州市煤气公司的有关要求,使用有排气管道直接通向室外的强排式燃气热水器;在使用燃气热水器或煤气灶时,确保厨房排气扇正常运转,排出有害气体;同时经常保持居室自然通风。

加强社区环境卫生知识宣传教育,提高人们对室内通风排气重要性的认识和 CO 中毒防范意识。

六、点评

本案例是一起完整的家居非职业性 CO 中毒事件的现场流行病学调查和检测案例,调查人员严格按照突发公共卫生事件现场调查的基本步骤开展调查,根据调查情况提出病因假设,并通过现场空气检测、实验室检测以及医院检验结果验证假设和修订假设,明确了事件发生的原因并提出有效的建议和措施。

（杨轶戬　步　犁　施　洁）

参考文献

[1] 杨克敌. 环境卫生学 [M].8 版. 北京:人民卫生出版社,2017.

[2] 黄飞. 2007 年版卫生应急实用手册 [M]. 广州:广东人民出版社,2007.

[3] 张亚英,王月华,黄惠敏. 2007 年上海市杨浦区非职业性一氧化碳中毒原因分析 [J]. 环境与职业医学,2010,27（2）:103-105.

[4] 洪雅洁,张毅,蒋馥阳. 2013 年度大连市非职业性一氧化碳中毒事件情况分析 [J]. 实用预防医学,2014,21（11）:1350-1351.

[5] 钱旭东,高金鑫. 非职业性一氧化碳中毒 201 起事件分析 [J]. 职业与健康,2011,27（10）:1120-1122.

[6] 钟嶷,刘世强,陈玉婷,等. 一起急性一氧化碳中毒事件的调查报告 [J]. 华南预防医学,2005,31（6）:63-64.

[7] 付桂琴,武辉芹,张彦恒. 石家庄市非职业一氧化碳中毒气象因素分析 [J]. 中国健康教育,2010,26（6）:450-452.

[8] 陈秀红,赵希畅,乔旨鹰. 二起一氧化碳中毒事件的调查 [J]. 职业与健康,2008,24（5）:498-499.

第四章　室外空气污染导致中毒事件

室外空气污染因素较多,造成许多危害人群健康的急性、慢性中毒事件。例如有毒有害物品管理不善、农药使用告示不清等原因,导致的学生及群体性中毒事件时有发生。通过以下案例分析,了解室外空气污染导致群体性中毒事件可能来源、特点、评价指标和标准,掌握室外污染的调查、监测方法及处理措施等。

案例一　某小学师生疑似吸入外环境中三氯乙烷气体中毒事件

一、信息来源

2006 年 3 月 6 日 12 时,广州市疾病预防控制中心接到 CH 区疾病预防控制中心电话,报告 CH 区某小学有 20 多名学生由于吸入有害气体身体不适入院治疗,怀疑为三氯乙烷气体中毒事件。

二、基本情况

某小学位于 CH 区 JP 街道。3 月 3 日上午 10 时,师生反映闻到强烈的难闻气味,气味由一墙之隔的 JL 无纺布厂传出,JL 无纺布厂距离该小学大约 20m。学校立即对全校师生进行紧急疏散,当天停课。

三、现场调查情况

1. 病例情况　事发现场有 53 名师生出现头痛、头晕、呕吐等症状。当天有 4 名师生入院治疗,其中 1 位经治疗无其他不适自行回家,另外 3 人需住院治疗。至 3 月 6 日上午还有 25 名学生在医院门诊观察治疗。

2. 环境因素调查　JL 无纺布厂最近因扩大厂房进行装修。3 月 3 日上午,有工人在整理地面时不慎将废置于空地上 2 瓶标识为"三氯乙烷"的玻璃容器(规格 500ml)打碎。现场调查时有工人证实事发时实际打碎了 4～5 瓶"三氯乙烷"的玻璃容器,另外还将 1 瓶标识为"新洁尔灭"的容器打碎,因此产生强烈的难闻气味。据该厂负责人介绍发生事故现场无饮用水井。调查当天(3 月 6 日),液体泄漏现场和学校均未闻到异常气味。

四、结论与讨论

1. 结论　据现场调查情况,推断是三氯乙烷泄漏引起的环境污染事故。

2. 讨论　本次中毒事件,我们首先要甄别有毒气体中毒和食物中毒。根据当时师生反映闻到强烈的难闻气味后出现头痛、头晕、呕吐等临床症状,无腹痛、腹泻等胃肠道症状,可以排除食物中毒,初步认为是有毒气体中毒,需进行现场中毒气体检测。在空气中毒调查中,最重要的证据是现场检测出中毒气体,并找到有毒气体产生的原因。由于当时市和区疾病预防控制中心无法对三氯乙烷进行检测,所以未对现场空气进行采样,无法检测出中毒气体。最后,现场调查人员通过对发生事故的工厂负责人、工人进行询问调查,终于找到了中毒事件的线索。

三氯乙烷在工业上主要用于金属清洗及蒸汽去油污、纺织品的干洗等。属中等毒类,在日光照射下,释放出腐蚀性很强的氯化氢烟雾,容易经吸入、食入和经皮吸收。急性中毒主要损害中枢神经系统,轻者头痛、眩晕、步态蹒跚、共济失调、嗜睡等,重者出现抽搐,甚至昏迷。可引起心律不齐,对皮肤有轻度脱脂和刺激作用。该物质对环境有危害,在地下水中有蓄积作用,在人类重要食物链中特别是水生生物中发生生物蓄积。因此,对三氯乙烷中毒应迅速脱离现场至空气新鲜处,保持呼吸道通畅。如呼吸困难,给输氧。如呼吸停止,立即进行人工呼吸,并拨打120急救电话就医。尽可能切断泄漏源,防止进入下水道、排洪沟等限制性空间。

此次中毒事件的主要原因是由于发生事故的工厂内部管理混乱,缺乏严格的管理制度,厂房装修前未将危险品废弃物回收或运至废物处理场所处置。当遇到危险品泄漏突发事件时,缺乏应急预警意识和相应的处置方法,未及时进行风险提醒以及修复和处理。其次,该小学离事发工厂只有一墙之隔,距离仅有20m。学校建设项目选址、地理位置、周边环境状况、周边主要建筑及其相对位置和距离不符合《中小学校设计规范》(GB 50099—2011)的要求。学校是学生身心得以健康成长的园地,应远离有毒有害气体污染源,以保障师生安全及身心健康。

五、风险评估及防控措施

1. 风险评估　本次中毒事故虽未引起严重后果,但充分暴露出学校周边污染物控制的薄弱环节,提醒相关部门在对学校进行监督管理时,应注重对学校建设项目选址、地理位置、周边环境状况、周边主要建筑及其相对位置和距离的合理性进行审查。同时,要求学校建立突发事件处置预案,以应对各种突发公共卫生安全事件。强调一旦发生中毒事故后要及时报告,相关部门要及时进行处理和控制。发生事故的工厂须加强管理,制定严格的危险化学品废弃物管理制度,将危险化学品废弃物回收或运至废物处理场所处置。当遇到危险化学品泄漏突发事件时,应及时进行修复和处理。

2. 防控措施

(1)因三氯乙烷有蓄积效果,建议 CH 政府责成有关部门对有毒有害溶液泄漏现场的土壤进行处理,并认真细致探明周围有无饮用水水源、农作物,以免引起水质、农作物等的污染。

(2)及时对污染物进行处理,并采取有效的个人防护。

(3)政府有关职能部门应加强环境因素引发的突发事件的信息沟通和合作,共同降低该类事件造成的危害。

(4)政府有关部门应组织对危险化学品管理的检查,防止其引发的突发事件发生。

六、点评

这起中毒事件的特别之处在于当遇到危险化学品泄漏突发事件时,应如何找出有毒气体产生的原因,以控制中毒事件的蔓延。现场调查人员通过对发生事故的工厂负责人、工人进行询问调查,在短时间内查明了中毒原因。更为难得的是他们根据中毒物质的特性发现三氯乙烷对环境有危害,在地下水中可能有蓄积作用,强调政府有关部门应引起重视,对泄漏现场的土壤要进行处理,避免引起其他的污染。在这次调查事件中,由于当时市和区疾病预防控制中心无法对三氯乙烷进行检测,加上上报信息的延迟(3 日发生的事件,6 日才接到报告),无法检测出中毒气体,所以未对现场空气进行采样。因此,应规范该类事件的报告流程,以便更好更快地进行事件的流行病学调查。

(江思力　施　洁　蒋琴琴)

参考文献

[1] 刘玉清,熊庭辉,林凡,等 . 工作现场 1,1,1- 三氯乙烷的劳动卫生学调查
[J]. 中国劳动卫生职业病杂志,2001,19（6）:453-455.

[2] 廖承雪 . 某厂 1,1,1- 三氯乙烷混合性气体引起急性不良反应调查 [J]. 预
防医学情报杂志,2001,17（6）:483.

[3] 刘玉清,林凡,倪祖尧 . 1,1,1- 三氯乙烷毒性研究 [J]. 国外医学卫生学分
册,1999,26（2）:69.

案例二　一起小学师生疑为吸入农药气体中毒事件

一、信息来源

2007年9月21日上午9点,HP区疾病预防控制中心接到HP医院的电话报告,某小学的8名小学生于21日8点40分左右出现头晕、头痛、胸闷、口干等症状,送至HP医院就诊。根据症状,医院怀疑为吸入农药气体中毒。

二、基本情况

该小学的操场毗邻某花园住宅楼盘的绿化带,两者相距不足10m。并且,学校操场处于绿化带的下风向。

三、现场调查和检测

1. 病例情况　2007年9月21日上午8点20分,该住宅楼盘的物业有限公司对楼盘的绿化带进行农药喷洒。恰好在绿化带旁的某大学附属某小学的操场上,学生正在做早操,导致在操场西侧靠近绿化带的学生吸入了农药气体而出现头晕、头痛、胸闷、口干等症状。学校随即于8点40分将不适学生送往HP医院治疗。此次事件共波及780人,至调查结束时,共有22名学生入院治疗。除2名学生症状略为严重,在观察室留观外,其余学生症状均较轻,静脉滴注后出院。

医院检查后初步怀疑这些学生可能为农药中毒。医院立即采取措施:清除毒物、对症治疗和使用解毒药。

2. 三间分布情况　该小学在做早操期间,操场西侧靠近绿化带的学生在21日8点40分左右出现头晕、头痛、胸闷、口干等症状,共波及780人,有22名学生入院治疗。

3. 环境因素调查　某花园住宅楼的绿化带靠近该小学的操场,距离操场不足10m。绿化带由HP区某物业有限公司负责管理,喷洒农药前两天物业公司已在小区内贴出告示告知住户要对绿化带喷洒农药。9月21日上午8时20分物业公司喷洒农药时伴有大风,学校操场处于绿化带的下风向,当时学校正在操场做广播体操,农药喷洒后导致靠近绿化带的学生出现不适症状。

调查人员到达现场,已无农药气味。经调查得知,物业公司9月21日所喷洒的农药为敌敌畏、乐果和速扑杀三者按1∶1∶1的比例混合成1200倍的稀释液。

四、讨论

经现场卫生学调查、流行病学调查分析和患者的临床表现,以及发生中毒症状的病例均为靠近某花园的绿化带的学生等结果表明,判定此次为农药气体吸入性中毒事件。且为急性轻度中毒(农药中毒的急性轻度中毒症状为短时间内接触较大量的有机磷农药后,在 24 小时内出现头晕,头痛,恶心,呕吐,多汗,胸闷,视力模糊,无力等症状,瞳孔可能缩小,全血胆碱酯酶活性一般在 $50\% \sim 70\%$)。

1. 主要症状　患者临床表现符合农药吸入急性中毒的症状体征:头晕、头痛、胸闷、口干等症状。

2. 发病地点和时间　病例均为操场上靠近花园住宅楼绿化带的学生,之后无新病例出现。

3. 现场调查　现场调查结果显示:某花园住宅楼的绿化带靠近该小学的操场,距离操场不足 10m。9 月 21 日上午 8 时 20 分物业公司喷洒农药时伴有大风,而学校操场恰好处于绿化带的下风向,当时学校正在做广播体操,靠近绿化带的学生出现不适症状。

4. 采取措施　医院采取针对农药中毒的解救措施后,清除毒物、对症治疗和使用解毒药,效果显著,中毒学生均已出院。

五、风险评估及防控措施

1. 风险评估　敌敌畏为广谱性杀虫,80% 敌敌畏可经口服、皮肤吸收或呼吸道吸入。口服中毒者潜伏期短,发病快,病情严重,常见有昏迷,可在数十分钟内死亡。口服者消化道刺激症状明显。属中等毒类,具有致突变性、生殖毒性和致癌性。敌敌畏和乐果均属于有机磷农药,广用于农作物杀虫,还有家庭灭蚊、蝇。多见吸入或误服或用来自杀而中毒。有机磷农药中毒的临床表现潜伏期长短与接触有机磷农药的品种、剂量、侵入途径及人体健康状况等因素有关。经皮吸收中毒者潜伏期较长,可在 12 小时内发病,但多在 2~6 小时开始出现症状。呼吸道吸收中毒时潜伏期也短,但往往是在连续工作下逐渐发病。通常发病越快,病情越重。

2. 防控措施　针对该起集体中毒性事件,采取如下措施:①控制现场,对现场进行调查,核实事件。②采集剩余农药送检。③对物业公司人员和学校进行健康教育,避免再次发生类似事件。

六、点评

本起事件是罕见的学生吸入农药气体中毒性事件。本起事件的不足之处是,虽然 HP 区疾病预防控制中心已经采集了症状较重学生的血样和剩余农药送检,但是因当时条件和设备不足,HP 区疾病控制中心不能对血样进行残留农药的检定。在本次的调查过程中,临床医生和公卫医师的互相联合,不仅对病例做出了及时的处置,而且对事故的环境做出了评估,对周边的环境影响因素进行了细致入微的调查,因而发现了中毒的根源。这起事故也警示学校需密切关注周围环境动向;对于喷洒农药的公司,如果喷洒地方靠近学校或其他人流密集的地方,应做好这类场所的通知告示。今后遇见这类中毒事件,为迅速找到中毒原因,可以将血样送去有资质检测机构进行残留农药的检定。

(范淑君　江思力　施　洁)

参考文献

[1] 邬堂春 . 职业卫生与职业医学 [M].8 版 . 北京:人民卫生出版社,2017.

[2] 李明 . 敌敌畏在保存尸血和埋葬尸体中的分解动力学 [D]. 山西医科大学,硕士论文,2015.

[3] 李荣,贾开志,蒋建东,等 . 敌敌畏、敌百虫高效降解菌株 DDB-1 的分离鉴定及降解特性研究 [J]. 农业环境科学学报,2007,26(2):554-558.

[4] 蒲韵竹,王卓,王丽星,等 . 敌敌畏对斑马鱼的遗传毒性和生殖毒性作用表现 [J]. 中国药理学与毒理学杂志,2013,27(2):263-267.

案例三　某中心场馆发生不明气体致人员不适事件

一、信息来源

2010 年 11 月 02 日 20 时 10 分左右广州市疾病预防控制中心接到 TH 区卫健局转区总值班电话报告,某中心场馆发生不明气体致人员不适突发情况。

二、基本情况

2010 年 11 月 02 日 13 时,某大学参加亚残运会开幕式表演的学生有 560 余人和教师 30 余人,共约 590 人进入某中心场进行排练。约 16 时 30 分中场休息,大量学生涌入 A3 和 A5 通道卫生间如厕。据学生反映,卫生间内闻到一股强烈的刺激性气味,其中罗某、钟某等 5 名女学生很快出现流泪、流涕、恶心、咳嗽、胸闷、呼吸困难及讲话困难等症状,其他师生立刻将她们护送到空旷场地,由在场的医疗点现场处置,之后通知 120 将其中 4 名学生转送到某院就诊,后 5 名学生情况稳定,无生命危险。

三、现场调查和检测

1. 病例情况　发生不适症状的 4 名学生转运至某院诊疗留观,以流泪、流涕、胸闷、呼吸困难为主,血常规未见明显异常。经吸氧、对症治疗后,症状缓解,生命体征平稳。医生初步诊断为"不明气体中毒查因"。另 1 名女学生由医疗点处置后自行离开。

2. 三间分布情况　某大学参加亚残运会开幕式表演的 5 名学生在中场休息时到某中心体育场 A3 和 A5 通道卫生间如厕。5 名学生很快出现流泪、流涕、恶心、咳嗽、胸闷、呼吸困难及讲话困难等症状,其他师生立刻将她们护送到空旷场地,其中 4 人入院治疗,1 人由医疗点处置后自行离开。

3. 环境因素调查　该中心场馆位于广州市 TH 区,是亚运会、亚残运会比赛场馆。2010 年 11 月 02 日广州市某有限公司根据场馆保洁部的要求,于当日 14—17 时对该中心场馆首层、二层、五层各洗手间进行杀虫工作。该公司在进行喷药杀虫前后均未在场馆内做告知工作。

当天使用的农药为由广西某杀虫剂厂生产的某牌顺式氯氰菊酯,配制比例为 1∶50～100,使用超低容量喷雾杀虫。该农药生产日期为 2009 年 10 月 03 日,有效期 2 年。

四、讨论

经现场卫生学调查、流行病学调查分析和患者的临床表现,以及发生中毒症状的病例均为到该中心体育场 A3 和 A5 通道卫生间如厕的学生等结果表明,判定此次为农药气体吸入性中毒事件,且为急性轻度中毒(农药中毒的急性轻度中毒症状为短时间内接触较大量的有机磷农药后,在 24 小时内出现头晕,头痛,恶心,呕吐,多汗,胸闷,视力模糊,无力等症状,瞳孔可能缩小,全血胆碱酯酶活性一般在 50% ~ 70%)。判断依据如下:

1. 主要表现 患者临床表现符合农药吸入急性中毒的症状体征:流泪、流涕、恶心、咳嗽、胸闷、呼吸困难及讲话困难等症状。

2. 发病地点和时间 病例均为到某中心体育场 A3 和 A5 通道卫生间如厕的学生。之后无新病例出现。

3. 现场调查 现场调查结果显示:广州市某有限公司于当日 14—17 时对某中心场馆首层、二层、五层各洗手间进行杀虫工作,且未在场馆内做告知工作。学生到 A3 和 A5 通道卫生间如厕,在卫生间内闻到一股强烈的刺激性气味,有 5 名学生出现中毒症状。

4. 采取措施 医院采取针对农药中毒的解救措施,清除毒物、吸氧、对症治疗,效果显著,中毒学生症状缓解,生命体征平稳后出院。

氯氰菊酯属于拟除虫菊酯类农药,原药为黄棕色至深红褐色黏稠液体,比重(20℃)1.24,蒸汽压(20℃)1.7×10^{-9} mmHg。难溶于水,易溶于丙酮、芳烃、醇类等有机溶剂。在中性和酸性条件下稳定,强碱条件下水解。热稳定性较好,常温储存可稳定 2 年以上。中等毒性。原药大鼠口服 LD 5060mg/kg;制剂大鼠口服 LD 50 853mg/kg。最大允许残留量(国际标准):水果中为 0.5mg/kg。氯氰菊酯可用于棉花、蔬菜、果树、茶树、大豆和甜菜等作物上害虫的防治。对棉花和果树上的鳞翅目、半翅目、双翅目、直翅目、鞘翅目、缨翅目和膜翅目等多种害虫均有较好的防治效果。对棉铃虫、棉红铃虫、棉蚜、荔枝蝽象和柑橘潜叶蛾有特效。还可作为家蝇、蚊子、蟑螂和臭虫的防治药物。

拟除虫菊酯类农药是人工合成的结构上类似天然除虫菊素的一类农药,其分子由菊酸和醇两部分组成。拟除虫菊酯类农药包括溴氰菊酯(敌杀死)、氰戊菊酯(速灭杀丁)、氯氰菊酯、甲醚菊酯、甲氰菊酯、氟氰菊酯、氟胺氰菊酯、氯氟氰菊酯、氯烯炔菊酯、三氟氯氰菊酯、联苯菊酯、氯菊酯、胺菊酯、炔呋菊酯、苯氰菊酯、苯醚菊酯、丙炔菊酯、丙烯菊酯、烯炔菊酯、烯丙菊酯、成烯氯氯菊酯等。常用的拟除虫菊酯毒性一般为中等毒性或低毒性,可经皮肤、呼吸道吸收。在哺乳类动物体内代谢转化很快,主要在肝脏的酯酶和混合功能氧化酶作用下,经水解、氧化,其代谢产物与葡糖醛酸、硫酸、谷氨酸等结合,成为水溶性产物随尿排出。

五、风险评估及防控措施

1. 风险评估　拟除虫菊酯具有神经毒性,毒作用机制尚未完全阐明。一般认为,它和神经细胞膜受体结合,改变受体通透性;也可抑制 Na^+-K^+-ATP 酶、Ca^{2+}-Na^+-ATP 酶,引起膜内外离子转运平衡失调,导致神经传导阻滞;此外,还可作用于神经细胞的钠通道,使钠离子通道的“m”闸门关闭延迟、去极化延长,形成去极化后电位和重复去极化;抑制中枢神经细胞膜的 γ - 氨基丁酸受体,使中枢神经系统兴奋性增高。

拟除虫菊酯与有机磷农药混用时,可产生增毒作用。临床表现具有急性有机磷农药中毒和拟除虫菊酯中毒的双重特点,但以有机磷农药中毒特征为明显,起病较单一,有机磷农药中毒急且更易发生呼吸和循环衰竭。

2. 防控措施　针对本次事件,提出以下建议:①加强卫生间及室内的通风换气;②消杀作业必须严格按作业规程进行,并在消杀作业之前做好告知工作,如设置告示牌,并暂停卫生间的使用。

六、点评

经调查,某中心内各卫生间通风换气不畅,如遇大量人员如厕,可能发生群体性呼不适事件。导致本次事件发生的主要原因是此次消杀作业时未能及时告知大众,造成了人员因不知情况而误吸入药剂而发生事故。因现场师生和医务人员的及时处置,才未造成更大的人员伤亡。因事件起因较为明确,因此较容易可以判定此中毒事件。此事件提示,日常的消杀工作前后一定要做好告知工作,以免有人误入此区域,导致急性中毒事件的发生。

(范淑君　江思力　施　洁)

参考文献

邬堂春 . 职业卫生与职业医学 [M].8 版 . 北京：人民卫生出版社,2017.

第二部分 饮用水污染引发的突发健康危害事件

　　水乃生命之源,是人接触最为密切也是暴露最多的环境物质之一。生活饮用水安全对于维护人体健康有着重要的意义。不洁的生活饮用水能够导致疾病甚至死亡,因此,保障生活饮用水的卫生安全意义重大。

　　生活饮用水突发事件,是指突然发生,造成或者可能造成社会公众健康严重损害的涉水公共卫生事件。供水管网和水箱间/泵房不符合卫生要求、消毒设施缺乏或未正常使用、私改管线等是生活饮用水污染突发事件发生的最主要原因。根据事件的发生过程、性质和机制,生活饮用水突发事件大致可分为四类:

一、污染源超标排放等原因导致水源水污染、以及供水系统设计、维护和使用不符合卫生学要求

　　这是最常见的生活饮用水突发事件类型之一。地表水水源地分为湖库型和河流型,突发水污染事故对不同类型的水源地产生影响的时间、程度等也不尽相同。湖库型水源地呈封闭或半封闭状态,水源地水量多,水体交换周期长,水环境容量大,对于水污染事故的抵抗性较河流型水源地强。但是污染事件发生后污染物质容易积累,污染持续时间长,处理较难。河流型水源地呈长窄型,河流水体活跃,发生水污染事故往往会短时间内对取水口水质产生影响。但水体交换快,污染持续时间短,容易间接引发流域型污染,风险源多,突发水污染事故发生概率大。供水系统设计、维护和使用不符合卫生学要求多见于小型集中式供水、二次供水和分散式供水。大型集中式供水发生此类突发事件多由水源水污染而水厂应急响应迟缓,应对不充分所致。因为与大型供水系统相比,小型供水系统硬件设施和人员配备方面的水平都相对较低,更易发生水传播疾病,更容易遭受破坏和污染,且常常面临更大的行政、管理或资源挑战。如 2017 年广州市从化区某果农因偷驳供小型集中式供水管道、违规用

93

水,致使农药污染生活饮用水,造成23名村民中毒住院。

二、自然灾害引发供水不足或水质污染

主要包括水旱灾害、气象灾害、地震灾害、地质灾害、海洋灾害、生物灾害等。如2008年汶川地震时造成当地饮用水供水系统的破坏、部分地区饮用水中微生物超标、水源水中检出敌敌畏,在这种情况下,短期内无法恢复供水系统以提供足够、安全的生活饮用水。

三、事故灾难所致水质水污染

主要包括工矿商贸等企业事故、交通运输事故、公共设施和设备事故等。例如2005年11月中石油吉林石化公司双苯厂苯胺车间发生爆炸事故,产生约100吨苯、苯胺和硝基苯等有机污染物流入松花江,因而导致松花江发生重大水污染事件。哈尔滨市全城停水长达5天,沿岸数百万居民生活受到影响。

四、涉水社会安全事件

例如,2013年复旦大学饮水机投毒(N-二甲基亚硝胺)致使受害人肝损伤死亡事件;2006年陕西省安康市汉滨区河西镇某居民由于生活艰苦、心理受挫,遂产生报复社会心理,向居住村的水塔投入甲胺磷农药致使17人中毒住院。

随着经济的飞速发展和工业化的进一步推进,水环境污染日益严重,生活饮用水突发事件逐年增加。2014年国家生态环境部召开专题会议,重点强调要加强水源保护,妥善应对突发环境事件,遏制生活饮用水突发事件高发态势。

近十年间,广州市生活饮用水突发事件多达三十余件,亦呈日趋频繁之势。为提高相关技术人员科学应对生活饮用水突发事件水平,保障居民生命健康,本章节选取广州市生活饮用水污染突发事件应急处置典型案例进行整理、分析与点评,以供读者在学习和工作中参考。

(孙丽丽　王德东　周金华)

参考文献

［1］联合国揭示尤其在农村地区面临的饮用水和环境卫生重大差距 .https://
www.who.int/mediacentre/news/releases/2014/water-sanitation/zh/.

［2］环境保护大事记（2014 年 4 月）. 中华人民共和国生态环境部 .2014.http://
www.mee.gov.cn/xxgk/dsj/201407/t20140724_280502.shtml.

［3］王明旭 . 突发公共卫生事件应急管理 [M]. 北京 : 军事医学科学出版社，
2004.

［4］《饮用水、环境卫生和个人卫生进展 :2017 年最新情况和可持续发展目标
基准》.https://www.who.int/water_sanitation_health/publications/jmp2017-
highlights/zh/.

［5］突发公共卫生事件 .https://baike.baidu.com/item/%E7%AA%81%E5%8F%
91%E5%85%AC%E5%85%B1%E5%8D%AB%E7%94%9F%E4%BA%8B
%E4%BB%B6/9147955?fr=aladdin.

［6］突发公共事件 .https://baike.baidu.com/item/%E7%AA%81%E5%8F%91%E5
%85%AC%E5%85%B1%E4%BA%8B%E4%BB%B6/2999576?fr=aladdin.

［7］杨克敌 . 环境卫生学 [M].8 版 . 北京 : 人民卫生出版社，2017.

［8］环境保护部 : 地方瞒报迟报环境突发事件将追究责任 . 搜狐新闻 .http://
news.sohu.com/20110915/n319405674.shtml.

［9］李俊杰 . 吉林石化分公司双苯厂爆炸事件之启示 [D]. 吉林大学，2007.

［10］孙秀伟 . 不能让一名困难职工没水喝——哈尔滨市工会组织应对松花江
水体污染事件工作纪实 [J]. 中国工运，2006，5（25）:49-50.

［11］复旦投毒案 . 百度百科 .https://baike.baidu.com/item/%E5%A4%8D%E6%
97%A6%E6%8A%95%E6%AF%92%E6%A1%88/2129522?fr=aladdin.

［12］村妇水塔投毒祸及 17 邻里 . 新浪新闻 .http://news.sina.com.cn/s/2006-06-
17/14239229222s.shtml.

［13］胡成，程浩，马巍峰，等 . 地表水水源地突发水污染风险评价方法现状 [J].
环境保护与循环经济，2020，1（11）: 32-36.

［14］黄廷林 . 饮用水水源水质污染控制 [M]. 北京 : 中国建筑工业出版社，2009.

［15］杜宇欣 . 生活饮用水污染事故及健康危害分析 [C]// 新世纪预防医学面临
的挑战——中华预防医学会首届学术年会论文摘要集 .2002.

第一章　污染源超标排放等原因导致水源水污染，供水系统设计、维护和使用不当引发饮用水污染及中毒事件

随着我国经济和城镇化的快速发展,饮水资源的短缺和污染已成为制约城市发展的重要问题。目前我国治污工作相对落后,较多地区的地表水和地下水都受到不同程度的污染,水厂处理工艺不能及时得到更新改进,饮用水安全问题日益突显。由于涉水产品把关不严,输水管道铺设和监管未严格到位,二次供水设施不全及管理不善等,造成饮用水污染事件频发,从而影响人民的身体健康和生活质量。因此,通过本章学习以下调查案例,了解水体污染来源、特点,水厂生产工艺,供水管网管理等科学利用评价指标和标准,掌握水污染的调查、监测方法及处理措施等。

案例一　一起工业废水污染水源水事件

一、信息来源

2006 年 12 月 12 日 16 时,广州市疾病预防控制中心接到 BY 区疾病预防控制中心报告,ZLT 水厂发生可疑水源水污染事件。

二、基本情况

BY 区 SY 水厂位于 BY 区 ZLT 镇 XH 村,与 CH 区 TP 镇相邻,供应 JF 镇及 ZLT 镇近 30 万人日常生活用水。ZLT 水厂位于 ZLT 镇,水厂规模较小,仅供 ZLT 镇约 1 万人的日常生活用水。两水厂相距约 10km,水源均取自 LX 河。

2006 年 12 月 12 日上午 10 时,BY 区疾病预防控制中心到 BY 区 SY 水厂进行日常监测工作时发现该水厂的水源水为紫红色,意识到水源水可能受到了污染,立即向中心领导及区生态环境局(原环保局)汇报,同时即刻开展了现场调查和采样工作,并将部分样品(取自 ZLT 水厂)送至广州市疾病预防控制中心检验。

三、现场调查和检测

2006 年 12 月 12 日下午,广州市疾病预防控制中心对区疾病预防控制中

心送来的水样进行了初步检测。检验结果显示,所送的水源水、出厂水和末梢水的水样中锰的含量分别为 0.25mg/L、0.24mg/L 和 0.24mg/L,均超过国家标准限值(0.1mg/L)。

2006 年 12 月 13 日上午,广州市疾病预防控制中心会同 BY 区卫健局(原卫生局)和 BY 区疾病预防控制中心有关技术人员来到 BY 区 SY 水厂和 ZLT 水厂,查看了水厂取水点的水质情况,并现场采集了水源水和出厂水。现场观察发现,两水厂取水河段河水较清,未见紫红色。

12 月 13 日水质检测结果显示,SY 水厂和 ZLT 水厂水源水中的氨氮、铝、锰和铁的含量均不同程度的超过《地表水环境质量标准》(GB 3838—2002)Ⅲ类水质标准限值。SY 水厂出厂水中的浑浊度和 ZLT 出厂水中的锰含量均超过《生活饮用水卫生规范》(2001)规定的限值。其余监测指标未超过国家标准。

四、结论与讨论

1. 结论　根据现场调查和检验结果,分析 BY 区 SY 水厂和 ZLT 水厂水源水中氨氮、锰和铁超标可能与该河段受到工业、生活废水和禽畜饲养业废水污染有关;ZLT 水厂出厂水中锰超标,其生产工艺有待加强改进,应注意水质的特殊处理。后经生态环境局(原环保局)调查,此次污染事件主要由 LX 河 CH 段的一间皮革厂的废水排放引起。

2. 讨论　水体是指海洋、河流、湖泊、沼泽、水库、冰川、地下水等地表与地下贮水体的总称,水体包括水和水中各种物质、水生生物及底质。水体污染是指污染物质排入水体后,从质量上已经超过了水体的本底承受值和自净化能力,导致水质恶化,从而破坏了水体的正常功能。造成水体污染的因素是多方面的,从污染的性质划分,可分为物理性污染、化学性污染和生物性污染。物理性污染是指水的浑浊度、温度和水的颜色发生改变,水面的漂浮油膜、泡沫以及水中含有的放射性物质的增加等。化学性污染包括有机化合物和无机化合物的污染,如水中的溶解氧减少,溶解盐类增加,水的硬度变大,酸碱度发生变化或水中含有某种有毒化学物质等。生物性污染是指水体中进入了细菌和污水微生物等。本次事件中的水源水呈现紫红色,实验室检测显示锰、铁和氨氮超标,即水厂的水源水受到了物理性和化学性污染。

本次事件主要由一间皮革厂的废水排放至河流而引起的水源水污染。水体污染源分为自然污染源和人为污染源两大类。人为污染源包括工业污染源、生活污染源和农业污染源。水体污染物致使水体污染的途径包括:大量废水及一部分废渣、垃圾直接排入水中;废渣、垃圾堆积地面经降雨淋洗,滤入水中;通过尘埃沉降和气-水界面物质交换,从大气进入水中。前两种途径是污染物进入水体的主要途径。

不同的水体在受到污染时呈现不同的特点。本次事件中的水源属于河流,掌握河流污染特点对评价水污染具有重要意义。河流污染有如下特点:一是污染程度随径流量变化,在排污量相同的情况下,河流的径流量越大,受到污染的程度越轻,反之越重;二是污染物扩散快,因河水的混合和流动推力的作用,上游遭受的污染很快会影响到下游,且不局限于污染发生区及其下游地区;三是污染影响大,河流是饮用、渔业、工业和农业的主要水源,一旦受到污染会影响涉及的各方面。

水体的自净作用是指水体能够在环境容量的范围以内,经过水体的物理、化学和生物的作用,使排入的污染物质的浓度和毒性随着时间的推移在向下游流动的过程中自然降低。当污染物进入河流后,自净过程就已开始,距离排污口越远的水域,污染强度越弱,自净作用越强。

LX河是珠江水系北江支流,由众多溪流汇集而成,从北到南纵贯广州市CH区,再流经BY区的ZLT、ZL、RH和JC等地。某皮革厂位于LX河从化段,属于上游河段。在排放废水至LX河后,BY区疾控中心于12月12日上午发现处于下游的ZLT水厂和SY水厂的水源水呈现紫红色,检测的ZLT水厂的水源水锰含量为0.25mg/L,超出国家标准限值(0.1mg/L)。12月13日上午,广州市疾病预防控制中心工作人员现场查看两水厂取水河段河水较清,ZLT水厂的水源水锰含量为0.23mg/L,污染程度较前一日有所减轻,已无紫红色。ZLT水厂的取水口较SY水厂距皮革厂更近,其水源水中的锰、铁和氨氮的含量分别为0.23mg/L、0.80mg/L和2.79mg/L,而SY水厂的锰、铁和氨氮的含量分别为0.12mg/L、0.32mg/L和1.38mg/L,即ZLT水厂水源水中的污染物含量均高于SY水厂。这充分表现了河流污染易扩散和影响范围大的特点,且在污染后发生了自净作用。

水体受化学有毒物质污染后通过饮水或食物链会造成急、慢性中毒;水体受某些有致癌作用的化学物质污染,可在悬浮物、底泥和水生生物体内蓄积,长期饮用或通过食物链可能诱发癌症。

锰是人体正常代谢必需的微量元素,一般人每天约从食物中摄入3～9mg锰。但过量的锰进入机体后可引起中毒。锰中毒表现主要为神经衰弱综合征和自主神经功能障碍,继续发展可出现明显的锥体外系损害为主的神经体征。

水体中的锰主要来源于自然环境和工业废水污染。饮用水中有微量锰时，呈现黄褐色；锰的氧化物能在水管内壁上逐步沉积，在水压波动时可造成黑水现象；锰在浓度超过 0.15mg/L 时，能使衣服和白色器皿着色；达到 1.0mg/L 时，会出现明显的金属味和红褐色沉淀物。锰在水中较难氧化，在净化处理过程中较难去除。水厂除锰可用曝气过滤法，使用该方法时，要注意调节水中 pH，pH 略高于 10 才能使锰沉淀下来。

五、风险评估及防控措施

针对此情况，广州市有关部门密切关注 LX 河下游相关水厂水源水的水质情况。一是 BY 区扩大水质监测范围，对 LX 河下游的 RH 水厂和 ZL 水厂进行采样监测；二是广州市疾病预防控制中心通知市自来水公司密切关注 JC、SM 和 XC 水厂的水源水的水质变化情况，若发现异常立即向广州市疾病预防控制中心报告。

建议 BY 区 ZLT 水厂提高出厂水 pH，加大混匀程度，延长沉淀时间，切实消除出厂水中锰的超标现象，确保日常用水安全。

有关部门应加强对中小企业的水污染治理，推行排污许可制度，企业的废水应进行净化处理，达到无害化要求时才容许排放。

六、点评

此次事件是由于水源地上游工厂废水排放至河流，导致河水受到化学性污染影响到水源水质。然而，水厂的处理工艺简陋，水质处理能力不足，无法有效去除水源水中的化学污染物，致使出厂水锰超标，不符合国家饮用标准。

在这次事件中，BY 区疾控中心反应迅速，积极采取了有效的控制措施，并将事件情况及时向上级领导和有关部门做了汇报，有效地控制了事态的进一步发展。同时，事件也反映了环境相关部门需加强水源监控，生态环境部、卫健委、水务等部门应建立信息共享平台，保证饮用水源的卫生安全。（表 2-1-1-1）

表 2-1-1-1 BY 区 SY 水厂和 ZLT 水厂水源水和出厂水检测结果

检验项目	水源水			出厂水		
	SY 水厂	ZLT 水厂	国家标准（Ⅲ类）	SY 水厂	ZLT 水厂	国家标准
pH	7.19	7.24	6.0～9.0	7	6.97	6.5～8.5

检验项目	水源水			出厂水		
	SY 水厂	ZLT 水厂	国家标准（Ⅲ类）	SY 水厂	ZLT 水厂	国家标准
臭和味	无	无	—	无	无	无
浑浊度	9.2	19.4	—	1.2	0.8	<1 度
氰化物 /(mg·L^{-1})	<0.005	<0.005	<0.2	<0.005	<0.005	<0.05
挥发性酚类 /(mg·L^{-1})	<0.002	<0.002	<0.005	<0.002	<0.002	—
镉 /(mg·L^{-1})	<0.001	<0.001	<0.005	<0.001	<0.001	<0.005
锰 /(mg·L^{-1})	0.12	0.23	<0.1	<0.05	0.22	<0.1
砷 /(mg·L^{-1})	<0.05	<0.05	<0.05	<0.05	<0.05	<0.05
铁 /(mg·L^{-1})	0.32	0.8	<0.3	<0.05	0.05	<0.3
硒 /(mg·L^{-1})	<0.005	<0.005	<0.01	<0.005	<0.005	<0.01
铝 /(mg·L^{-1})	0.36	0.59	—	0.08	<0.05	<0.2
铜 /(mg·L^{-1})	<0.05	0.08	<1.0	<0.05	0.08	<1.0
铅 /(mg·L^{-1})	<0.05	<0.05	<0.05	<0.05	<0.05	<0.01
锌 /(mg·L^{-1})	<0.05	<0.05	<1.0	<0.05	<0.05	<1.0
铬（六价）/(mg·L^{-1})	<0.05	<0.05	<0.05	<0.05	<0.05	<0.05
阴离子合成洗涤剂 /(mg·L^{-1})	<0.10	<0.10	<0.2	<0.10	<0.10	<0.3
氨氮 /(mg·L^{-1})	1.38	2.79	1	0	0	—

注：水源水国家标准参照《地表水环境质量标准》（GB 3838—2002）Ⅲ类，出厂水国家标准参考卫生部《生活饮用水卫生规范》（2001）。

（黎晓彤 何蔚云 毕 华）

参考文献

[1] 孙强. 环境科学概论 [M]. 北京：化学工业出版社, 2012.

[2] 莫祥银. 环境科学概论 [M]. 2 版. 北京：化学工业出版社, 2017.

[3] 杨克敌. 环境卫生学 [M]. 8 版. 北京：人民卫生出版社, 2017.

案例二　一起污水污染水源水事件

一、信息来源

2011 年 8 月 10 日,广州市疾病预防控制中心接到 BY 区疾病预防控制中心报告,SY 水厂发生水源水污染事件。

二、基本情况

BY 区 SY 水厂是 BY 区属的一间生产企业。1993 年筹建,工程分两期:一期 1996 年投产的两套日产 1 万 m³ 制水池是采用穿孔旋流反应池→斜管沉淀池→重力式无阀滤池→清水池的生产工艺;二期 2000 年投产的日产 5 万 m³ 的制水池是采用旋流絮凝反应池→平流沉淀池→虹吸滤池→清水池的生产工艺。该公司在职 41 人,日生产能力 7 万 m³,供水范围为 ZLT 镇及 JL 镇 JF 片区,涉及人口 20 万。设 A、B 两线枝状供水主管,A 线至 KD 学院(供 JF 片区);B 线至 SNZJY 及 ZL 片区的 LT、HT 村(供 ZLT 地区)。随着本供水区域社会经济发展,用水需求量不断增大,求大于供已成为水厂的主要问题。近年来,该水厂生产负荷日益加大,BY 区疾控中心对该水厂水质进行了监测,近三年的水源水宗数合格率为 0,出厂水宗数合格率为 60%。

2011 年 8 月 10 日,BY 区疾控中心按日常要求对 SY 水厂水质进行日常监测时发现,该公司在自来水生产过程中,旋流絮凝反应池、平流沉淀池出现大量泥巴状褐色漂浮物,覆盖整个水池并发出一股腥臭味。

三、现场调查和检测

8 月 16 日,广州市疾病预防控制中心与 BY 区疾病预防控制中心的工作人员对 BY 区 SY 水厂生产情况进行了调查,同样在现场闻到腥臭味。据了解,2011 年 6 月也出现过同样的情况,依靠现有生产工艺和人工技术无法清除悬浮物。

现场调查情况与发现问题如下:

1. 水厂超负荷和生产工艺落后　该公司存在两大突出问题。一是公司供水能力严重滞后于本区域的社会经济发展和人口增长速度。随着社会经济发展和人口数量的增加,特别是 ZLT 地区高校园区的建设,目前已有 4 所高校正在兴建,其中有 3 所已进驻学生。依托于 BY 区空港经济的发展战略,该区域生物药物健康城、航空航材保税区等大规模项目也正在紧锣密鼓地圈地立项。LG区（现属 HP区）也利用原 JF 工业园为基础进行扩大升级改造建设，ZXZSC 的大规模项目也都按规划逐步进入施工阶段。因此，该公司供水压力日益增大，现有生产工艺水平和生产能力根本无法承受，用水需求量求大于供的矛盾明显。二是当地群众经常投诉水压低、供水不足和水质差等问题，在夏季用水高峰时段尤为突出。

该公司由于受地块限制，工程建设先天不足，平流池的长度比原设计的 85m 缩短了 20m 多，且生产工艺一直停留在 2000 年前的水平，未得到改善。为满足当地群众用水需求，只能采取缩减停流时间、加快流速的短流方式加大日产量。按生产工艺设计要求平流池停流时间需 50 分钟，而实际停流时间只有 19 分钟，流速快，短流现象严重。据该公司反应，其设计生产能力为 7 万 m^3，今年 5、6 月份二级泵房日均供水量分别为 8.9 万 m^3 和 9.7 万 m^3，与去年同期对比分别增长了 18.92% 和 25.39%，最高超出正常生产能力的 38.6%。由于社会用水量大，在制水过程中，排泥和滤池反冲洗都要人为地加以控制，稍有不慎，出厂水压就有明显下降。

2. 水源水的水质恶化 据 SY 水厂反应，自亚运之后 TP 污水处理厂投入使用以来，取水口段（取水口距 TP 污水处理厂下游约 1.5km）水中的氨氮、藻类指标明显升高，氨氮最高达 6.37mg/L（2011 年 6 月 12 日），超过地表水环境质量标准限值（Ⅲ类 1.0mg/L）。其间也不定时地在该污水处理厂旁流入 LX 河的水沟出口处取样抽查，其氨氮指标均在 6～12.6mg/L 之间，造成自来水公司的反应池和平流池池面漂浮物积聚严重。今年 3、4、6、7 和 8 月份，水源水中氨氮增高、藻类明显增多，每次持续 10 天左右。

区疾控工作人员调查了上下游 4 家水厂的水质情况。结果显示，距该公司下游 3km 的 BX 水厂时有漂浮物出现，但情况不严重；下游约 10km 的 ZLT 水厂很少出现这种情况；上游约 1km 的 TX 水厂，因该水厂的取水口是在 TP 污水处理厂旁边的污水沟上游 50m 处，不受其影响，未出现这种情况；上游约 8km 的 TP 工业区水厂，该厂位于水坝上游约 3km 处，水源丰富，从未有过这种现象。

公司除日常采取人工打捞、池面溢水清理、设纱网拦截等措施之外，积极吸取其他水厂的经验做法，听取由市供水处组织的专家组提出的加大投药杀菌等意见，并不断地向水务部门和生态环境部门（原环保部门）反映情况。

3. LiX 拦河坝修闸施工问题

据了解，LiX 坝修闸时间计划从 2011 年 9 月至 2013 年 10 月，施工期长达两年多。为此,SY水厂做了一些前期的准备工作,如在取水口边扩大挖深了一段应急引水坑。为应对枯水期,采取了挖深正面取水口,将水泵引出延长,必要时马上更换量程大的水泵等措施。

四、结论与讨论

1. 结论　这是一起水厂水源水受到污水污染,而水厂的水处理能力不足,导致出厂水的水质不达标的事件。

2. 讨论　造成SY水厂制水池池面大量漂浮物的主要原因是TP污水处理厂旁边的水沟污水严重超标,其次可能与上游LJK等其他支流所排放的污水有关。

本次调查的SY水厂的取水点在污水处理厂下游,水源水的水质受到其污染,氨氮、藻类指标明显超标,漂浮物积聚严重。以地表水为水源的取水点的位置应位于城镇和工业企业的上游,避开生活污水和工业废水排出的影响,取水点的最低水深应有2.5～3m。

水中的藻类繁殖会产生臭味和毒素,在自来水消毒过程中可与氯作用生成三氯甲烷等氯化消毒副产物。藻类产生的藻毒素具有肝损伤作用,已被证实是导致肝癌的三大重要危险因素之一。根据《生活饮用水卫生标准》(GB 5749—2006),微囊藻毒素-LR作为集中式生活饮用水地表水源地特定项目,其标准限值为0.001mg/L。

目前,针对除藻和除臭的常用方法有气浮法、化学药剂法和生物方法等。气浮法适合处理低温、低浊和高藻的原水;化学药剂法是利用硫酸铜、二氧化氯等除藻剂去除大部分藻类;生物方法是利用生物膜的吸附和絮凝作用,可去除原水中的藻类、有机物和氨氮等污染物。水厂应结合自身实际情况,以及经济和可操作性,选择合理的除藻技术,提高水质,保障饮水安全。

五、风险评估及防控措施

为确保供水安全,应重点解决SY水厂水源水水质及制水能力。一是建议更换水源水取水点,把取水点移至TP污水处理厂上游。二是改造落后的水处理工艺,建议增加生物预处理等相关工艺,保证出厂水水质。三是增加资金投入,增强制水能力,扩建一组生产工艺等。

在现有条件下,各级政府相关部门应建立联合机制,加强水源水和出厂水的水质监控,扩大市政自来水供水范围,避免SY水厂超负荷生产,保证出厂水质量。

有关部门应加强对污水处理厂等企业的管理和教育,污水、废水需经过严格处理并达到国家有关标准后再排放,以保护水环境,防止水污染。

六、点评

在这次事件中,因水厂处理工艺简陋,制水能力有限,超负荷运行,在水源水的水质达不到《地表水环境质量标准》(GB 3838—2002)Ⅲ类水质标准时,出厂水无法达到国家的卫生标准要求。经过多部门调查,查找水源污染原因,提出改进措施及意见,为政府决策提供依据。(表 2-1-2-1)

表 2-1-2-1 BY 区 SY 水厂 2009—2011 年水质状况

采样日期		水源水		出厂水	
		是否合格	主要不合格项目	是否合格	主要不合格项目
2009 年	第一季度	否	氨氮、锰	是	—
	第二季度	否	汞	是	—
	第三季度	否	氨氮	是	—
	第四季度	否	锰	是	—
2010 年	第一季度	否	汞	否	汞
	第二季度	否	铁、粪大肠菌群	否	汞、铝
	第三季度	否	铁、锰	是	—
	第四季度	否	粪大肠菌群	否	汞
2011 年	第一季度	否	氨氮、锰	否	氨氮
	第二季度	否	铁	是	—

(黎晓彤 毕 华 何蔚云)

参考文献

杨克敌 . 环境卫生学 [M].8 版 . 北京:人民卫生出版社,2017.

案例三 一起水源水和出厂水水质污染事件

一、信息来源

2006年9月7日,广州市疾病预防控制中心收到市卫健委(原卫生局)转发BY区卫健委的《关于SS水厂水质检测超标的情况报告》,称BY区SS水厂水源水和出厂水水质出现超标情况。

二、基本情况

2006年9月11日,广州市疾病预防控制中心会同BY区卫健委、BY区疾病预防控制中心一起到BY区SS水厂进行调查和采样监测。

1.水厂基本情况和取水点情况 该水厂位于广州市BY区,属于镇办企业。水厂选用的水源来自BJ河,日产水量平均1200m³,高峰期达2000m³,供水人口约10万人。

生产工艺采用20世纪90年代小型水厂工艺流程:水源——次氯化消毒—活性炭粉吸附—混凝沉淀(硫酸铝)—过滤—二次氯化消毒—清水池—管网。现水厂处于超负荷运转状态。

2.水厂检验室情况 该水厂检验室规模较小,只能检测18项常规项目。现场抽查该水厂9月份的自检情况:从9月1日至10日的情况显示,水源水超标的项目有浊度、铁、耗氧量、氨氮等,出厂水的检测项目基本达到《生活饮用水卫生规范》卫生部(2001)标准。

三、现场调查检测情况

对该厂的水源水、出厂水和管网水各采样监测1宗,按《生活饮用水卫生规范》卫生部(2001)(《生活饮用水卫生标准》(GB 5749—2006)尚未实施)和《地表水环境质量标准》(GB 3838—2002)Ⅲ类水质标准的常规检测项目进行检测和分析。

检验结果表明:水源水超标项目为耗氧量、浑浊度、锰和铁等;出厂水浑浊度、锰超标;管网水锰超标。(表2-1-3-1)

表 2-1-3-1　2006 年 9 月 11 日 BY 区 SS 水厂水质结果

项目（单位）	水源水	出厂水	管网末梢水	水源水限值	出厂水及管网水末梢限值
色 / 度	5	5	5	—	≤ 15
浑浊度 /NTU	15.8	1.4	1	—	≤ 1
臭和味	无	无	无	—	不得有异臭异味
肉眼可见物	无	无	无	—	不得含有
pH	6.76	6.54	6.5	6～9	6.5～8.5
总硬度 /(mg·L⁻¹)	99.1	163.1	144.6	—	≤ 450
铝 /(mg·L⁻¹)	0.26	0.14	0.06	—	≤ 0.2
铁 /(mg·L⁻¹)	0.6	0.06	0.06	≤ 0.3	≤ 0.3
锰 /(mg·L⁻¹)	0.24	0.21	0.24	≤ 0.1	≤ 0.1
铜 /(mg·L⁻¹)	<0.05	<0.05	<0.05	≤ 1.0	≤ 1.0
锌 /(mg·L⁻¹)	<0.05	<0.05	0.06	≤ 1.0	≤ 1.0
挥发酚类 /(mg·L⁻¹)	<0.002	<0.002	<0.002	≤ 0.005	≤ 0.002
阴离子合成洗涤剂 /(mg·L⁻¹)	<0.10	<0.10	<0.10	≤ 0.2	≤ 0.3
硫酸盐 /(mg·L⁻¹)	57	75.8	72.9	≤ 250	≤ 250
氯化物 /(mg·L⁻¹)	44.3	52.1	53.2	≤ 250	≤ 250
溶解性总固体 /(mg·L⁻¹)	240	300	260	—	≤ 1000
耗氧量 /(mg·L⁻¹)	4.93	2.88	2.61	≤ 6	≤ 3
砷 /(mg·L⁻¹)	0.008	<0.005	<0.005	≤ 0.05	≤ 0.05
镉 /(mg·L⁻¹)	<0.001	<0.001	<0.001	≤ 0.005	≤ 0.005
铬 /(mg·L⁻¹)	<0.005	<0.005	<0.005	≤ 0.05	≤ 0.05
氰化物 /(mg·L⁻¹)	<0.005	<0.005	<0.005	≤ 0.2	≤ 0.05
氟化物 /(mg·L⁻¹)	0.57	0.58	0.41	≤ 1.0	≤ 1.0
铅 /(mg·L⁻¹)	0.044	<0.005	<0.005	≤ 0.05	≤ 0.01
汞 /(mg·L⁻¹)	<0.0005	<0.0005	<0.0005	≤ 0.0001	≤ 0.001
硝酸盐 /(mg·L⁻¹)	1.8	2.8	2.6	≤ 10	≤ 20
硒 /(mg·L⁻¹)	<0.005	<0.005	<0.005	≤ 0.01	≤ 0.01
四氯化碳 /(mg·L⁻¹)	<0.0005	<0.0005	<0.0005	≤ 0.002	≤ 0.002
氯仿 /(mg·L⁻¹)	<0.005	<0.005	<0.005	≤ 0.06	≤ 0.06

广州市疾病预防控制中心曾于 2006 年 1 月 10 日到 SS 水厂调查和采样

监测,检验结果表明水源水、出厂水的锰和铅超标。（表 2-1-3-2）

表 2-1-3-2　2006 年 1 月 10 日 BY 区 SS 水厂水质结果

项目	水源水	出厂水	管网末梢水	水源水限值	出厂水及管网水限值
pH	7.16	6.81	6.9	6～9	6.5～8.5
铁 /(mg·L^{-1})	0.67	0.13	0.26	≤ 0.3	≤ 0.3
锰 /(mg·L^{-1})	0.25	0.21	<0.05	≤ 0.1	≤ 0.1
阴离子合成洗涤剂 /(mg·L^{-1})	0.11	0.23	0.29	≤ 0.2	≤ 0.3
镉 /(mg·L^{-1})	<0.001	<0.001	<0.001	≤ 0.005	≤ 0.005
铅 /(mg·L^{-1})	0.22	0.2	0.24	≤ 0.05	≤ 0.01

四、结论与讨论

1. **结论**　根据检测结果,SS 水厂水源水铁、锰、铅等金属污染较严重,导致出厂水和管网水水质不符合卫生标准。水源水污染源可能为 BJ 河取水口上游生活区的生活污水以及工厂企业排放的废水。水厂的常规处理工艺对铁的处理效果较好,但对锰和铅的处理效果相对较差。

2. **讨论**　铁和锰是人体需要的微量元素,在卫生部 2001 年 6 月颁布的《生活饮用水水质卫生规范》和 2006 年颁布的《生活饮用水卫生标准》(GB 5749—2006)中属常规检验项目。水中铁多来自自然环境和金属管道,常以二价和三价铁离子的化合物形式存在,二价铁离子易被氧化成三价铁离子,浓度高时形成黄褐色沉淀,并有明显的铁锈味。水中锰来自自然环境或工业废水污染。锰在水中较难氧化,在净水处理过程中较铁难去除,水中有微量锰时,呈现黄褐色。锰的氧化物能在水管内壁上逐步沉积,在水压波动时可造成"黑水"现象。在较高浓度时使水产生不良味道。

水中铅多来自于环境污染,进入人体后主要沉积于骨骼系统和毛发。长期高浓度摄入铅可引起神经系统、消化系统和血液系统相关疾病。神经系统疾病表现为神经衰弱、多发性神经系统疾病和脑病;消化系统疾病表现为轻者出现食欲缺乏、腹部隐痛、便秘等,重者出现腹绞痛;血液系统疾病主要表现为贫血。

五、风险评估及防控措施情况

1. 风险评估 水源水、出厂水和管网末梢水的铁、锰和铅等金属超标,长期饮用会引起慢性中毒,对群众身体健康造成较大影响。由于9月初仍为丰水期,若进入枯水期,污染可能更严重。

2. 防控措施

(1)建议停用该水厂,或连接其他市政水厂管网水作为生活饮用水。

(2)在未改用市政自来水的情况下,扩大水厂生产规模,对水厂的生产工艺进行改造,使供水水质达到卫生要求。

(3)建议由生态环境部门对污染BJ河流域(该水厂水源上游)的企业进行监管和治理,确保水源水水质和居民的饮水安全,防止水源性疾病和化学中毒事件的发生。

六、点评

该事件是一起典型的水源水长期受到污染导致水质下降,引起出厂水水质超标的案例。

小型水厂的制水工艺通常局限于常规处理工艺,无深度处理设施,对水源水的处理能力十分有限。该水厂又处于超负荷运行状态,使得水厂的水质处理能力进一步下降。所以,日常工作中要加强对这类小型乡镇水厂的管理和监督监测,确保出厂水水质达到卫生标准。

现场调查处理时,要重点查看水厂的水源、供水范围、供水方式和水处理工艺等,实际供水量是否超出供水能力、水处理设备是否正常运转、水源水是否受到污染,对水源水、出厂水和管网末梢水进行采样检测,必要时在水处理的中间环节进行采样检测。

(毕　华　王德东　周金华)

参考文献

[1] 中华人民共和国卫生部,卫生法制与监督司.生活饮用水水质卫生规范

[S]. 生活饮用水卫生规范 . 北京:中国标准出版社,2001.

[2] 国家环境保护总局,国家质量监督检验检疫总局 . 地表水环境质量标准:
GB 3838—2002 [S]. 北京:中国标准出版社,2002.

[3] 李变芳 . 钙对铅致大鼠脑组织损伤的营养干预机制研究 [D]. 山西农业大
学, 2015.

[4] 蒋立群,张瑞金,邓慧萍 . 颗粒活性炭改性同步去除水中铅、铬的研究 [J].
环境科学与技术, 2014,37(12):178-181.

案例四　一起自来水厂水源水和出厂水锰超标事件

一、信息来源

2006 年 2 月,广州市疾病预防控制中心在对自来水厂的水源水和出厂水日常监督监测过程中发现水源水和出厂水中锰含量超标的现象。

二、基本情况

广州市疾病预防控制中心在对水厂的水源水和出厂水日常监督监测过程中发现 XC 和 SM 两间水厂水源水和出厂水中的锰分别超过《地表水环境质量标准》(GB 3838—2002)Ⅲ类水质标准和《生活饮用水水质卫生规范》2001所规定的限值(0.1mg/L)。

三、现场调查和检测

发现情况后,广州市疾病预防控制中心积极与水厂进行了沟通,并于 2 月23 日、24 日、27 日、28 日对两水厂的水源水、出厂水和管网水进行每天一次的水质监测。结果显示:两水厂的水源水和出厂水中锰均存在不同程度的超标,最高值分别达到了 0.42mg/L 和 0.18mg/L,超过《地表水环境质量标准》(GB 3838—2002)和《生活饮用水水质卫生规范》2001所规定限值的 3.2 倍和 0.8 倍。管网水中的锰含量未超标。

四、结论与讨论

1. 结论　根据调查监测的结果,水源水的锰含量超出卫生标准值的 3.2倍,说明了此次事件为一起水源水受到锰污染引起出厂水超标的水质污染事件。

2. 讨论　人体长期接触锰,主要引起中枢神经系统损害,并在后期表现为震颤麻痹综合征。此外,锰还可引起血压下降。

五、风险评估及防控措施情况

1. 风险评估　水源水经过水厂处理后,仍然超出卫生标准。虽然所测管网水中的锰含量未超标,但不排除其他管网点存在超标的可能,所以有较大的卫生安全风险。

2.防控措施

(1)各自来水厂密切注意水源水和出厂水中锰含量的超标情况,加强监测。

(2)与水厂和水源管理部门积极沟通,查找水源水锰含量超标的原因。

(3)加强管网水的水质监测,并及时通报监测结果。

六、点评

锰超标在水质监测日常工作中比较常见,通常为地质原因引起,深层地下水锰超标较多见。锰超标的水,通常铁含量也比较高,水质会出现较明显的感官指标改变,比较容易发现。如水质变黄、有铁锈味、放置一段时间后会在容器壁上析出黄褐色的沉淀。

本次事件为日常监督监测过程中发现,体现了疾控部门在对市政水厂监管环节中的重要作用。建议水厂按有关卫生要求,做好水源水、出厂水、管网水的水质监控,切实提高自身检测能力,规范并落实日常水质检测制度,加强水源水、出厂水和末梢水的水质卫生监控,建立完善的预警体系。

(毕 华 王德东 黎晓彤)

参考文献

[1] 中华人民共和国卫生部卫生法制与监督司.生活饮用水水质卫生规范[S].生活饮用水卫生规范,北京:中国标准出版社,2001.

[2] 国家环境保护总局,国家质量监督检验检疫总局.地表水环境质量标准:GB 3838—2002[S].北京:中国标准出版社,2002.

[3] 边云峰,李杰,朱雪燕,等.地下水除铁除锰技术探讨[J].现代农业科技,2018,(7):210-211.

[4] 唐朝春,叶鑫,陈惠民,等.地下水除铁除锰技术与应用的研究进展[J].华东交通大学学报,2016,33(1):136-142.

[5] 唐朝春,陈惠民,叶鑫,等.生物滤池地下水除铁除锰研究进展[J].江西农业大学学报,2015,37(6):1113-1120.

案例五　一起生活污水污染水源引发的群体性胃肠炎事件

一、信息来源

2010 年 11 月 4 日下午,广州市疾病预防控制中心接到 CH 市疾病预防控制中心报告,近几天 TP 镇医院门诊的胃肠炎症状病人较平常明显增多。

二、基本情况

1.TP 镇简介　TP 镇共有人口约 63 300 人,其中本地人口 45 300 人,外来人口 18 000 人。有 17 个村委,2 个居委,2 所中学,6 所小学,1 所大专院校。居民饮用的自来水分别由广州市 TX 自来水有限公司和 CH 市 JK 水厂供应。

2. 发病情况　10 月 31 日起,来 TP 镇医院就诊的胃肠道患者逐渐增多,11 月 3 日出现明显升高,TP 镇医院向 CH 市疾病预防控制中心报告,随即上报至广州市疾病预防控制中心,11 月 6 日达到突发公共卫生事件信息报告标准,于 11 月 6 日 22 时在国家突发公共卫生报告管理系统中进行了网络报告。11 月 10 日以后,已无新发病例报告,疫情得到有效控制。

3. 供水情况

(1)广州市 TX 自来水有限公司:此次事件病例主要分布于该公司供水区域。村民普遍反映 11 月 1～4 日期间饮用的自来水浑浊,其中 1～2 天有异味。该水厂于 1988 年建成投入使用,日制水能力为 5000m³,供水人口数为 20 000 人。主要供应 TP 镇 CT 村、TP 村、GB 村、HX 等村的村民饮用。水厂的消毒工艺按照常规的混凝、沉淀、过滤和消毒程序,消毒剂是二氧化氯,消毒方法是二次投加二氧化氯(混凝前和出厂前)。调查发现该水厂消毒设备和管道比较陈旧,沉淀池和过滤池墙壁污垢较厚。距离该水厂水源下游 75m 的位置有一个较大的排污口(是 TP 镇生活污水排污口),因事发前太平污水处理厂提升泵站设备故障,污水没有进行处理,直接排放,排污口周围的水体呈黄浊颜色,并且有异味。该水厂工艺简陋,管理不规范,无卫生管理制度,未按卫生要求设立实验室、无检测人员,也未进行水质监测。(图 2-1-5-1)

(2)CH 市 JK 水厂:CH 市 JK 水厂日制水能力为 1.8 万 m³,供水人口数为 3.5 万人。水厂的生产工艺按照常规的混凝、沉淀、过滤和消毒程序,消毒剂是二氧化氯,消毒方法是二次投加二氧化氯(混凝前和出厂前)。调查发现该水厂采用新型的消毒设备,沉淀池和过滤池的墙壁较干净。该水厂配有实验室和检验人员,检验项目包括色度、浑浊度、臭和味、肉眼可见物、pH、总硬度、二氧化氯、菌落总数和总大肠菌群。监测频次为每日 2 次(菌落总数和总大肠菌群为每天 1 次)。水厂取水点在广州市 TX 自来水有限公司取水点上游约 8km 处。

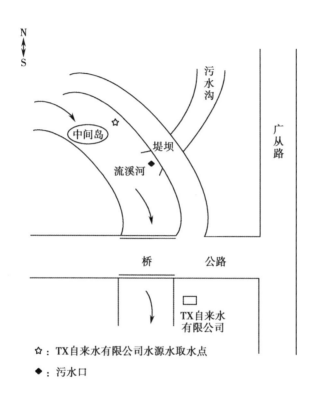

图 2-1-5-1　广州市 TX 自来水有限公司水源水取水点示意图

三、现场调查和检测

1. 病例情况

(1)门诊就诊情况(病例数量)调查:对镇医院近期门诊就诊的胃肠炎患者进行了调查核实,胃肠炎患者从 11 月 3 日起出现明显升高现象。(图2-1-5-2)

(2)病例临床症状:病例临床表现以呕吐为主,严重者每天呕吐 30 次,部分患者伴有腹泻症状,每天 2～3 次,大便为稀便,少数患者伴有低烧。病例的临床症状较轻,多数患者经门诊治疗后,3～5 天病情明显改善,未出现重症及死亡病例。

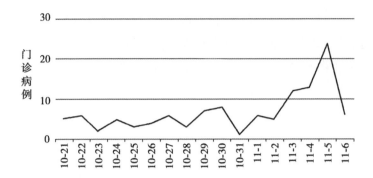

图 2-1-5-2　TP 镇医院门诊胃肠道患者就诊病例变化趋势图

2. 流行病学特征

（1）时间分布：10 月 31 日始，TP 镇医院报告的胃肠道患者逐渐增多。11 月 3 日开始明显增多，5 日达到发病高峰。6 日起发病数逐渐减少，10 日以来无新发病例，本次事件累计报告病例 429 人。学校等集体单位未发现胃肠炎聚集性发病现象。均为轻症病例，无住院病例及死亡病例。（图 2-1-5-3）

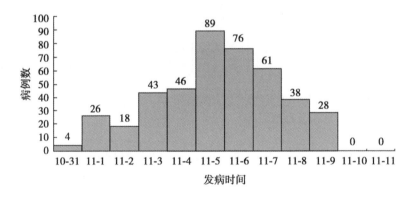

图 2-1-5-3　TP 镇群体性胃肠炎疫情病例发病时间分布图

（2）地区分布：病例来源于 TP 镇的 17 个村，其中累计发病 10 人以上的村包括 CT 村、TP 村、GB 村、HX 和 FE 村，上述 5 个村（地区）累计报告病例 341 例，占全部病例的 78.49%。病例主要分布于广州市 TX 自来水有限公司的供水区域。该区域学校等集体单位未发现胃肠炎聚集性发病现象。（表 2-1-5-1，图 2-1-5-4）

表 2-1-5-1　TP 镇群体性胃肠炎病例地区分布

村	发病数	构成比 /%	供水水厂
TP	227	52.91	TX
GD	46	10.72	TX
KP	40	9.32	TX
KF	16	3.73	JK
FE	12	2.80	TX+JK
ZC	8	1.86	JK
HX	7	1.63	JK
NX	6	1.40	JK
GP	5	1.17	TX+JK
CF	5	1.17	JK
SN	5	1.17	JK
AC	3	0.70	JK
QG	3	0.70	JK
HS	2	0.47	JK
FS	2	0.47	JK
GX	1	0.23	JK
HX	1	0.23	JK
其他	40	9.32	—
合计	429	100.00	—

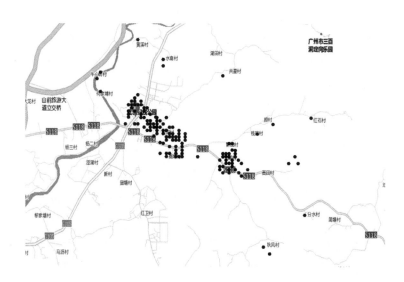

图 2-1-5-4　TP 镇群体性胃肠炎疫情病例地理分布图

115

(3)人群分布:429 例病例中,男 212 人,女 217 人,男女发病比为 1∶1.02。

各年龄均有发病,年龄最大为 81 岁,最小为 4 个月。0～5 岁 72 例(16.78%);6～15 岁 44 例(10.26%);16～25 岁 77 例(17.95%);26～45 岁 161 例(37.53%);46～65 岁 64 例(14.92%);66 岁以上 11 例(2.56%)。

3. 现场采样和监测情况

(1)病例标本检测结果:TP 镇医院对部分病例进行血常规检测,结果显示多数病例白细胞正常。广州市疾病预防控制中心 11 月 6 日采集 8 例现症病例粪便标本和 9 例病例的肛拭子标本送检,其中 6 例病例粪便标本检出诺如病毒核酸阳性。粪便及肛拭子标本的细菌学检测结果均未检出肠道致病菌。

(2)病例饮水情况:现场调查发现,村民反映前期饮用的自来水浑浊,其中1～2 天有异味。对 254 例病例饮水来源情况进行了调查,其中 200 人饮用 TX 自来水有限公司的自来水,44 人饮用 CH 市 JK 水厂的自来水,另有 10 人不详。

(3)水质检测结果:广州市疾病预防控制中心于 2010 年 11 月 6 日下午对广州市 TX 自来水有限公司的出厂水、水源水及 GT 村管网水和 CH 市 JK 水厂的出厂水及水源水进行水样抽检。出厂水和管网水的检验项目为生活饮用水常规 32 项、农药相关项目 11 项、霍乱弧菌、伤寒副伤寒和沙门氏菌。水源水的检验项目为地表水常规 28 项、农药相关项目 11 项、霍乱弧菌、伤寒副伤寒和沙门氏菌。

1)现场消毒剂指标监测结果:广州市 TX 自来水有限公司和 CH 市 JK 水厂的出厂水的二氧化氯分别为 0.05mg/L 和 0.38mg/L(标准值为≥0.3mg/L),广州市 TX 自来水有限公司管网末梢水(QD 村)的二氧化氯为 0.04mg/L(标准值为≥0.05mg/L)。

2)微生物指标监测结果:广州市疾病预防控制中心和 CH 市疾病预防控制中心对广州市 TX 自来水有限公司和 CH 市 JK 水厂进行水质卫生学连续监测,霍乱弧菌、伤寒、副伤寒沙门氏菌等致病微生物均未检出。

广州市疾病预防控制中心于 11 月 8 日在 TP 镇 TP 村、GP 村采集的自来水 4 宗标本(水缸 2 宗、饮水机 1 宗、楼顶水池 1 宗)诺如病毒核酸检测结果均为阴性。

3)理化指标监测结果:11 月 6 日,水源水理化指标监测项目中,除 CH 市 JK 水厂的氨氮超标外,其余项目均符合《地表水环境质量标准》(GB 3838—2002)Ⅲ类水质标准。出厂水和管网末梢水理化指标监测项目中,广州市 TX

自来水有限公司出厂水的铝超标,管网末梢水(GT 村)的铝和砷超标,其余项目均符合《生活饮用水卫生标准》(GB 5749—2006)。

　　11 月 8 日,水源水理化指标监测项目中,除两个水厂的铁超标外,其余项目均符合《地表水环境质量标准》(GB 3838—2002)Ⅲ类水质标准。出厂水和管网末梢水理化指标监测项目中,广州市 TX 自来水有限公司出厂水的铝和浑浊度超标,管网末梢水的铝超标,其余项目均符合《生活饮用水卫生标准》(GB 5749—2006)。CH 市 JK 水厂的出厂水和管网末梢水均符合《生活饮用水卫生标准》(GB 5749—2006)。

　　其他结果见表 2-1-5-2 ～ 表 2-1-5-5:

表 2-1-5-2　TP 镇水样诺如病毒 PCR 结果

采样点		11 月 7 日	11 月 9 日
广州市 TX 自来水有限公司	水源水取水点	阴性	阴性
	水源水进水厂点(未加药前)	—	阴性
	水源水取水点上游 1km	—	阴性
	出厂水取水点	阳性	阴性
	管网末梢水取水点	阳性	阴性
	污水取水点	阳性	阳性
CH 市 JK 水厂	水源水取水点	阴性	阴性
	出厂水取水点	阴性	阴性
	管网末梢水取水点	阴性	阴性

表 2-1-5-3　广州市 TX 自来水有限公司和 CH 市 JK 水厂水源水微生物指标监测结果

采样日期	广州市 TX 自来水有限公司			CH 市 JK 水厂		
	耐热大肠菌群 /(MPN·L^{-1})	霍乱弧菌的分离及鉴定	伤寒、副伤寒沙门氏菌的分离鉴定	耐热大肠菌群 /(MPN·L^{-1})	霍乱弧菌的分离及鉴定	伤寒、副伤寒沙门氏菌的分离鉴定
11 月 6 日	>16 000	未检出 O1 群、O139 群霍乱弧菌	未检出	>16 000	未检出 O1 群、O139 群霍乱弧菌	未检出
11 月 8 日	>16 000	未检出 O1 群、O139 群霍乱弧菌	未检出	>16 000	未检出 O1 群、O139 群霍乱弧菌	未检出
标准值	≤ 10 000	—	—	≤ 10 000	—	—

表 2-1-5-4　广州市 TX 自来水有限公司水厂微生物和二氧化氯指标监测结果

采样日期	出厂水				管网末梢水			
	菌落总数 / (cfu·ml⁻¹)	总大肠菌群	耐热大肠菌群	二氧化氯 / (mg·L⁻¹)	菌落总数 / (cfu·ml⁻¹)	总大肠菌群	耐热大肠菌群	二氧化氯 / (mg·L⁻¹)
11 月 6 日	740	未检出	未检出	0.05	1100	240	240	0.04
11 月 8 日	160	未检出	未检出	0.20	170	8	8	0.12
11 月 9 日	1	2	未检出	0.14	2	未检出	未检出	0.07
11 月 10 日	1	未检出	未检出	0.14	7	未检出	未检出	0.07
标准值	≤ 100	不得检出	不得检出	≥ 0.1	≤ 100	不得检出	不得检出	≥ 0.02

表 2-1-5-5　CH 市 JK 水厂微生物和二氧化氯指标监测结果

采样日期	出厂水				管网末梢水			
	菌落总数 / (cfu·ml⁻¹)	总大肠菌群	耐热大肠菌群	二氧化氯 / (mg·L⁻¹)	菌落总数 / (cfu·ml⁻¹)	总大肠菌群	耐热大肠菌群	二氧化氯 / (mg·L⁻¹)
11 月 6 日	10	未检出	未检出	0.38	—	—	—	—
11 月 8 日	4	未检出	未检出	0.24	2	未检出	未检出	0.18
标准值	≤ 100	不得检出	不得检出	≥ 0.1	≤ 100	不得检出	不得检出	≥ 0.02

四、结论与讨论

1. 结论　根据病例临床表现、流行病调查、水厂现场调查、现场采样和实验室检测结果分析,认为 TP 镇医院门诊群体胃肠炎暴发为诺如病毒感染性腹泻暴发,是一起生活污水污染水厂水源引起自来水污染的事件,致病原为诺如病毒,传播途径为自来水传播,这是一起典型的介水传染病案例。

2. 讨论

(1)病例临床症状以呕吐为主,严重者每天呕吐 30 次,部分患者伴有腹泻症状,每天 2～3 次,大便为稀便,少数患者伴有低烧症状。临床症状较轻,多数患者经门诊治疗后,3～5 天病情明显改善,未出现重症及死亡病例。

TP 镇医院门诊就诊病例各年龄段均有发病,无性别差异,临床表现均为胃肠炎症状,病例粪便样本检出诺如病毒,未检出其他肠道致病菌,判定为诺如病毒感染性腹泻。

（2）TP镇17个行政村均有病例,分布广泛,有5个病例高发村,占全部病例的78.49%。现场调查,村民反映前期饮用的自来水出现浑浊,并有异味,大部分病例饮用广州市TX自来水有限公司的自来水,初步判断此次事件可能与自来水有关。根据流行病学调查情况绘制病例分布图后,主要分布在广州市TX自来水有限公司区域,病例分布图和供水区域图深度拟合。

结合对TP镇供水水厂调查情况,广州市TX自来水有限公司水源水遭受生活污水污染。水厂生产工艺简陋,管理形同虚设,卫生制度缺失,在水源水受到污染后既不能第一时间发现水源污染,也未采取有效措施保障水厂出厂水水质,致使出厂水未达到生活饮用水标准进入管网,从而引发此次群体性胃肠炎事件。

实验室检测结果显示,11月6日和8日广州市TX自来水有限公司和CH市JK水厂水源水耐热大肠菌群超标,未检出霍乱弧菌、伤寒副伤寒和沙门氏菌致病菌,未检出农药相关项目,广州市TX自来水有限公司出厂水菌落总数超标,管网末梢水二氧化氯不达标,菌落总数、总大肠菌群和耐热大肠菌群超标,CH市JK水厂出厂水和管网末梢水正常。11月7日广州市TX自来水有限公司出厂水、管网末梢水和污水诺如病毒均阳性,9日污水诺如病毒阳性。

（3）结合水厂现场调查和实验室结果综合判断,本次群体性胃肠炎暴发疫情是一起生活污水污染水厂水源引起介水传染病,致病病原为诺如病毒。本起事件介水传染病特征明显,病例分布范围与水厂供水范围一致,多数在潜伏期发病,采取控制措施后迅速控制了疫情。

五、风险评估及防控措施

1. 风险评估

（1）突发事件的发生往往由"天灾"和"人祸"共同造成。本次群体性胃肠炎事件的"天灾"是连续长时间无降水,导致TX自来水有限公司水源水——流溪河地表径流明显减少,水位下降,同时TP镇生活污水排放提升泵站故障,致使污水倒灌进入流溪河。"人祸"是广州市TX自来水有限公司生产工艺简陋且管理不规范,缺乏卫生管理制度,未按卫生要求设立实验室、无检测人员,未进行水质监测。

（2）广州市TX自来水有限公司在流溪河水源的取水口下游75m的位置

有一个较大的排污口,为 TP 镇生活污水排污口,水厂取水点设置不合理,不符合卫生规范。

(3)本次群体性胃肠炎事件中,广州市和 CH 市疾病预防控制中心对 TX 自来水有限公司的水源水和管网水,进行了仔细的巡查,及时发现水源水受到生活污水污染是关键一环,水厂生产管理形同虚设,人员、制度、工艺各个环节均存在较大漏洞。供水范围巡查和走访既搜索了病例,也起到了对群众健康教育的重要作用,彰显了流行病学现场调查的重要性。

2. 防控措施

(1)本次群体性胃肠炎事件适值 2010 年广州市"第 16 届亚运会"召开前夕。广州市疾病预防控制中心接到报告后,经初步调查和采样检测后迅速判断 TP 镇门诊胃肠炎事件可能由诺如病毒感染引起且与饮水有关。随即在国家突发公共卫生报告管理系统中进行了网络报告,并启动了我市的突发公共卫生事件应急预案,国家、省和市对此高度重视,组织专家赶赴现场进行紧急处置。实验室结果证实为诺如病毒感染引发的胃肠炎。经广州市政府综合协调,各方能各司其职。水务部门加强水源管理和保护,对水厂生产工艺进行加强修复,完善管理,落实各项卫生制度,保证出厂水达到国家标准;生态环境部门对污水排放进行巡查,及时发现和修正漏洞;卫生部门加强处理患者、流行病学调查和对水厂出厂水和管网水的监测等。采取全面措施后,迅速控制了本次事件。

(2)广州市和 CH 市疾病预防控制中心加大监测的范围和频次,根据卫生规范,连续多日对广州市 TX 自来水有限公司和 CH 市 JK 水厂的出厂水、末梢水和水源水开展连续的水质卫生学监测;同时,广州市和 CH 市卫生监督部门进行卫生监督,督促落实消毒和各项卫生制度等措施,保证了出厂水和管网水水质卫生,为迅速控制本次群体性胃肠炎事件打下坚实的基础。

(3)在 CH 市内开展全市环境卫生整治,加强健康教育工作,教育广大市民勤洗手、注意饮食和饮水卫生等,防止二代病人的出现。对学校和工厂等特殊群体和人群集中场所开展健康教育,避免传染病的传播。

(4)为做好此次 TP 镇医院门诊群体胃肠炎暴发疫情的有效防控,广州市疾病预防控制中心指导 TP 镇医院和村级卫生站的院内感染的防控,做好病例排泄物、呕吐物的消毒处理,加强接诊医生门诊病历的规范处置,防止院内感染。针对现场入户调查发现的病例呕吐物处理不当,饮水卫生安全隐患等提出了指导意见,指导村委做好病家的终末消毒工作。

六、点评

1. 时间特殊,应对及时有效 TP镇医院门诊群体胃肠炎暴发事件发生在2010年广州市"第16届亚运会"召开前夕,时间异常敏感,政府部门高度重视。虽病例症状较轻,但是病例数量多。TP镇医院警惕性高,发现异常情况后报告及时,接到报告后国家、省和市各部门行动迅速,措施有力。一是得益于建立的重大活动监控预警体系运转正常;二是特殊时期,各部门体系健全、反应迅速,应对及时,措施有力,迅速控制了这次事件。

2. 反应迅速,判断精准 广州市疾病预防控制中心接到报告后迅速前往现场,针对此起事件对门诊病例、病例家庭环境、水厂和供水状况等基本情况进行了全方面调查,现场调查及时发现水源水受生活污水污染这一关键点,随即提出事件原因假设,实验室结果很快验证假设。结合本次胃肠炎暴发事件的几个特征,判断这是一起生活污水污染水源引起介水传染病。

3. 本次TP镇胃肠炎暴发事件调查,及时采样检验是关键 此次事件病例数3日开始明显增多,5日达到发病高峰,6日起发病数逐渐减少。广州市和CH市疾病预防控制中心接到报告后,即前往事发地开展现场流行病学和环境调查,及时开始采集TP镇两间水厂的出厂水、管网水和水源水水样监测。如果时间稍迟,水样中诺如病毒检出率会降低。在污染高峰期如果未采样,加上水厂加强消毒措施,很可能在水样中检不出诺如病毒,及时进行现场调查和采样检验是调查的关键。

(黄仁德 王德东 毕 华)

参考文献

[1] 钟巍,王德东,黄俊俏.一起农村饮水污染导致胃肠炎事件引发的思考[J].中国卫生检验杂志,2012,22(2):402-403.

[2] 陈凤格,范尉尉,赵伟,等.诺如病毒污染供水系统引发感染性腹泻的调查[J].环境卫生学杂志,2016,12(4):304-307.

[3] 刘国红,何建凡,何雅青,等.一起二次供水诺如病毒污染致人群感染性腹泻的调查报告[J].现代预防医学,2014,26(6):991-993.

[4] 中华人民共和国卫生部,中国国家标准化管理委员会.生活饮用水卫生标准:GB 5749—2006 [S].北京:中国标准出版社,2007.

[5] 中华人民共和国环境保护总局.地表水环境质量标准:GB 3838—2002[S].2002.

案例六　LHTS机械有限公司员工集体腹泻事件

一、信息来源

2015年2月3日,广州市疾病预防控制中心接到HD区疾病预防控制中心报告,LHTS机械有限公司发生集体腹泻,需进行污染排查。

二、基本情况

1.事发公司基本情况　LHTS机械有限公司位于HD区汽车城东风大道8号,共有在职员工688名。其中加工部门288人,铸造部门350人,行政部门50人。公司有员工食堂一间,具餐饮服务许可证,食堂从业人员16人,均取得健康证,供应早、中、晚餐和宵夜共4餐。该公司卫生条件良好,生活用水统一直接使用市政自来水,无二次供水设施。公司主要提供桶装水(WZSQ纯天然水)供员工饮用,部分车间提供直饮水。

2.发病经过　1月28日中午至29日中午LHTS机械有限公司铸造部、加工部有多名员工出现腹泻、呕吐等急性胃肠炎症状,陆续到TB镇卫生院就诊。TB镇卫生院发现就诊病例异常增高,遂向HD区疾病预防控制中心报告。截至2月3日24时,该公司出现腹泻、呕吐症状的职工共34名,罹患率4.94%(34/688)。34名患者经医院诊疗后病情稳定、好转,无住院病例,未出现重症和死亡病例。

首例病例文某,男,28岁,加工部门员工。1月28日中午出现呕吐、腹泻症状,29日早上到TB镇卫生院就诊,予以抗炎对症治疗,恢复良好。

3.事发公司所在地水厂和供水基本情况　事发公司所在地有区级水厂2间,分别为DB水厂和SJ水厂。两间水厂相邻,位于HD区东部。水源取自流溪河,供水能力均为9.5万 m³/d。两间水厂共用输水管网,其中南部管网与广州市中心城区JC水厂的输水管网相连。

事发公司位于HD区西南部,与DB水厂和SJ水厂间的直线距离约25km。水厂出厂水由距公司西南方向约2km处的BJ水厂再次加氯、过滤和加压后输送至事发公司及附近地区。(图2-1-6-1)

SJ水厂位于HD镇SJ村。设计供水能力9.5万 m³/d,实际供水15万 m³/d,供水量超过设计供水能力57.9%。水厂采用传统的常规工艺:混凝、沉淀、过滤和消毒工艺。消毒剂为液氯,分别于水源水入口处和滤后入清水池前投放。

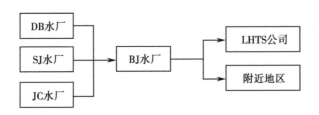

图 2-1-6-1　LHTS 机械有限公司所在地供水流程示意图

有生物预处理池,但已损坏 3 个多月。

DB 水厂紧邻 SJ 水厂,设计供水能力 9.5 万 m^3/d,实际供水 9.5 万 m^3/d。水厂采用传统的常规工艺:混凝、沉淀、过滤和消毒工艺。消毒剂为液氯,分别于预处理后和滤后入清水池前投放。有生物预处理池,运行状况良好。

两个水厂均设有检验室,能检测微生物、氨氮、金属等 13 项常规指标。实验室每小时进行一次出厂水 pH、浑浊度和总氯监测。调查人员现场监测 SJ 水厂和 DB 水厂出厂水游离余氯分别为 0.04 mg/L 和 0.91mg/L。两个水厂未能提供涉水产品、消毒剂卫生许可批件。

两个水厂取水口相距约 20m。水厂水源水取自厂区附近的流溪河,河宽约 200m,水流缓慢,河面有少量漂浮物。取水口上游 100m 处有一排污渠,为 HD 镇污水排放口;下游 150m 处有一小河涌,是 HD 镇东部污水排放口。河涌水质较差,靠近水面有明显臭味,河两岸水面有较多水浮莲。

JC 水厂是广州市自来水公司下属水厂,水源取自西江,水源水质较好,且该水厂处理工艺是目前较先进常规工艺 + 深度净化工艺(超滤膜),设备运行状况良好。广州市疾病预防控制中心近 3 年数据显示出厂水合格率为 100%。近日监测结果显示水厂与管网交接点的总氯保持在 0.68～0.88mg/L 之间。

BJ 水厂设计供水能力为 15 万 m^3/d。该水厂已于 2013 年停产,目前仅作为转供站使用,日供水量 5 万 m^3。DB 和 SJ 水厂出厂水经管网输送至 BJ 水厂后,经再次加氯、沉淀和过滤处理,加压后输送至管网(图 2-1-6-2)。水厂使用的消毒剂为某品牌次氯酸钠溶液,卫生许可批件和生产许可批件均在有效期内。消毒剂于滤前和滤后各添加一次。查阅该水厂 10 月 17 日至 12 月 3 日共 5 批次的次氯酸钠有效氯检验记录,有效氯在 10.0%～10.4% 之间。对水厂入水及出厂水进行了采样和游离余氯检测,检测结果见表 2-1-6-2。

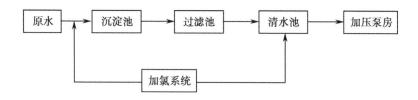

图 2-1-6-2　BJ 水厂水处理工艺流程图

三、现场调查情况

1. 病例搜索

（1）病例定义,自 2015 年 1 月 26 日以来,事发公司员工出现以下两种症状之一者:①呕吐 2 次及以上;②腹泻(24 小时内排便 3 次及以上,且伴粪便性状改变)。截至 2 月 3 日 24 时,符合上述病例定义的病例共 34 例。

（2）事发公司所在区域周边相关病例搜索情况

对 LHTS 机械有限公司周边集体单位进行主动搜索,主动搜索附近 10 家公司的不同车间班组,1881 人次。经该 10 家公司相关后勤负责人介绍,工人一般居住在工厂内部宿舍或周边出租屋,公司均自备食堂,大部分工人三餐均在食堂吃饭,少有外出就餐史。1 月 19 日至 2 月 4 日,除某公司品质班组出现一例腹泻病例外,其余公司均自报未发现聚集性胃肠炎事件及腹泻呕吐等异常病例。

（3）周边医疗机构感染性腹泻病例报告情况

对事发公司周边六家医院在 1 月 19 日～2 月 3 日期间就诊的急性胃肠炎病例进行搜索。其中 HD 区人民医院在该起疫情发生期间就诊人数稍有上升。其余五家医疗机构就诊人数未见异常。

2. 临床表现

病例主要临床表现为腹泻和腹痛,个别出现发热,腹泻 88.24%(30/34)、腹痛 79.41%(27/34)为主,呕吐 29.41%(10/34),发热 5.88%(2/34)。

3. 流行病学特征

（1）时间分布:首例病例发病时间为 1 月 28 日,28 当天呈现异常增高,发病 18 例,29 日 10 例,30 日 3 例,31 日 2 例,2 月 1 日 1 例。病例发病时间分布见图 2-1-6-3。

（2）空间分布:该公司 3 个部门中有 2 个部门出现病例,其中加工部病例 19 例,罹患率 6.60%(19/288);铸造部病例 15 例,罹患率 4.29%(15/350)。

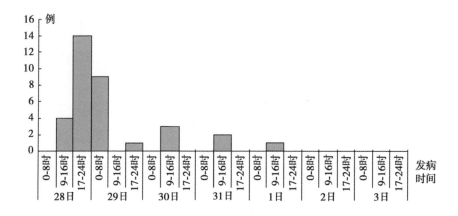

图 2-1-6-3　LHTS 机械有限公司诺如病毒暴发疫情病例发病时间分布图

（3）人群分布：病例中男性 31 例，女性 3 例，男女性别比 10.33：1，发病年龄介于 19～38 岁之间。

4.**卫生学调查**　该公司设有集体饭堂1间，供应公司全体员工早餐、中餐、晚餐和夜宵，每餐供餐人数约 500 人。饭堂各加工间、就餐环境卫生条件尚可，餐具采用高温消毒。共有从业人员 16 人，负责人自诉近期无员工因病缺勤和出现腹泻、呕吐等不适症状。

1 月 29 日，HD 区疾病预防控制中心对该饭堂当班的 10 名从业人员采集肛拭子送广州市疾病预防控制中心进行诺如病毒检测，检出阳性样本 5 宗。当日要求该饭堂自 1 月 30 日起停业一周进行全面消毒，厨工需在返工前进行肛拭子诺如病毒检测，结果为阴性者方可返岗。

事发公司使用自来水，无二次供水设施。经询问公司员工，近期未发现水质和水压有明显异常。

5. **现场采样和监测情况**

（1）现症病例和饭堂厨工、环境样品检测结果：1 月 29 日～2 月 2 日，HD 区疾病预防控制中心共采集现症病例、饭堂从业人员肛拭子、饭堂环境样等标本 41 宗送广州市疾病预防控制中心进行诺如病毒检测。检测结果为诺如病毒核酸阳性 21 宗（阳性率 51.22%），其中现症病例肛拭子 23 宗，阳性 14 宗（60.87%）；从业人员肛拭子 10 宗，阳性 5 宗（50.00%）；饭堂环境样（消毒前）2 宗，阳性 2 宗（100%）；饭堂环境样（消毒后）6 宗，阳性 0 宗（0%）。（表 2-1-6-1）

表 2-1-6-1 LHTS 机械有限公司诺如病毒暴发病例、厨工、环境样品结果一览表

采样对象	采样时间	样品	份数	阳性数
现症病例	2015/1/29	肛拭子	23	14
餐饮从业人员	2015/1/29	肛拭子	10	5
饭堂环境拭子(消毒前)	2015/1/29	环境拭子	2	2
饭堂环境拭子(消毒后)	2015/2/2	环境拭子	6	0
合计			41	21

(2)水样采集与检测结果 2月3日和4日分别对三个水厂的水源水、出厂水、管网末梢水及事发公司的桶装饮用水进行了采样和现场监测。共抽检出厂水3宗,水源水3宗,管网末梢水6宗,桶装水1宗,检验结果见表2-1-6-2和表2-1-6-3。

由水质监测结果可见:①SJ水厂出厂水氨氮超标和游离余氯偏低,BJ水厂出厂水菌落总数超标,5宗管网末梢水游离余氯偏低,不符合卫生标准。其余检测指标均符合卫生标准。②SJ水厂和DB水厂的水源水诺如病毒核酸检测结果为阳性,其余水样均为阴性。

表 2-1-6-2 LHTS 机械有限公司诺如病毒暴发疫情水质检测结果(一)

检验项目	水源水 SJ 水厂	水源水 DB 水厂	水源水 BJ 水厂	LHTS 公司 员工食堂	LHTS 公司 男生宿舍	FLA 公司 员工食堂	FLA 公司 桶装水	KLK 汽车科技有限公司	HS 企业	HD 镇 BL 村农民书屋	参考标准
诺如病毒核酸	阳性	阳性	阴性	阴性	阴性	阴性	阴性	阴性	—	—	阴性
游离余氯/(mg·L⁻¹)	—	—	—	0.02	≤0.02	≤0.02	—	0.03	≤0.02	0.90	末梢水≥0.05

表 2-1-6-3　LHTS 机械有限公司诺如病毒暴发疫情水质检测结果（二）

检验项目	出厂水			FLA 公司员工食堂	参考标准
	SJ 水厂	DB 水厂	BJ 水厂		
诺如病毒核酸	阴性	阴性	阴性	阴性	阴性
游离余氯 /(mg·L⁻¹)	0.04	0.91	0.89	≤ 0.02	0.3 ≤出厂水≤ 4, 末梢水≥ 0.05
氨氮 /(mg·L⁻¹)	2.11	<0.05	<0.05	<0.05	≤ 0.5
总大肠菌群 /(MPN·100ml⁻¹)	0	0	0	0	不得检出
耐热大肠菌群 /(MPN·100ml⁻¹)	0	0	0	0	不得检出
菌落总数 /(cfu·100ml⁻¹)	3	1	190	10	≤ 100
砷 /(mg·L⁻¹)	<0.005	<0.005	<0.005	<0.005	≤ 0.01
镉 /(mg·L⁻¹)	<0.001	<0.001	<0.001	<0.001	≤ 0.005
铬（六价）/(mg·L⁻¹)	<0.005	<0.005	<0.005	<0.005	≤ 0.05
铅 /(mg·L⁻¹)	<0.005	<0.005	<0.005	<0.005	≤ 0.01
汞 /(mg·L⁻¹)	<0.0005	<0.0005	<0.0005	<0.0005	≤ 0.001
硒 /(mg·L⁻¹)	<0.005	<0.005	<0.005	<0.005	≤ 0.01
氰化物 /(mg·L⁻¹)	<0.01	<0.01	<0.01	<0.01	≤ 0.05
氟化物 /(mg·L⁻¹)	0.29	0.35	0.42	0.35	≤ 1.0
硝酸盐（以 N 计）/(mg·L⁻¹)	1.78	4.32	3.46	3.46	≤ 10
三氯甲烷 /(mg·L⁻¹)	<0.005	0.020	0.017	0.0091	≤ 0.06
四氯化碳 /(mg·L⁻¹)	<0.0005	<0.0005	<0.0005	<0.0005	≤ 0.002
色度	5	5	5	5	≤ 15
浑浊度 /NTU	<0.50	<0.50	0.69	0.99	≤ 1
臭和味	无	无	无	无	无
肉眼可见物	无	无	无	无	无
pH	7.02	7.05	6.93	6.98	6.5～8.5
铝 /(mg·L⁻¹)	<0.05	<0.05	<0.05	<0.05	≤ 0.2

检验项目	出厂水			FLA 公司	参考标准
	SJ 水厂	DB 水厂	BJ 水厂	员工食堂	
铁 /(mg·L^{-1})	<0.05	<0.05	<0.05	<0.05	≤ 0.3
锰 /(mg·L^{-1})	0.054	0.054	0.054	<0.05	≤ 0.1
铜 /(mg·L^{-1})	<0.05	<0.05	<0.05	<0.05	≤ 1.0
锌 /(mg·L^{-1})	<0.05	<0.05	<0.05	<0.05	≤ 1.0
氯化物 /(mg/L^{-1})	30.8	29.6	40.6	40.4	≤ 250
硫酸盐 /(mg/L^{-1})	30.7	30.6	31.1	31.1	≤ 250
溶解性总固体 /(mg·L^{-1})	191	184	214	224	≤ 1000
总硬度 /(mg·L^{-1})	88.1	64.1	84.1	84.1	≤ 450
耗氧量 /(mg·L^{-1})	1.76	1.68	1.60	1.60	≤ 3
挥发酚类 /(mg·L^{-1})	<0.002	<0.002	<0.002	<0.002	≤ 0.002
阴离子合成洗涤剂 /(mg·L^{-1})	<0.10	<0.10	<0.10	<0.10	≤ 0.3

四、结论与讨论

1. **结论**　根据病例临床表现、流行病学调查、现场采样和实验室检测结果分析,初步判定 LHTS 机械有限公司集体腹泻暴发事件为诺如病毒感染性腹泻暴发。传播途径为可能为厨工感染传播,也可能是饮用水(桶装水)传播,综合判断厨工传播可能性更高。

2. **讨论**

(1)病例的主要临床表现为腹泻和腹疼,部分出现呕吐,个别出现发热,具有诺如病毒感染性腹泻的特征。病例 1 月 28 日开始出现,当日即高峰,2 月 2 日后无新病例,时间非常集中。

(2)本次集体腹泻暴发事件主要发生在 LHTS 机械有限公司,根据病例定义经过排查,除某公司品质班组出现一例腹泻病例外,其余公司均自报未发现聚集性胃肠炎及腹泻呕吐等异常病例。对事发公司周边六家医院在 1 月 19 日～2 月 3 日期间就诊的急性胃肠炎病例进行搜索,其中 HD 区人民医院在该起疫情发生期间就诊人数稍有上升。其余五家医疗机构就诊人数未见异常。通过排查判断此次事件局限在 LHTS 机械有限公司,排除自来水传播的可能性。虽然 SJ 水厂和 DB 水厂水源水诺如核酸检测阳性,但是出厂水和各管网末梢水监测点诺如核酸均阴性,实验室结果不支持本次事件通过自来水传播。

通过现症病例和饭堂厨工、环境进行样品采集检测,现症病例肛拭子 23 宗,阳性 14 宗(60.87%);饭堂厨工肛拭子 10 宗,阳性 5 宗(50.00%);饭堂环境样品(消毒前)2 宗,阳性 2 宗(100%);饭堂环境样品(消毒后)6 宗,阳性 0 宗(0%)。厨工带病毒检测率较高,且消毒前的环境样品均检出,厨工传播途径的可能性更高。

(3)本次事件另一个较高风险点是桶装水,诺如病毒阳性厨工污染厨房能通过饮食传播,也能通过污染桶装水引起传播。事件发生早期未采集桶装水水样,2 月 3、4 日采集水样结果为诺如核酸阴性。此时事发公司已关闭饭堂和环境消毒,也无新病例出现,事发公司疫情暴发被迅速地控制。

五、风险评估及防控措施

1. 风险评估

(1)SJ 水厂和 DB 水厂取水点上游 100m、下游 150m 处均有生活污水排放口,取水口设置不合理,不符合卫生学原则。检测结果也显示水源水中诺如病毒核酸为阳性,表明水源水已经受到诺如病毒的污染。SJ 水厂出厂水氨氮指标超标,提示水源有机污染,加上超负荷生产,生物预处理设施损坏,出厂水达不到生活饮用水卫生标准。SJ 水厂和 DB 水厂都是使用液氯消毒,但实验室未对出厂水游离余氯进行日常监测,不能很好地监控水质消毒效果。

(2)BJ 水厂原水(入水口)游离余氯为不合格,其原水是 SJ 水厂和 DB 水厂的管网水,检测结果显示该管网水也存在污染的风险。出厂水菌落总数超标,说明水质达不到卫生标准。汽车城中 5 个管网末梢水的游离余氯检测结果均偏低,不符合卫生标准,建议水厂主管部门对该工业园区管网水余氯不达标情况进行调查处理。BJ 水厂出厂水游离余氯虽合格,但是菌落总数超标,周边几个公司管网末梢水游离余氯均不合格,存在水源性疾病暴发的较高风险。

(3)事件发生后 LHTS 机械有限公司虽加强了食堂、宿舍及外环境清洁消毒工作,但消毒方法和范围未按区疾病预防控制中心提出要求开展,影响消毒效果。疫情暴发尚未引起公司高层重视。主要由总务课课长负责,人员分工不明确,导致病例统计报告、病例隔离等措施落实不到位,存在较大隐患。

2. 防控措施

(1)LHTS 机械有限公司诺如病毒疫情暴发后,市、区疾病预防控制中心采取病例隔离、饭堂关闭、厨工休息、环境消毒和健康宣教等措施后,2 月 2 日后已无新病例出现,群体腹泻暴发事件迅速被控制。

(2)HD 区食药局要求该公司从 2 月 1 日起食堂厨房停止使用,从外面购买统一备餐,5 名阳性厨工调离岗位,7 天后肛拭子诺如病毒检测阴性后方可上岗。

(3)疫情期间 HD 区疾病预防控制中心加强疫情动态监测,严格按照腹泻病疫情相关处置规范指导开展各项防控工作,并及时将情况上报市疾病预防控制中心和 HD 区卫健委(原卫生局)。

为方便患者就诊和核实病例,做好病例报告工作,疫情期间 TB 镇卫生院负责收治事发公司腹泻病例,临床医生做好腹泻病例诊疗登记工作,达到诊断标准病例及时报传染病卡,该院防保所每天下午 3 时前将当天新发病情况报告 HD 区疾病预防控制中心。

(4)2 月 2、3 日 TB 镇卫生院派出工作人员到该公司举办卫生防病知识讲座,向公司员工宣传卫生防病知识,提高员工加强个人卫生,预防腹泻等疾病的意识。

六、点评

1. 反应迅速,结论准确,防控精准

LHTS 机械有限公司诺如病毒暴发事件发生后,市、区疾病预防控制中心进行了调查处置,2 日后已无新病例出现,重点对该地区供水、餐饮和医院就诊情况进行了详细调查,结合病例临床表现、流行病学调查、现场采样和实验室检测结果综合判断,是一起诺如病毒感染性腹泻暴发,传播途径为厨工感染后传播,立即采取针对性措施后,迅速控制了这起事件。

2. 风险隐患

(1)本次 LHTS 机械有限公司诺如病毒暴发事件为厨工感染后传播,BJ水厂出厂水菌落总数超标,该工业区几个公司末梢水游离余氯均不合格,存在水源性疾病暴发的较高风险,建议水厂主管部门及时调查处理,采取措施消除隐患。

（2）本次事件中桶装饮用水是一个较大风险点，前期调查注意力主要放在该公司饭堂工作人员身上，至2月3、4日采样时该公司已关闭饭堂和环境消毒，也无新病例出现，桶装饮用水诺如病毒检测结果为阴性。该公司对此事件重视程度不够，病例隔离措施不到位，如果有后续病例，通过桶装水引起二次传播的可能性较高。

（黄仁德　王德东　黎晓彤）

参考文献

[1] 钟巍,王德东,黄俊俏.一起农村饮水污染导致胃肠炎事件引发的思考 [J].中国卫生检验杂志,2012,22（2）:402-403.

[2] 陈凤格,范尉尉,赵伟,等.诺如病毒污染供水系统引发感染性腹泻的调查 [J].环境卫生学杂志,2016,12（4）:304-307.

[3] 刘国红,何建凡,何雅青,等.一起二次供水诺如病毒污染致人群感染性腹泻的调查报告 [J].现代预防医学,2014,26（6）:991-993.

[4] 中华人民共和国卫生部,中国国家标准化管理委员会.生活饮用水卫生标准:GB 5749—2006 [S].北京:中国标准出版社,2007.

[5] 中华人民共和国环境保护总局.地表水环境质量标准:GB 3838—2002[S].2002.

案例七　诺如病毒引发的职业院校学生感染性腹泻事件

一、信息来源

2014 年 11 月 19 日上午,广州市疾病预防控制中心接到 CH 市疾控中心报告:NY 学院有数十名学生出现急性胃肠炎症状。

二、基本情况

NY 学院位于 CH 市,设有 9 个系别 35 个专业 3 个年级,共 10 538 名学生,497 名教职工,其中 2012 级有 2100 名学生外出实习。学校设有 2 个食堂(第一食堂和第三食堂)和 1 条商业街(有 3 个餐饮服务店)。宿舍 18 栋,包括学生宿舍(桃李苑 1～11 栋)、教工宿舍(桃李苑 12 栋、教师公寓 1 栋、园丁苑 1、4、5 栋)、食堂职工宿舍(园丁苑 2、3 栋)。学校物业由后勤管理处宿管科负责,后勤管理处共有 50 人,分 5 个科室,其中宿管科 12 人。该校设有 1 间医务室,配备 1 名医生和 1 名护士,医务室仅设门诊,无住院病区。

2014 年 11 月 9 日至 12 月 4 日,累计报告急性胃肠炎病例 679 例,罹患率为 6.08%(679/11 171),其中教职工罹患率 10.61%(59/556),学生罹患率 5.84%(620/10 615),所有病例均为轻症,无重症和死亡病例。

三、现场调查和检测情况

1. 病例情况

(1)病例搜索:市、区 CDC 对 NY 学医务室就诊病例进行搜索排查,根据患者临床症状制定病例定义如下:自 2014 年 11 月 9 日以来,学院师生员工中出现呕吐(24 小时内呕吐 2 次及以上)、腹泻(24 小时内排便 3 次及以上,且伴粪便性状改变)、呕吐伴腹泻症状之一者。

经病例搜索,截至 12 月 4 日 10 时,共发现符合病例定义的病例 679 例,无重症、死亡病例。

(2)临床特征:病例临床症状主要表现为腹泻(76.73%)、呕吐(56.41%),发热(17.38%)较少,腹泻次数介于 3～20 次 / 天。18 例住院学生病例血常规检查结果:77.8%(14/18)白细胞计数上升,94.4%(17/18)病例中性粒细胞计数上升,50.0%(9/18)病例淋巴细胞计数下降。

2. 三间分布情况

（1）时间分布：指示病例发病时间为 11 月 9 日，18 日呈现异常增多，21 日达到高峰，18～23 日流行曲线呈持续暴露模式，24 日明显下降，29 日起降至基线水平。（图 2-1-7-1）

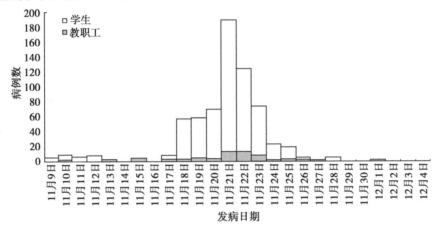

图 2-1-7-1　广州 NY 学校诺如病毒感染急性胃肠炎病例发病时间分布图

（2）空间分布

1）院系分布：各院系均有病例发生，院系罹患率介于 4.01%～8.03% 之间。

2）宿舍分布：学生病例主要波及 489 间宿舍，占总宿舍数的 24.55%（489/1992），其中发生 5 例病例的宿舍有 1 间，4 例病例宿舍 1 间，3 例病例宿舍 17 间。

教职工病例共 59 例，分别占校内居住和校外居住教职工比例的 11.54%（54/468）和 5.68%（5/88）。

（3）人群分布：男性罹患率 5.33%（394/7399），女性罹患率 7.56%（285/3772），女性罹患率显著高于男性（$P<0.01$）；发病人群年龄介于 16～61 岁之间，中位数为 20 岁。

教职工罹患率 10.61%（59/556），学生罹患率 5.84%（620/10 615），教职工罹患率显著高于学生罹患率（$P<0.01$）。

3. 环境因素调查

（1）生活饮用水调查

1）供水单位

①S 水厂：S 水厂位于广州市 CH 市，建立于 1968 年，主要供应 CH 市城区，

同时供应 3 个镇,覆盖人口约 30 万。水源来自流溪河,生产工艺按照预沉淀、预消毒、混凝沉淀、平流沉淀、虹吸过滤、加氯消毒等工序制水。

②JP 水厂:JP 水厂位于广州市 CH 市 JP 街道,1987 年由 CH 市经贸局建立,2003 年由私人公司承包。该水厂将流溪河水经简单过滤、沉淀、消毒后经由两条管网分别供应 NY 学院和 J 村一带,覆盖人口约 1.2 万人。NY 学院的供水管网于 2010 年由学院出资铺设独立使用,查阅 JP 水厂的学院管网维修记录,近 4 年来未出现过爆裂、渗漏等情况。

③两间水厂其他供水区域居民急性胃肠炎病例搜索:CH 市疾控中心 2013 年 11 月以来除本次事件外未接到辖区内有急性胃肠炎病例异常升高的报告;对 JP 街社区卫生服务中心及下属 3 间卫生站 11 月 18～21 日期间就诊的急性胃肠炎病例进行搜索,未见异常。

④桶装水:教师办公室和宿舍、学生宿舍提供的饮用水为桶装水,由广州市 MH 水业发展有限公司委托广州市 QX 饮用水有限公司生产的 QS 牌饮用纯净水。该品牌桶装水主要供应 CH 区的 NY 学院、CJ 学院和 JK 街道、AT 镇、TP 镇的部分区域。

11 月 1～27 日 QX 公司同时为 NY 学院、CJ 学院配送同批号桶装水,未向其他区域或单位配送。对 CJ 学院校医室 11 月 1～27 日期间就诊的急性胃肠炎病例进行搜索,无异常增加。两学院桶装水供应情况和病例发病情况见图 2-1-7-2。

(2)饮食情况调查

1)校内餐饮供应单位概况:学校设有 2 个食堂(第一食堂和第三食堂)和 1 条商业街(有 3 个餐饮服务店)。第一食堂面积 2400m²,独立 3 层建筑,现有从业人员 40 人;各功能分区合理,操作间配置齐全,食品加工、售卖区卫生状况尚可,每天采用远红外高温消毒方式对餐具进行消毒。提供早、中、晚正餐,每餐就餐人次数约为 2000。

第三食堂面积 4110m²,分 3 层,现有从业人员 89 人;各功能区分区合理,操作间配置齐全,食品加工、售卖区卫生状况尚可,每天采用远红外高温消毒方式对餐具进行消毒。提供早、中、晚正餐和宵夜,每餐就餐人次数约为 4000。

商业街现有餐饮店 8 间,从业人员 26 名,主要提供定型包装食品、咖啡、奶茶等。

2 间食堂和商业街相关餐饮单位近期无员工因病缺勤和出现腹泻、呕吐等不适症状。自 11 月 1 日以来,2 间食堂负责人反映就餐人数均无异常波动。

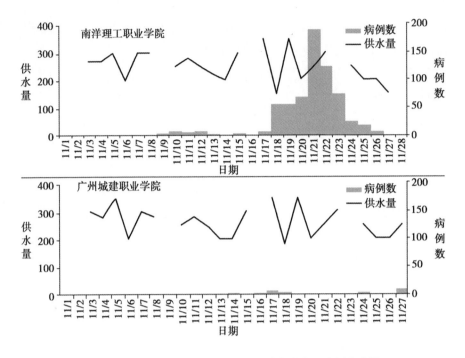

图 2-1-7-2　两学院 11 月 1～17 日桶装水供应及病例发病情况

其中第一食堂有员工 74 人,第三食堂有员工 132 人,近期未有厨工因病缺勤,员工中未见腹泻、呕吐等不适症状。食堂肉菜加工间、熟食操作间、分菜间等工作场所及就餐环境卫生状况均可。

2)可疑食源性致病因素调查:为进一步探明是否存在食源性传播的可能性,联合调查小组开展病例对照研究:选择发病时间为 18～20 日的 41 名实验室确诊病例为病例组,11 月以来病例所在班级中未出现呕吐、腹泻等不适症状的学生 47 名作为对照组。结果显示,病例组发病近 3 天在第三食堂就餐比例(59.5%)高于对照组(34.0%);多因素分析结果显示,11 月 15～20 日曾在第三食堂就餐是感染诺如病毒的危险因素(*OR*=2.8;95%*CI*:1.2-6.9),其他就餐地点(第一食堂、商业街、校外)不是危险因素。(表 2-1-7-1)

表 2-1-7-1　就餐地点多因素调查情况（N，%）

就餐地点	病例	对照	OR	95%*CI*
第三食堂	22（59.5）	16（34.0）	2.8	1.2–6.9
第一食堂	6（16.2）	5（10.6）	2.3	0.6–9.0

就餐地点	病例	对照	OR	95%*CI*
商业街	12（32.4）	23（48.9）	0.9	0.3–3.0
校外	1（2.7）	3（6.4）	0.6	0.05–6.2

4.标本采样及实验室检测　11月19～26日,市、区疾控中心共采集病例、食堂及商业街从业人员肛拭子、水样、环境涂抹等标本272宗进行诺如病毒检测,检测结果为诺如病毒核酸阳性70宗（阳性率25.73%）,其中现症病例肛拭子82宗,阳性51宗（62.20%）;从业人员肛拭子157宗,阳性13宗（8.28%）;食堂环境拭子8宗,阳性1宗（12.50%）。

采集现症病例肛拭子11宗进行食物中毒常规致病菌检测,检测结果均为阴性;采集水样12宗进行微生物指标检测,其中病例宿舍末梢水、学院二次供水池进口水和出口水等3宗水样菌落总数超标。

四、结论与讨论

结合流行病学调查资料、实验室结果及病例临床表现,认为该事件主要为第三食堂就餐引起的诺如病毒感染急性胃肠炎暴发,同时存在接触传播,排除水污染。主要依据如下:

1.病例临床依据　病例临床表现以呕吐、腹泻为主,均为轻症,无重症和死亡病例,部分病例具有自限性,病程较短,对症治疗预后良好,符合诺如病毒感染临床症状,现症患者肛拭子检出诺如病毒。

2.第三食堂就餐为主要危险因素　本次事件11月18～23日流行曲线符合持续性暴露特点。

11月18～20日病例多数存在第三食堂就餐史,病例对照研究结果显示:11月15～20日曾在第三食堂就餐是感染诺如病毒的危险因素。对第三食堂厨工进行诺如病毒检测,发现12名诺如病毒隐性感染者,环境涂抹拭子中检出1宗诺如病毒核酸阳性。11月22日调离全部诺如病毒检测阳性从业人员后,24日新发病例出现大幅度下降。

第一食堂发现1名诺如病毒检测阳性从业人员,病例在第一食堂就餐比例低;26名商业街从业人员肛拭子诺如病毒检测结果均为阴性。多因素分析结果显示:曾到第一食堂、商业街和校外就餐不是此次事件的危险因素。

3. 排除水污染

（1）S 水厂：11 月 19 日采集学院第一和第三食堂末梢水样本共 2 份，进行诺如病毒检测结果为阴性。11 月 24 日采集第一和第三食堂末梢水样本共 2 份进行卫生学检验，未检出大肠菌群等致病菌。11 月 19 日和 24 日分别对第一和第三食堂末梢水进行游离余氯检测（1.04～1.21mg/L），检测值高于《生活饮用水卫生标准》（GB 5749—2006）中规定的 ≥0.05mg/L 的末梢水游离余氯含量标准。

（2）JP 水厂：11 月 19 日和 25 日采集学生宿舍末梢水样本共 3 份进行诺如病毒检测，结果均为阴性。24 日采集 2 份学生宿舍末梢水共 2 份进行卫生学检测，未检出大肠菌群等致病菌。19 日和 24 日分别对学生宿舍末梢水进行二氧化氯检测（0.07～0.10mg/L），检测值高于《生活饮用水卫生标准》（GB 5749—2006）中规定的 ≥0.02mg/L 的末梢水二氧化氯含量标准。

（3）经 CH 区疾控中心调查梳理，11 月以来除本次事件外，未接到上述两间水厂供水区域的其他地区有急性胃肠炎病例异常升高报告。同时，对该校附近相同水来源的 JP 街社区卫生服区中心及下属 3 间卫生站 11 月 18～21 日期间就诊的急性胃肠炎病例进行搜索，亦未见异常。

4. 桶装水

19 日和 24 日采集的 4 份桶装水样本诺如病毒检测结果均为阴性；24 日采集 3 份桶装水样本，均未检出大肠菌群。

11 月以来 NY 学院和 CJ 学院使用的是同一生产厂家同一批次的桶装水，而 CJ 学院当月急性胃肠炎新发病例未出现异常升高现象。

五、风险评估及防控措施

1. 风险评估

本次疫情因学校校医室未上报相关情况，在周边医疗机构就诊病例异常增多后方报告至区疾控中心，疾控部门介入较晚，造成早期疾病传播范围较广，病例发生较多。

11 月 21～22 日，该校将诺病毒检测如阳性厨工调离工作岗位；23 日疾控部门指导和监督学校食堂进行全面消毒；24 日该校每日新增病例数开始明显下降，数日后新发胃肠炎病例已降至日常水平，疫情得到控制。

该校地处区域较为偏僻，离市区较远，学生与教职工外出较少，此次疫情进一步对外造成大规模扩散的可能性较小。但由于部分教职工居住在校外，且周末和课余时间学生和教职工能够外出探亲访友，存在一定的家庭和社区传播风险。

2. 防控措施

（1）加强信息报送,建立疫情信息报告制度,辖区疾控中心和社区卫生服务中心对疫情实施动态观察。

（2）督促校医室加强门诊登记管理和疫情监测报告,每日 10 时统计当日新增急性胃肠炎病例数进行汇总上报。

（3）加强污染区域消毒管理,指导和监督校方对食堂、病例宿舍等高危场所进行全面消毒。

（4）加强学校食物卫生管理,暂停食堂生冷食物等高危食物供给,将诺如病毒阳性厨工全部调离工作岗位,加强厨工健康监测与管理。

（5）相关行政部门加强对学校消毒情况尤其是食堂消毒情况、校医室管理情况等进行督导检查,对存在的问题进行及时反馈,提出整改意见,督促落实。

（6）加强二次供水水池和各学生宿舍饮水机清洗消毒。

（7）启动学生健康宣教工作。对学生、教职工、后勤人员等开展个人卫生宣教工作,通过校园网络、宣传栏、班会等形式加强预防肠道传染病知识宣传。

六、点评

冬春季节是诺如病毒感染性腹泻的高发时期,其可通过食物、饮水和接触传播,集体单位尤其是学校存在发生聚集性疫情的风险。此次疫情虽排除水污染所致,但该事件的整体循证调查思路以及供水情况溯源调查非常值得借鉴。

一是在介入时间较晚、病例已多发的情况下,迅速开展现场病例对照流行病学调查,采用回顾性的调查方法收集病例(尤其是早期的一代病例)信息,运用多因素分析快速寻找危险因素,在控制传染源后及时有效遏止疫情蔓延。二是突破仅仅依靠水质检测结果为疫情溯源的旧有思维模式,广泛收集同一供水单位的其他用水院校、居民区以及社区卫生服务中心的新发病例信息,进行横向对比,进而助于判定水污染并非本次疫情的源头。此思维方式和溯源调查方法在介入时间较晚、难以获取前期供水样本做病原学检测时显得尤为重要。

但本次事件的应急处置中也存在一些不足,对于胃肠炎病例异常增高的现场响应不及时,相关部门介入时间较晚,造成疫情扩散范围较广、病例人数较多,给寻找病因也带来了极大困难。

（孙丽丽　黄仁德　黎晓彤）

参考文献

[1] 王鸣 . 突发公共卫生事件典型案例现场调查方略 [M]. 广州 : 中山大学出版社，2013.

[2] 王明旭 . 突发公共卫生事件应急管理 [M]. 北京 : 军事医学科学出版社，2004.

[3] 郭新彪 . 突发公共卫生事件应急指引 [M]. 北京 : 化学工业出版社，2009.

[4] 中华人民共和国卫生部，中国国家标准化管理委员会 . 生活饮用水卫生标准 :GB 5749—2006 [S]. 北京 : 中国标准出版社，2007.

[5] 中华人民共和国卫生部，中国国家标准化管理委员会 . 生活饮用水标准检验方法 水样的采集与保存:GB/T 5750.2—2006[S]. 北京 : 中国标准出版社，2007.

[6] 中华人民共和国卫生部，中国国家标准化管理委员会 . 瓶（桶）装饮用纯净水卫生标准:GB 17324—2003[S].2003.

[7] 杨克敌 . 环境卫生学 [M] .8 版 . 北京:人民卫生出版社，2017.

案例八　一起高校诺如病毒引发的感染性腹泻事件

一、信息来源

2014年3月3日,广州市疾病预防控制中心接到CH区疾控中心报告,NF学院数十名学生因呕吐、腹泻症状到医务室就诊,该校急性胃肠炎就诊学生异常增多。

二、基本情况

NF学院位于CH区W镇以北106国道旁,距广州市中心约80km,设有11个系别28个专业4个年级,共18 496名学生,434名教师。学校设有6个食堂和1个综合楼饮食区。宿舍36栋,包括西区学生宿舍12栋、东区学生宿舍23栋、东区教工宿舍1栋。学校物业由KJ物业服务中心负责,共有5个部门207名员工。该校设有医务室1间,配备4名医生和3名护士,医务室仅设门诊,无住院病区。该学院本学期于2014年2月24日开学。

三、现场调查和检测

1. 病例情况

(1)病例搜索:3月4日,市疾控中心对NF学院医务室就诊病例进行搜索排查,制定搜索病例定义如下:自2014年2月22日以来,NF学院师生员工中出现以下三种情况之一者:①呕吐(24小时内呕吐2次及以上);②腹泻(24小时内排便3次及以上,且伴粪便性状改变);③呕吐伴腹泻症状之一者。

经病例搜索,截至3月16日17时,共发现符合定义病例96例。其中外出就诊病例2名(NF医院1名,W镇卫生院1名),无住院病例,无重症、死亡病例。

(2)临床特征:所有病例临床症状均较轻,临床主要表现为呕吐、腹泻、恶心,少数病例出现发热等症状。大部分病情较轻,经对症治疗,大部分病人已病情稳定,临床症状构成比为:腹泻96.88%(93/96),腹痛55.21%(53/96),呕吐44.79%(43/96),发热36.46%(35/96)。

2. 三间分布情况

(1)时间分布:对96名急性胃肠炎病例进行发病时间分析,病例自2月28日开始出现异常增高,3月3日为发病高峰,当日发病15例。病例发病时间分布见图2-1-8-1。

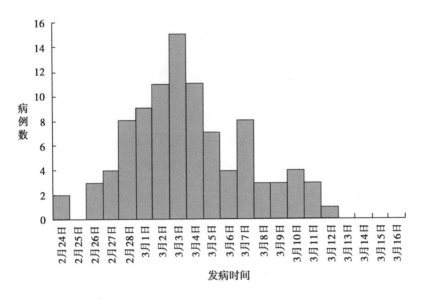

图 2-1-8-1　NF 学院急性胃肠炎病例发病时间分布图

（2）空间分布：除 1 名教职工病例住校外，其他 95 名学生病例分布在 26 栋宿舍楼，其中 78 例分布在东区宿舍群（占 82.11%），17 例分布在西区宿舍群（占 17.89%）。病例中未见同宿舍聚集性。

（3）人群分布：病例以学生为主，其中学生病例 95 例，教职工病例 1 例（宿舍管理员）；学生病例分布在 11 个系，各专业分布见表 2-1-8-1。

表 2-1-8-1　学生病例各系分布列表（N，%）

系别	病例数	学生数	罹患率
文学系	7	1853	0.38
电子通信与软件工程	11	1586	0.69
公共管理学系	12	1937	0.62
经济学与商务管理系	18	3032	0.59
艺术设计与创意产业系	2	762	0.26
音乐系	1	196	0.51
会计学系	16	3563	0.45
工商管理系	16	2760	0.58
外语系	7	1770	0.40
护理系	3	158	1.90
物流管理系	2	779	0.26
合计	95	18 496	0.51

3.环境因素调查

（1）生活饮用水调查

1）供水情况：该学院生活用水来自市政自来水供水，供水单位为 HJ 自来水厂，学院接入自来水管网后，由学院物业工程部管理的二次加压泵房（位于学院东南地块）进行加压处理后供学院使用，不供给学院以外的地区，广州市水务局每月一次对该公司进行水质抽检，最近一次抽检时间为 2014 年 2 月 21日，结果为合格。

2）桶装水：该学院饮用水为 XK 公司独家供应的桶装饮用水，且该公司仅为该学院提供桶装水。桶装水水源来自 HJ 自来水厂的管网自来水，经过多层介质过滤器、活性炭和离子交换等工艺，并采用紫外线和臭氧消毒；回收空桶经过浸泡、氯化消毒、清洗环节后，进行桶装水灌装和包装后销售。市质量技术监督管理局每 2 个月均对该公司进行水质抽检，最近一次抽检时间为 2014年 1 月，结果为合格。该公司配置一间检测室，并配备一名专职检测员，自述每批出厂水均有水质抽检，设有桶装水成品留样，留样期为 1 个月。自述近期无制作工艺变化，无购置新桶，无水管破裂和设备维修记录。经外环境调查，该公司后方临近约为 200m² 菜地，否认用粪尿灌溉。该公司附近搭建一些工棚，供学院部分后勤人员居住。

3）水质检测：抽检的 3 月 2 日和 3 日生产的未开封桶装水细菌指标均符合要求。采集 6 个学生病例所在宿舍饮水机水进行检测，未检出诺如病毒和常见致病菌，但有 4 宗样本细菌总数超标。

3 月 6 日对 HJ 自来水公司出厂水、学校二次供水水池水和四个学校食堂末梢水进行了采样，检验结果显示：二次供水水池水菌落总数、总大肠菌群和耐热大肠菌群超标；第五、六食堂末梢水菌落总数超标；第六食堂末梢水总大肠菌群和耐热大肠菌群超标。

（2）饮食情况调查：学校设有 6 个食堂和 1 个综合楼饮食区，其中第一、二食堂、综合楼位于西宿舍区，第三、四食堂位于东宿舍区，第五、六食堂位于学校中区。大部分学生在校内食堂饮食，个别学生到校外无牌无证餐饮店就餐。现场卫生学调查发现，各食堂加工场所卫生设施较为完善，加工流程合理，各餐厅原材料进货记录较完整。调查发现各食堂存在洗手设施不足，餐具（筷子、汤匙）在学生餐厅摆放，学生自取，个别食堂的餐具存在消毒不规范等现象。现场查阅厨工考勤记录，未发现因病休假记录。

对 2 月 22 日至 3 月 5 日发病的 64 名病例进行膳食情况调查，其中中区食堂就餐 40 人（占 60.50%），东区食堂就餐 39 人（占 60.94%），西区食堂就餐 22 人（占 34.38%），校外或其他地点就餐 28 人（占 43.75%）。选择 2 月 22 日至 3 月 5 日发病的 64 名病例，选择病例同宿舍同学作为对照，采用 1∶1 病例对照研究方法，发现在发病前 3 天到第三食堂和第五食堂用餐是发病高危因素，OR 值达到 3.21（95%CI：1.45-5.77）。

（3）阳性厨工宿舍调查：14 例阳性厨工中 11 例住学校周围村庄，3 例住东区员工宿舍二、三楼。员工宿舍卫生条件较差，无宿舍管理人员，二、三层每间可住 4 人。无独立卫生间，每层有共用男女卫生间各一个。员工洗漱均在公用卫生间，饮用水从卫生间洗漱台处水龙头接取烧开。卫生间分三部分，一侧为洗澡间，中间部分为厕所，另一侧为洗漱台。厕所排污管道故障，部分蹲厕有排泄物满溢，部分厕所地板有明显的排泄物痕迹。

4. 标本采样及实验室检测　3 月 4 日，采集现症病人肛拭子 14 宗检测诺如、星状、轮状和腺病毒四种肠道病毒和常见致病菌，其中 3 宗肛拭子检出 A 组轮状病毒阳性。

3 月 5 日，采集肛拭子 112 宗、环境拭子 55 宗、厨房用水 6 宗、未开封桶装水 4 宗、宿舍桶装水 12 宗、水厂出厂水 4 宗、二次供水水池 1 宗进行诺如、星状、轮状和腺病毒四种肠道病毒和常见致病菌检测，其中 22 宗肛拭子检出诺如病毒。

3 月 6 日，采集现症病人肛拭子 13 宗检测诺如、星状、轮状和腺病毒四种肠道病毒，结果均为阴性。

3 月 10 日，采集病例所在宿舍饮水机内壁涂抹拭子，经检测诺如病毒为阴性。采集该校第 1、2、4、6 食堂共 117 名厨工肛拭子，经检测，结果均为诺如病毒核酸阴性。

四、结论与讨论

1. 结论　根据病例临床特征和实验室检测结果，该起疫情可判定为诺如病毒感染导致的聚集性胃肠炎事件，食堂厨工感染诺如病毒后引起的食源性传播为本次疫情的主要传播途径。

2. 讨论　判定依据如下：

（1）病例症状较轻，以呕吐、腹泻为主，无重症及死亡病例，病程较短，对症治疗预后良好，符合诺如病毒感染的临床症状，并从 8 例患者肛拭子中检出诺如病毒核酸。

（2）病例对照研究发现早期病例在第三、第五食堂用餐是高危因素，对该学校食堂厨工肛拭子及环境进行采样,检出第三、五食堂厨工肛拭子诺如病毒阳性,且与病例肛拭子中检出诺如病毒同型。

(3)病例无共同就餐及共同食物暴露史,疫情持续5天以上,流行曲线不符合点源暴露特征。

(4)病例分布无院系、年级、班级、宿舍等聚集性特征,与自来水供应分布无一致性,自来水、桶装水未检出诺如病毒,因此认为饮水与本起疫情无关联。

五、风险评估及防控措施

1. 风险评估　冬春季是我市感染性腹泻高峰季节,监测发现诺如病毒导致的感染性腹泻病例数、暴发疫情数均有上升的趋势,学校、托幼机构、社会福利机构等集体单位发生诺如病毒感染性腹泻暴发疫情的风险增加。

本次疫情报告及时,疾控部门介入后,采取多部门配合督促校方对食堂进行全面消毒,对诺如病毒阳性的厨工调离工作岗位,同时加强学院教职工和学生的健康宣教后,及时遏制了疫情的进一步扩散。

2. 防控措施

(1)对学校食堂及各学生宿舍饮水机进行全面清洁消毒处理,并加强食物卫生管理,暂停食堂生冷食物等高危食物供给,将诺如病毒阳性的厨工调离工作岗位。

(2)加强污染区域消毒管理。学校落实对病例所在宿舍的厕所、门把手、物表等可能污染区域进行消毒处理。

(3)学校落实各项防控措施并加强学生健康宣教工作。通过"校内网"及辅导各班卫生员手消毒培训等形式,对学生、教职工、食堂员工、后勤人员等人员开展的个人卫生宣教工作,加强预防肠道传染病知识宣传。

(4)加强疫情信息报告制度、建立疫情日报机制对疫情实施动态观察。

(5)相关行政部门对该校病例报告与管理、宿舍消毒等工作落实情况开展督导,并组织该校所有宿管人员、清洁人员进行消毒技术培训。并指导学校做好病例报告和消毒工作。

(6)对学校食堂及周边的饮食店档开展食品安全监管;对医务室的报病用药情况及饮用水的管理等实施监督。

六、点评

此次疫情卫生部门介入及时、调查全面细致、应急处置措施妥当,疫情在短期内得到了有效的控制。虽然本次疫情排除水污染所致,但根据饮水调查处置结果,在市政供水和学校饮水机方面仍存在健康风险,应当给予更进一步的处置建议:

1.CH区应尽快落实水厂改造工作,改造前各相关职能部门应考虑和解决河水蓄水可能引发的安全隐患问题,制定详细的应急预案,按职能加强水源保护,完善行业管理和加强监督检查。

2.学校应加强二次供水设施和饮水设备的卫生管理和日常维护。

(孙丽丽　王德东　黄仁德)

参考文献

[1] 王鸣.突发公共卫生事件典型案例现场调查方略[M].广州:中山大学出版社,2013.

[2] 王明旭.突发公共卫生事件应急管理[M].北京:军事医学科学出版社,2004.

[3] 郭新彪.突发公共卫生事件应急指引[M].北京:化学工业出版社,2009.

[4] 中华人民共和国卫生部,中国国家标准化管理委员会.生活饮用水卫生标准:GB 5749—2006[S].北京:中国标准出版社,2007.

[5] 中华人民共和国卫生部,中国国家标准化管理委员会.生活饮用水标准检验方法 水样的采集与保存:GB/T 5750.2—2006[S].北京:中国标准出版社,2007.

[6] 中华人民共和国卫生部,中国国家标准化管理委员会.瓶(桶)装饮用纯净水卫生标准:GB 17324—2003[S].2003.

[7] 杨克敌.环境卫生学[M].8版.北京:人民卫生出版社,2017.

案例九　一起亚硝酸盐污染自来水管网的急性中毒暴发事件

一、信息来源

2008年3月2日下午5:40,广州市疾病预防控制中心接到市卫健委(原卫生局)报告,怀疑BY区ZLT镇BS村发生饮用水污染引起的中毒事件。

二、基本情况

1.现场初步调查情况

(1)基本情况:BY区一间医院电话报告该医院收治多名恶心、呕吐、头晕等症状的患者,怀疑食物中毒。中毒人员均在同一村饮食或居住,共有19名病例,未出现危重症及死亡病例。广州市BY区ZLT镇BS村BS大街工厂门店众多,包括电脑间花厂、五金厂、杂货店等,以家庭式经营为主,分布于BS大街两侧。BS大街卫生状况一般,街道垃圾随处可见。该街住户、工厂和门店各自配有简易厨房,人员饮食以分散进餐为主。多数简易厨房卫生条件较差,地面湿滑,与卫生间位于同一区域,存在一定的食物中毒风险。据住户反映,自来水一直存在有异味、沉淀物等问题,部分工厂、商店和住户自购桶装水和取山泉水作为饮用水。

(2)饮用水供水管网与病例关系:BS村由JF水厂供应自来水,近年来供水正常,未曾发生停水及介水疾病事件。BY区疾病预防控制中心负责定期抽检水源水、出厂水和管网水,上季度抽检结果水质基本符合卫生标准。

病例家庭、工厂和门店共用一条生活饮用水供水管。该水管共供应15户居民用水,包括7个家庭和8间工厂、门店。19名病例都分布在该管道供水范围内,其中,BJ餐厅7例、SF材料厂6例、LXG家庭2例、LGQ家庭2例、MZX汽车座垫厂1例、YC鞋厂1例。未出现病例的家庭和门店,3月2日午餐用水为桶装水和山泉水。HN弹簧厂在此饮用水供水管网中。(图2-1-9-1)

(3)HN弹簧厂与本次事件高度相关:HN弹簧厂以生产座垫弹簧为主,生产原料包括工业用亚硝酸钠,用于弹簧除锈工艺。现场调查发现有10余袋(50kg/袋)工业用亚硝酸钠倚厂门内摆放,门口有排水沟。除锈工艺包括除锈池和冷却池两个水池的简单作业,除锈池以高浓度的亚硝酸钠溶液进行弹簧除锈,冷却池对除锈后的弹簧进行冷却、洗涤,冷却池用水直接排出水沟,对周围环境存在严重污染隐患。厂内有一水井提供生产用水,水呈黄色,实验室检测已受到亚硝酸钠重度污染。该水井的上方设有一个储水缸,水井的管道与自来水供水管相通,由水阀 A 控制,检查发现水阀 A 无法完全关闭,当自来水水压偏低或水井泵水时,存在水井水倒流污染自来水供水管道的可能。据当地居民反映,近几天水压偏低。(图 2-1-9-2)

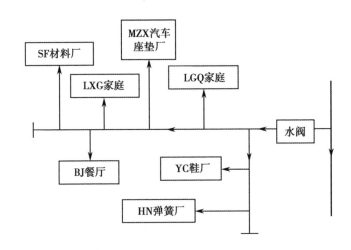

图 2-1-9-1　管网与病例关系图

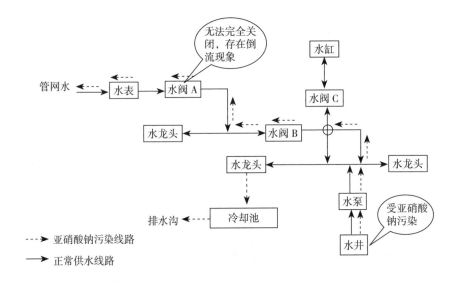

图 2-1-9-2　HN 弹簧厂供水及污染线路图

三、现场调查和检测

1. 病例情况　共有 41 人到医院就诊,经核实,19 名病例符合诊断标准。病例发病时间集中在 3 月 2 日 12 时 30 分至 15 时之间,病例分布在 BS 大街 6 个地点,包括出现病例的餐厅和 5 个家庭、门店。男 10 例,女 9 例,男女比例 1.11∶1;年龄 11～62 岁,中位 38.5 岁。临床表现以发绀、恶心、呕吐、脐周压痛为主,多数伴有头晕、腹胀等症状。所有患者经医院对症、支持治疗后,生命体征稳定,未出现危重病人,病例陆续出院。

2. 环境因素调查

(1)现场调查资料:事发现场为 BY 区 ZLT 镇 BY 村 BY 路,长 10m 多,都是一些小型的厂房、店铺、饮食店等,引发事故的是其中一间厂——HN 弹簧厂。该厂制作弹簧,生产中需要用亚硝酸钠和水进行制作,其生产工艺是:打弹簧→锁弹簧→热处理→冷处理(淬火)→成品,其中前两道工序只是机械加工,关键在热处理时将大量的亚硝酸钠放入处理炉中熔融,再将弹簧放到里面浸泡,然后提出来放入冷却池的水中淬火,冷却池的水没有经过任何处理直接排放到下水道。厂房生产区地面脏、黑、有积水,内有一水井,水井没有盖子,井口与地面持平;井水由水泵抽到一水缸,作为自备生产用水,而井水管道与自来水的管道连通,水阀未关闭。厂区平面图见图 2-1-9-3。

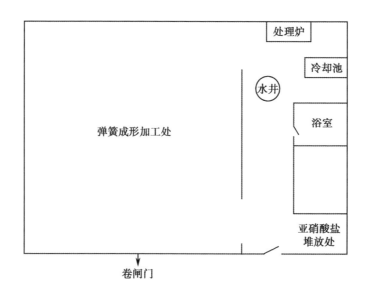

图 2-1-9-3　事发工厂布局图

（2）实验室结果：对事发地点的弹簧厂水井、水缸、冷却水池、该段自来水支管、其他支段自来水以及病人剩余食物、呕吐物、肛拭、调味料和血样进行采集。水样按《生活饮用水标准检验方法》（GB 5750—2007），剩余食物、呕吐物、调味料按《食物中亚硝酸盐与硝酸盐的测定方法》（GB/T 5209.33—2003）；肛拭按《食品卫生微生物检验大肠菌群测定》（GB/T 4789.3—2003）、《食品卫生微生物检验沙门氏菌检验》（GB/T 4789.4—2003）《食品卫生微生物检验志贺氏菌检验》（GB/T 4789.5—2003）、《食品卫生微生物检验致泻大肠埃希氏菌检验》（GB/T 4789.6—2003）、《食品卫生微生物检验副溶血性弧菌检验》（GB/T 4789.7—2003）、《食品卫生微生物检验金黄色葡萄球菌检验》（GB/T 4789.10—2003）、《食品卫生微生物检验溶血性链球菌检验》（GB/T 4789.11—2003）、《食品卫生微生物检学验 沙门氏菌、志贺氏菌和致泻大肠埃希氏菌的肠杆菌科噬菌体检验方法》（GB/T 4789.31—2003）；血样按《血液高铁血红蛋白测定》（GB 8788）附录 A。

共采集 123 宗样品，包括管网水等水样 50 宗、剩余食物 16 宗、呕吐物 6 宗、肛拭 41 宗、调味料 9 宗、血样 1 宗，实验室开展亚硝酸盐等有毒物质检测。其中冷却池、水井和水缸亚硝酸盐浓度非常高，分别是 27 832 mg/L、12 144 mg/L 和 11 257mg/L，见表 2-1-9-1。

表 2-1-9-1　受污染管网内外水、剩余食物样品亚硝酸盐（以 NO_2^-）检测结果

样品名称	管网内样				管网外样				合计		
	宗数	超标数	超标率/%	检出值 mg/kg，mg/L	宗数	超标数	超标率/%	检出值 mg/kg，mg/L	宗数	超标数	超标率/%
水样品	42	27	69.23	4.10～10 459.33	8	1	12.50	4.40	47	28	59.57
剩余食物	16	13	81.25	6.67～2620.67	0	—	—	—	16	13	81.25
调味料	9	3	33.33	6.27～106.00					9	3	33.33
合计	64	43	67.19	4.1～10 459.33	8	1	12.50	4.40	72	44	61.11

注：生活饮用水亚硝酸盐（以 NO_2^-）限量 ≤ 1.00mg/L；食品中亚硝酸盐（以 NO_2^-）限量 ≤ 3.33mg/kg。

病例呕吐物 6 宗，检出亚硝酸盐 6 宗，检出率高达 100%，检出值 0.02～34.00mg/L；血样 1 宗，未检出亚硝酸盐；41 宗肛拭未检出食物中毒常规

致病菌。

四、结论与讨论

1. 结论   经现场卫生学调查、流行病学调查分析,从患者临床表现、病例分布和实验室结果等表明,判定此次事故为一起井水亚硝酸钠污染自来水引起的亚硝酸盐中毒。

2. 讨论

(1)患者临床表现符合亚硝酸盐中毒症状体征:发绀、恶心、呕吐、脐周压痛为主,多数伴有头晕、腹胀等症状。

(2)病例均饮用了与弹簧厂同一自来水支管的自来水。确定可疑污染源,切断可疑污染源 HN 弹簧厂与自来水供水管网的连接管道后,没有新病例出现。

(3)现场采样结果显示:3 日和 4 日在弹簧厂水缸、水井水样中均检测出高浓度的亚硝酸盐,浓度为 11 257~12 144mg/L,为国家标准限值的 11 257 倍和 12 144 倍。HN 弹簧厂在对弹簧热处理时,将大量亚硝酸钠熔融后,把弹簧放到其中浸泡,然后提出来放入冷却池水中淬火,过程中对位于操作地点约 2m 处井水(无盖)造成污染,由于长时间的积累,导致井水中积聚高浓度的亚硝酸盐。

(4)井水管道与自来水管道相通:井水管道与饮用水管道连通,当自来水管道水压降低,加上居民用水,管道产生较大的负压,含有高浓度亚硝酸盐的井水被吸虹入自来水管道,分流到各末端的用户家中。

五、风险评估及防控措施情况

1. 风险评估   介水疾病事件一般来势凶猛,危害较大,需加强饮水安全卫生宣传,防止类似事件再次发生。

2. 防控措施

(1)弹簧厂的自来水管道与井水管道立刻分离。污染的水井、水缸、冷却池需投放大量氧化剂,使亚硝酸盐基本氧化为硝酸盐,才能排放,并淘净井水进行彻底清理,检验亚硝酸盐合格后才能使用。

(2)建议相关部门排查该地区家庭、工厂及门店是否有水井等非管网水管道接入饮用水管网的现象,坚决拆除非法管道。

（3）生产生活用水排入排水沟，所含有毒有害物质有可能对周围环境造成严重危害，建议加强与生态环境部（原环保部门）等部门的沟通与协作，治理污染，保护环境，预防相关疾病的发生。

（4）开展居民饮用水安全宣传教育工作。引导居民养成科学安全的用水意识，禁止自来水管网与工业用水系统联通，防止类似事件再次发生。

六、点评

1. 概述　食物引起的亚硝酸盐中毒事件经常发生，饮水方面引发亚硝酸盐中毒事件时有报道，主要是工业废水污染水源、饮用水井等。亚硝酸钠通过水井污染自来水管网造成中毒事件较为少见。此次主要根源是工厂私自将井水与自来水管网连接，严重违反了国家卫生法律、法规，事件危害较大，说明这类小型工厂企业缺乏安全意识并疏于管理。

2. 疫情与食物中毒的区分

（1）19名病例都分布在同一条管道供水范围内，当切断可疑污染源HN弹簧厂与自来水供水管网的连接后，无新病例出现。

（2）虽然中毒人员均在同一村饮食或居住的人员，以及生产和生活环境较差是支持食物中毒的因素，但由于无证据表明与某种食物有明显的关系，而且也无其他证据支持食物中毒。

（3）水样现场采样应注意的问题：除采集工厂内的水井、水缸、冷却水池、该段自来水支管外，还应采集其他支段自来水作为对比，并同时设现场空白样、运输空白样和现场平行样，以保证采样过程质量控制，防止样品采集过程中水样受到污染或发生变质。

（钟　巍　杨智聪　周金华）

参考文献

［1］解海宁. 一例急性亚硝酸盐中毒［J］. 中国卫生监督杂志，2007，14（5）：360-362.

［2］赵金锁，王建华，曾详，等. 三起井水引起的亚硝酸盐中毒的调查分析［J］. 中国研发医学杂志，2006，10（7）：465-467.

[3] 钟嶷,孙兰,景钦隆,等.一起亚硝酸盐污染自来水管网的急性中毒暴发事件调查[J].热带医学杂志,2009,9(1):97-98.

[4] 闻捷,姬尔高,陈志刚.一起生活饮用水突发性污染事件的调查与分析 [J].疾病预防控制通报,2014,15(04):556-558.

[5] 郑绍军,熊亮,陈萍.一起生活饮用水遭受工业亚硝酸盐污染导致食物中毒调查与分析 [J].中国药物经济学,2013,8(05):568-570.

[6] 钟嶷,王德东,黄俊俏.一起农村饮水污染导致胃肠炎事件引发的思考 [J].中国卫生检验杂志,2012,22(2):402-403.

[7] 姚利利,沈先标,袁江杰,等.一起化学性生活饮用水污染事件的调查分析[J].环境卫生学杂志,2013,3(06):551-553.

[8] 中华人民共和国卫生部,中国国家标准化管理委员会.生活饮用水卫生标准:GB 5749—2006 [S].北京:中国标准出版社,2007.

[9] 中华人民共和国卫生部,中国国家标准化管理委员会.生活饮用水标准检验方法 水样的采集与保存:GB/T 5750.2—2006[S].北京:中国标准出版社,2007.

[10] 钟嶷,王德东,李琴,等.一起私接农村供水管网疑似农药中毒的调查,[J].环境卫生学杂志,2017,7(11):1015-1016.

案例十　一起冷凝水污染自来水管网事件

一、信息来源

2014 年 2 月 25 日晚,NS 区疾病预防控制中心接报广州市 NS 区 MAN 村和 CCH 村的村民投诉,自来水出现浑浊和异味,怀疑自来水管网受到污染,村民未出现不适症状。

二、基本情况

MAN 村和 CCH 村供水情况:MAN 村和 CCH 村日常使用的自来水由广州市 NS 区 YH 水务 HG 水厂生产,供应至广州市 NSZJ 电厂后分一支管通过加压泵供给村民使用,HG 水厂近年来供水正常,未曾发生停水事件。NS 区疾控中心负责定期抽检出厂水和管网水,上季度抽检结果水质符合卫生标准。

三、现场调查和检测

1. 引发污染事故的工厂情况　事发现场为南沙 NS 街 TT 村某环保有限公司的储水池,储水池的水是该公司生产时产生的冷凝水。供应的自来水分支管大部分外露地面,上有多处阀门装置,无任何防护封闭装置。现场发现 TT 村村民将自来水供水管分出一小管私自接至该公司的储水池,抽取储水池里的水用作路面保洁。引发事故的原因是连接储水池水管的单向阀门失灵,引起储水池中的水倒灌入自来水管中。水管的连接见图 2-1-10-1。

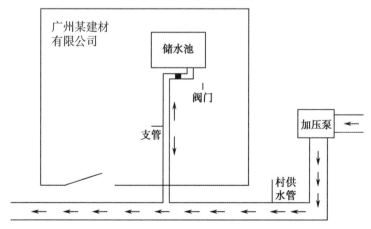

图 2-1-10-1　MAN 村、CCH 村供水管连接示意图

2.**现场采样**　根据现场的情况,NS 区疾控技术人员于 2014 年 2 月 26 日对储水池的水进行采样,在供水管加压泵位置及 MAN 村和 CCH 居民户各采集一个水样进行化验,并同时送检广州市疾病预防控制中心。检测项目为水质常规项目(除去放射指标),送检至广州市疾病预防控制中心的水样并加测军团菌项目。

3.**检测结果**　MAN 村和 CCH 村的自来水中除肉眼可见物及有异臭异味外,其他指标均符合《生活饮用水卫生标准》(GB 5749—2006);储水池中的冷凝水未检出军团菌。

四、结论与讨论

1.**结论**　根据现场卫生学调查、流行病学调查分析,结合实验室结果,判定此次事故为一起私自将自来水管连接一公司储水池中的冷凝水引起的饮用水污染事件。

2.**讨论**

(1)现场调查 MAN 村和 CCH 村的自来水管连接在广州某有限公司储水池的冷凝水池上。

(2)抽检的自来水中有肉眼可见物及出现异臭异味。

五、风险评估及防控措施

1.**风险评估**　根据现场卫生学调查和水质卫生状况,判断这是一起将自来水管与某公司储水池连接造成的自来水污染事件。

冷凝水是指水蒸气(即气态水)经过冷凝过程形成的液态水。冷凝水的产生条件是室内湿空气下降到低于露点温度时,就会有冷凝水产生。且在同一温度时,相对湿度越高,水蒸气压力越大,则露点温度也越高,越易结露;相对湿度相同时,温度越高,露点温度也越高,也就容易结露。

冷凝水非常适合军团菌的生长。军团菌是一种需氧的革兰氏阴性杆菌,无芽孢,两端和侧边有鞭毛,能游动。军团菌生命力顽强,在天然的水体中能生存几个月,在普通的自来水中可存活 1 年以上,在蒸馏水中可存活 2 个月以上。在土壤、湖水、河水、温泉等自然环境中广泛分布。

2.**防控措施**

(1)MAN 村和 CCH 村的自来水中有肉眼可见物及出现异臭异味,不符合《生活饮用水卫生标准》(GB 5749—2006),应立即停止饮用。

（2）不能将非饮用水管道接入饮用水管网,立即拆除非法管道,断开供水支管与储水池的连接,放掉管网中残留的受污染的自来水并清洗管道,水质检测合格后才能供应村民饮用。

（3）村委彻查并改善所有供水线路。该村水管由村自行从企业接管引进,现场发现大量自来水输水管道外露地面,管道上有多处阀门装置,无任何防护封闭设施,存在安全隐患。建议村委立即排查供水线路,改善供水设施,加强管理与巡查,消除安全隐患,杜绝此类事件的发生。

（4）加强村委和村民健康教育。村委需组织村民认真学习《城市供水条例》和《生活饮用水卫生管理办法》,提高饮用水卫生管理意识,保证饮用水安全。

六、点评

这是一起村民为了节省水费私自将自来水管与某公司储水池连接造成的自来水污染事件。广州市疾病预防控制中心在农村饮水督导时也发现村民将水井水与自来水管网连接的现象,说明此类偷驳自来水管网的事情并非罕见,提醒有关部门需加强饮用水安全的巡查与监管,推进农村地区饮用水卫生安全宣传,杜绝饮用水污染和中毒事件的发生。

（钟 嶷　陈玉婷　黎晓彤）

参考文献

[1] 解海宁.一例急性亚硝酸盐中毒[J].中国卫生监督杂志,2007,14(5): 360-362.

[2] 赵金锁,王建华,曾详,等.三起井水引起的亚硝酸盐中毒的调查分析[J]. 中国研发医学杂志,2006,10(7):465-467.

[3] 钟嶷,孙兰,景钦隆,等.一起亚硝酸盐污染自来水管网的急性中毒暴发事件调查[J].热带医学杂志,2009,9(1):97-98

[4] 闻捷,姬尔高,陈志刚.一起生活饮用水突发性污染事件的调查与分析[J]. 疾病预防控制通报,2014,15(04):556-558.

[5] 郑绍军,熊亮,陈萍.一起生活饮用水遭受工业亚硝酸盐污染导致食物中毒调查与分析[J].中国药物经济学,2013,8(05):568-570.

[6] 钟巍,王德东,黄俊俏.一起农村饮水污染导致胃肠炎事件引发的思考 [J].中国卫生检验杂志,2012,22(2):402-403.

[7] 姚利利,沈先标,袁江杰,等.一起化学性生活饮用水污染事件的调查分析[J].环境卫生学杂志,2013,3(6):551-553.

[8] 中华人民共和国卫生部,中国国家标准化管理委员会.生活饮用水卫生标准:GB 5749—2006 [S].北京:中国标准出版社,2007.

[9] 中华人民共和国卫生部,中国国家标准化管理委员会.生活饮用水标准检验方法 水样的采集与保存:GB/T 5750.2—2006[S].北京:中国标准出版社,2007.

[10] 钟巍,王德东,李琴,等.一起私接农村供水管网疑似农药中毒的调查 [J].环境卫生学杂志,2017,7(11):1015-1016.

案例十一 一起疑似农药污染饮用水引发的急性中毒事件

一、信息来源

2017 年 3 月 28 日,广州市疾病预防控制中心接到 CH 疾病预防控制中心报告广州市 CH 区 LT 镇 AS 村 CHT 社发生疑似饮用水急性中毒事件。

二、基本情况

1. 现场情况 事发地点为广州市 CH 区 LT 镇 AS 村 CHT 社,该社共约 60 户,共计 350 人左右,常住人口约 200 人。该村村民生活用水来自村中的农村半集中式供水:山泉水→第一蓄水池→第二蓄水池→农户,无任何物理、化学沉淀和加氯消毒等制水工艺。

村中无大口井及手压井。该村村民饮食以分散进餐为主。

2. 发病经过 2017 年 3 月 27 日 19 时许,村民在使用村中的水洗菜、煮饭和洗澡时,发现水散发恶臭味,部分村民家的家禽家畜饮水后死亡。3 月 27 日 20 时许,村中陆续出现以心悸、胸闷、恶心、头晕及乏力为主要症状的病人。3 月 27 日 20 时许,村民接到村委的通知,立即停止使用该村的生活饮用水。截至 3 月 28 日 11 时累计报告 23 名病例,其中 1 名为重症病人。所有病人经某医院进行对症治疗后,已全部康复出院。

三、现场调查和检测

1. 病例情况 3 月 27 日共 23 名村民饮用污染的水后出现腹部不适、恶心、头晕、胸闷和乏力等症状。恶心 14 人(60.87%),头晕 12 人(52.17%),腹部不适 9 人(39.13%)。

2. 三间分布情况

(1)时间发布:首例病例发病时间为 3 月 27 日 16 时 30 分,末例病例发病时间 3 月 28 日 11 时。期间共 23 例病人发病(图 2-1-11-1)。

(2)人群分布:23 名患者均为 AS 村 VHT 社村民。发病村民中,男性 8 例(34.78%),女性 15 例(65.22%),男女性别比为 1∶1.9。发病村民除了 2 名儿童外(分别为 4 岁和 7 岁),其余均为成人(年龄 25~80 岁)。

(3)地点分布:事发地点为广州市 CH 区 LT 镇 AS 村 CHT 社。

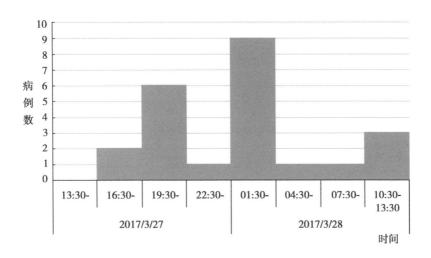

图 2-1-11-1　发病时间分布情况

3. 现场卫生学调查

（1）供水情况

1）水源水：CHT 社生活饮用水水源取自山泉水。自山顶两侧均有山泉水沿山沟流下，半山腰处各设有小型简易围坝，将水流汇集后导入输水管。两条输水管一并汇入附近一小型蓄水池（容积约 8m³）后再统一经管道输送到村里的蓄水池（图 2-1-11-2）。

3 月 28 日调查人员现场察看，山泉水水质感官状况良好，无异色异味。取水口周围 100m 内未见生活垃圾、工厂、污水坑等污染源，但无围栏等保护措施。

图 2-1-11-2　山泉水蓄水池

2）第一蓄水池：山泉水经管道从半山腰输送到第一蓄水池（村民称水泥厂后面的蓄水池，见图 2-1-11-3）。该蓄水池距离山泉水蓄水池约 2km 左右，由 2 个水池构成。首先，山泉水输送至蓄水池 1（约 10m³），经过简单的物理自然沉淀后，导入蓄水池 2（约 20m³），再输送至第二蓄水池。

图 2-1-11-3　第一蓄水池（从右至左：蓄水池 1，蓄水池 2）

现场调查时，第一蓄水池 1 尚有储水，呈淡墨绿色，水质较浑浊，肉眼可见杂质；第一蓄水池 2 已排空储水；两水池顶部设有井盖，均无上锁设备，并于调查当日更换新的出水阀门。（图 2-1-11-4）

图 2-1-11-4　第一蓄水池 1 储水

3）第二蓄水池（CHT 社后山的蓄水池）：该蓄水池为双格设计（约 30m³），设有井盖、未上锁，只作为中转储水设施，未作任何处理供给村民使用。（图 2-1-11-5）。

图 2-1-11-5　第二蓄水池

4）末梢水：3 月 38 日，CHT 社村民家中的供水管道中尚有储水，水质清澈、无异色、尚有异味。

（2）可疑污染环节：3 月 28 日现场调查发现，第一蓄水池附近有一片果林，果林中距离第一蓄水池 300m 左右建有两个稀释农药肥料的混合池（大小均约 10m³），混合池旁可见裸露的蓝色 PVC 水管（山泉水收集后输送至第一蓄水池的管道）。为了增加水压，该处 PVC 水管中间设立了一个空气水阀。为了便于取水，果园的农夫在空气水阀和山泉水输送管道之间偷驳水阀和一段输水管道。3 月 27 日下午，果农打开偷驳水阀，用白色塑料管套在管道上输水至混合池稀释农药及肥料（代森锰锌粉剂 1000g，螨多思 500ml，乙蒜素 1000g 及花生麸）来喷洒果树。调查当日，现场空气中还弥漫着浓浓的农药和肥料臭味。该果农在配料作业之后未将白色塑料管从私接管道上拔掉，且水阀未关闭。下午，村民用水量增加，第一蓄水池 1 的水位急剧下降。由于混合池位置比蓄水池高，导致混合池的农药及肥料稀释液通过白色塑料管虹吸倒灌进入山泉水管道，混入第一、第二蓄水池，再经管网进入村民的家中。水质污染流程见图 2-1-11-6。

调查小组在事发地的混合池附近发现地面散落着数种空的农药包装袋，包括草甘膦、咪鲜胺、草铵膦、丁草胺、2 甲 4 氯钠、尖速（噻嗪·毒死蜱）、阿维菌素等。

3. 采样和实验室检测结果

（1）水样采集情况：广州市疾病预防控制中心和 CH 区疾病预防控制中心分别对事发地点的各类水质进行了采样和检测。共采集 8 宗水样，样品如下：

第一批：3 月 27 日 CH 区疾病预防控制中心采集的 2 宗水样，包括第一蓄水池水池水 1 宗和管网末梢水（村民家中）1 宗。

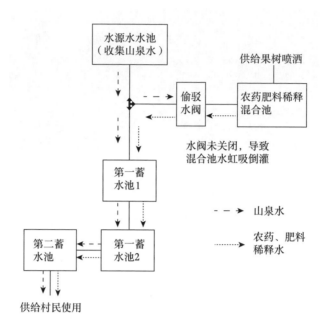

图 2-1-11-6 安山村长塘社农药、肥料污染集中式供水示意图

第二批:3月28日广州市疾病预防控制中心人员现场调查时采集的4宗水样,包括水源水(即山泉水)1宗、第一、二蓄水池水池水各1宗和管网末梢水(村民家中)1宗。

第三批:4月6日CH区疾病预防控制中心在供水系统经过彻底清理和冲洗之后采集的2宗水样,包括第一蓄水池水水池水1宗和管网末梢水(村民家中)1宗。

(2)检测项目:根据CH区疾病预防控制中心提供的信息,肇事者向警方交代当时配制的农药及肥料品种为代森锰锌粉剂1000g、螨多思(阿维菌素)500ml、乙蒜素1000g和花生麸。因肇事者已被警方控制,无法获取更详细的信息,为了在短时间筛选出有效数据,选取检测项目时以《生活饮用水卫生标准》(GB 5749—2006)中所列项目为主,增加检测各信息来源提供的农药品种及总磷、总氮和尿素。结合广州市疾病预防控制中心及委托检测单位的检验能力,检测项目如下:

1)第一、二批水样的检测项目为水质常规项目(除去放射指标)和农药类(额外增加丁草胺、阿维菌素、咪鲜胺三种农药指标)。其中广州市疾病预防控制中心采集的2宗水池水和1宗管网末梢水增测总磷、总氮和尿素三个项目。

2）第三批水样的检测项目为水质全分析（除去放射指标和两种寄生虫）。

（3）水样检测结果：共检测 8 宗水样，依据《生活饮用水卫生标准》（GB 5749—2006）进行评价，总氮和总磷依据《地表水环境质量标准》（GB 3838—2006）Ⅲ类标准进行评价。

1）第一批水样检测结果：CH 区疾病预防控制中心采集的 2 宗水样（第一蓄水池水池水和管网末梢水）所检的农药类指标全部符合卫生标准。

2）第二批水样检测结果：广州市疾病预防控制中心 3 月 28 日采集的 4 宗水样所检农药类指标均符合卫生标准。常规项目中，水源水全部符合卫生标准；2 宗水池水和管网末梢水的浑浊度、肉眼可见物和色度均超标；第二蓄水池出厂水的锰、铁和总氮超标；管网末梢水的不合格项目还有氟化物（超标 4.8 倍）、耗氧量（超标近 1 倍）、挥发性酚类（超标 360 倍）、总磷（超标 19 倍）和总氮（超标 47 倍），并检出尿素。

3）第三批水样检测结果：供水系统经过彻底清理和冲洗之后采集的水样检测结果显示，除微生物指标外，其余检测项目均达到卫生标准要求。

四、结论与讨论

1. 结论　根据现场卫生学、病例临床表现、实验室检测结果，判定该起事件为农民违规偷驳饮用水管、违规用水所致生活饮用水污染引发的急性中毒事件。致病因子为农药的可能性很大。

2. 讨论

（1）病例临床症状：3 月 27 日村民饮用污染的水后共出现 23 例腹部不适、恶心、头晕、胸闷和乏力等症状，分布在不同的家庭。

（2）饮用水调查情况：第一蓄水池附近果林建有两个稀释农药肥料的混合池，为方便取水，果园的农夫在空气水阀和山泉水输送管道之间偷驳水阀和一段输水管道。3 月 27 日傍晚，村民用水量增加，果农未关闭水阀，由于混合池位置比蓄水池高，导致混合池的农药及肥料稀释液通过白色塑料管虹吸倒灌进入山泉水管道，混入蓄水池，再经管网进入村民的家中。

（3）结果分析

1）第一、二批水样结果分析：水质检验结果显示，所有水样的《生活饮用水卫生标准》（GB 5749—2006）中所列农药类项目及增测的三种农药项目均未超标，表明此次污染事件中使用以上品种药物的可能性不大。

两个水池水的检测项目中臭和味、浑浊度、肉眼可见物、铁、锰超标,推测是由于 CH 区自来水公司在广州市疾病预防控制中心采样前对两个蓄水池和管道进行冲刷、清洗和消毒,沉积的淤泥进入水体,引起感官指标及耗氧量、铁、锰超标。

3 月 28 日广州市疾病预防控制中心采集的 CHT 社管网末梢水,因其水龙头及时封存,未排空和冲洗管道,其检测结果最能反映当时污染状况。检测结果显示,感官指标、耗氧量、挥发酚和氟化物均不合格,总磷和总氮远超 Ⅲ 类地表水质量标准,并且检出尿素。与水源水检测结果相比较,显示水质受到了物理和化学污染。花生麸是广州农村常用的有机肥料,为花生仁榨油之后的产物,因富含磷、钾等元素,通常用于来给果树施肥。花生麸经发酵后,与磷肥、钾肥、氮肥等化肥联合使用可增强效果。由于无法从肇事者处获取肥料详细配方,故只能从检验结果进行推断。管网末梢水的感官指标、氟化物、总磷、总氮和尿素异常跟花生麸的使用有密切关联,推测因花生麸中兑有磷肥及其他有机肥,引起水中总磷、氟化物、总氮和尿素含量升高的可能性较大。由于混合池是多次重复使用,也可能与肇事之前混合池中残留的本次检测项目外的含磷和含氟农药有关。代森锰锌、螨多思和乙蒜素为农业常用的杀菌剂,苯酚是生产杀菌剂的重要原料;同时,3 月 27 日、28 日水池和管道采用了大量消毒药进行清洗,故推测挥发酚超标可能与以上三种农药的使用及水体与消毒药混合后的化学作用有密切关联。

2)第三批水样结果分析:4 月 6 日抽检的水质全分析结果显示:该村半集中式供水水质除微生物指标外,均符合卫生标准,煮沸后可放心饮用。

五、风险评估及防控措施

1. 风险评估　农药污染饮用水供水系统引发的中毒事件波及面大,危害严重,需紧急采取一系列处置措施。

2. 防控措施

(1)应急响应,迅速开展调查工作。3 月 28 日接到 CH 区疾病预防控制中心报告后,广州市疾病预防控制中心立即派出饮用水卫生技术人员和突发公共卫生事件应急处理人员前往现场进行调查处理。通过现场调查,初步判断为农药污染生活饮用水造成急性中毒的可能性较大。当天将所采集的各种水样送往广州市疾病预防控制中心和某测试中心进行检测。4 月 6 日,广州市疾病预防控制中心再次派出饮用水卫生技术人员前往现场进行溯源调查,并在供水系统清洗后采集水样进行水质检测。根据涉事人员的口供、现场调查、病例临床症状,事件原因基本明确。

（2）及时采取应对措施,积极救治病人。CH 区疾病预防控制中心 3 月 27 日晚接到应急报告后,判断事件可能为生活饮用水引起的突发事件。村委当天即通知 CHT 社居民停止使用该村半集中式供水,CH 区政府调配水罐车提供临时应急用水。在发现果农偷驳水管用作稀释农药可能造成水污染后,相关人员立即切断偷驳水管,并勒令其停止作业、配合调查。同时,将所有病人转至医院进行救治。

（3）开展连续的水质卫生学监测和指导工作。为避免遗漏可疑污染环节,广州市疾病预防控制中心和 CH 区疾病预防控制中心加大了水质监测范围和力度,对供水系统的水源水、第一蓄水池和第二蓄水池的水池水,以及管网末梢水均进行了连续多次的卫生学检测。同时,广州市疾病预防控制中心还派遣饮用水卫生专家对事件后续处理进行卫生学指导,督促落实供水系统的清洗等措施,并指导村委做好饮用水管网的清洗:

饮用水管网污染,需对供水系统进行彻底的冲刷、清洗、消毒,根据供水图,从总管→支管→末梢管,从近（与总管距离）到远的原则。运输自来水到储水池,每 10 户左右农户一组开水龙头冲洗,至少 30 分钟。然后再另一组农户。冲洗完毕,正常供水,鼓励村民用水清洁家居卫生,待相关部门检测合格才可饮用。

（4）加强农村集中式供水设施监管力度,提高村民安全用水意识。加强农村供水的日常管理,设置专人专岗,定期对供水系统进行安全排查。同时,也要积极开展村民的生活饮用水安全宣教工作,引导村民形成安全的用水意识,杜绝偷驳饮用水管网行为,避免类似事件的再次发生。

六、点评

这是一起将农药灌溉管偷驳供水管网造成的饮用水中毒事件,偷驳水管引起饮用水中毒的事件近几年来在广州发生几起,说明饮用水管理的漏洞及民众对饮用水安全保护意识的缺失。

农药污染了饮用水,需做好清洗废水和污泥的填埋处理,防止二次污染,造成人员、家禽畜的次生灾害。

我国农药检测标准非常滞后,广东省、市内所有检测机构均未能检测现场发现的农药,这起中毒事件只能根据病例的临床症状、现场调查情况及其他饮用水指标结果进行推断,政府应积极推进检测标准的建立。

(钟 嶷 孙丽丽 周自严)

参考文献

[1] 解海宁.一例急性亚硝酸盐中毒[J].中国卫生监督杂志,2007,14(5):360-362.

[2] 赵金锁,王建华,曾详,等.三起井水引起的亚硝酸盐中毒的调查分析[J].中国研发医学杂志,2006,10(7):465-467.

[3] 钟嶷,孙兰,景钦隆,等.一起亚硝酸盐污染自来水管网的急性中毒暴发事件调查[J].热带医学杂志,2009,9(1):97-98.

[4] 闻捷,姬尔高,陈志刚.一起生活饮用水突发性污染事件的调查与分析[J].疾病预防控制通报,2014,15(04):556-558.

[5] 郑绍军,熊亮,陈萍.一起生活饮用水遭受工业亚硝酸盐污染导致食物中毒调查与分析[J].中国药物经济学,2013,8(05):568-570.

[6] 钟嶷,王德东,黄俊俏.一起农村饮水污染导致胃肠炎事件引发的思考[J].中国卫生检验杂志,2012,22(2):402-403.

[7] 姚利利,沈先标,袁江杰,等.一起化学性生活饮用水污染事件的调查分析[J].环境卫生学杂志,2013,3(6):551-553.

[8] 中华人民共和国卫生部,中国国家标准化管理委员会.生活饮用水卫生标准:GB 5749—2006 [S].北京:中国标准出版社,2007.

[9] 中华人民共和国卫生部,中国国家标准化管理委员会.生活饮用水标准检验方法 水样的采集与保存:GB/T 5750.2—2006[S].北京:中国标准出版社,2007.

[10] 钟嶷,王德东,李琴,等.一起私接农村供水管网疑似农药中毒的调查[J].环境卫生学杂志,2017,7(11):1015-1016.

案例十二　一起防水涂料污染引起的管网末梢水中有机物超标事件

一、信息来源

2019 年 10 月 11 日,广州市疾病预防控制中心接到 LW 区疾病预防控制中心报告,称 LW 区某小区发生疑似水质污染事件。

二、基本情况

该小区位于广州市 LW 区,共 2 期,每期 3 栋楼房。一期楼房于 2017 年12 月交付,每栋 40 层,共 223 户,已有部分住户入住。二期楼房于 2018 年 4月交付,每栋 40 层,共 160 户,也有部分住户入住。

一期楼房有多家住户不断反映洗手间水龙头出水有刺激性气味,每日早晨尤为明显,放水一段时间后气味减弱。投诉住户以一期 3 栋为主,二期楼房未见投诉。

现场调查了一期 3 栋 1503 房和 3303 房。3303 房还未售出,管理处为寻找气味来源,已将其公用洗手间地板掘开,暴露出防水涂料、供水和排水管道,整个洗手间弥漫强烈的刺激性气味,防水涂料接触供水管道,其管道能闻到较强的刺激性气味。现场工作人员提供的一条从公用洗手间供水管道上截下的耐热聚乙烯(PE-RT)供水管也散发出相同气味。1503 房的屋主已经入住数月,屋主反映入住后公用洗手间和主卧洗手间的水龙头水一直出现刺激性气味,早晨尤甚,但厨房水未见异常。现场调查发现两个洗手间的水龙头水有微弱的异味,厨房水龙头水无异味。

三、现场调查和检测

1. 供水设施及持证情况　该小区的生活饮用水为广州市 SM 自来水公司生产的自来水。每栋楼房负二楼设有二次供水水箱和加压设施,自来水进入小区后经二次供水水箱加压后输送至各户。管道进入户内后,再分支到厨房和洗手间。

二次供水水箱为某品牌不锈钢水箱(有涉水产品卫生许可批件)。一期工程的输配水管道为某品牌冷热水用耐热聚乙烯(PE-RT)管材(米黄色)(有涉水产品卫生许可批件),二期工程的输配水管道未使用这种管材。

2. 水质采样情况

（1）2019 年 10 月 12 日,现场采集一期 3 栋 1503 房主卧洗手间、厨房末梢水和负二楼水箱水各 1 宗。检测项目为《生活饮用水卫生标准》(GB 5749—2006)中常规指标的理化项目。

（2）2019 年 10 月 14 日,现场采集一期 3 栋 705 房洗手间和厨房、1302 房洗手间、1503 房主卧洗手间、2801 房洗手间和厨房、3903 房公用和主卧洗手间、负二楼二次供水水箱,共 9 宗。其中 705 房和 1503 房已有业主入住,采样前已要求其早上停用洗手间。检测项目为《生活饮用水卫生标准》(GB 5749—2006)中的臭和味、苯乙烯、苯、甲苯、二甲苯、乙苯、1,2- 二氯苯、1,4-二氯苯、三氯苯、氯苯、挥发性酚,共 11 个项目。

（3）2019 年 10 月 17 日,现场采集一期 3 栋的 503 房主卧洗手间、1503 房主卧洗手间、1503 房厨房、1102 房主卧洗手间、1102 房厨房、1 栋的 1402 房主卧洗手间和负二楼二次供水水箱的水样,共 7 宗。检测项目为 10 月 14 日所检的 11 个有机物项目,并增测多环芳烃项目萘和芴。

3. 检测结果

（1）10 月 12 日检测结果:采集的 3 宗水样所检的理化指标检测结果均符合《生活饮用水卫生标准》(GB 5749—2006)。

（2）10 月 14 日检测结果:地下水箱和楼房厨房的水样所测项目均符合《生活饮用水卫生标准》(GB 5749—2006);6 宗楼房洗手间水样臭和味均超标,有明显异臭,其余所检项目的检测结果符合《生活饮用水卫生标准》(GB 5749—2006)。

（3）10 月 17 日检测结果

1）3 栋 503 房、1503 房和 1102 房的洗手间水样臭和味均超标,有显著或强烈异臭,其余水样无异臭和异味。

2）苯、甲苯、二甲苯等 11 项有机物项目均未检出,符合《生活饮用水卫生标准》(GB 5749—2006)要求。

3）通过进一步筛查,对多环芳烃类项目中的萘和芴进行检测。结果发现:

① 3 栋 503 房、1503 房和 1 栋 1402 房洗手间水样均检出萘和芴,且 2 种物质的总量超出《生活饮用水卫生标准》(GB 5749—2006)生活饮用水水质参考指标中的多环芳烃总量限值(0.002mg/L)。其中 503 房洗手间水样的萘含量达到了 16.9mg/L。

② 3 栋 1102 房洗手间水样检出芴含量超出多环芳烃总量限值。

③厨房和二次供水水箱水样均未检出萘和芴。

（4）聚乙烯（PE-RT）管材检测结果：10 月 12 日从 3303 房带回一根从洗手间截下的聚乙烯（PE-RT）管材，检测其浸泡液、密封胶和内、外壁材料中的萘和芴。结果显示，浸泡液中的萘和芴均超出多环芳烃总量标准；密封胶和内、外壁材料均检出萘和芴，其中管材料中含量较高。

四、结论与讨论

1. 结论 根据现场卫生学调查和实验室检测结果，推断该起事件可能为楼房的洗手间内防水涂料渗入供水管道引起萘和芴等有机物污染造成水质异常。

2. 讨论

（1）地下水箱的水质符合卫生标准要求，可以排除市政自来水进入小区前被污染的可能。

（2）出现水质异常的住户集中于第一期楼房，以第 3 栋居多，厨房和洗手间均共用入户输水管道再分支，厨房水质符合卫生标准要求，而洗手间水样出现异臭以及萘和芴超标，可以排除管道本身原因引起水质污染的可能性。

（3）洗手间所用防水涂料为双组分聚氨酯，洗手间的水质异臭与防水涂料的臭味相似。《聚氨酯防水涂料》（GB/T 19250—2013）中对聚氨酯防水涂料中的有害物质如苯系物、蒽和萘等有限量要求，本次采集的洗手间水样和管材以及管材浸泡液中均检出萘和芴，且水样中的萘和芴含量超出水质卫生标准，说明此次水质污染与装修使用的防水涂料——双组分聚氨酯有密切关系。苯、甲苯、乙苯和二甲苯等苯系物易挥发，通常装修完短时间就已挥发掉。而萘和芴的挥发速度相对较慢，能持续渗透输水管道进入水体。推测洗手间防水涂料接触供水管道，经管壁渗入水中，引起管道内水质污染并产生异臭气味；另外，虽然该输水管材有卫生许可批件，但可能这批次的管道材质密度不足，防水涂料中的有机物渗入管道，污染管道水质。据工作人员反映，二期工程与一期工程使用的供水管材不同，而防水涂料相同，未出现水质异臭的问题。相关文献资料曾有报道，国内部分地方出现过类似事件。

综上所述，推测该起事件可能为楼房施工时防水涂料接触供水管道导致有机污染物渗入管网水引起水质污染。较为常见的末端供水管网污染引起的管网末梢水水质异常情况包括：管道破损引起水质污染、金属管道锈蚀引起的铁锈污染、输水管道不符合卫生要求引起的水质污染、装修材料污染管道引

169

起异臭异味,以及二次供水设施管理不善引起水质改变等。此类水质污染事件通常具有以下共同特点:①水质异常以晨起时最为明显,通常放水一段时间后水质恢复正常。②进小区或入屋前的水质正常,但末梢水龙头水质异常。③水质感官性状有明显异常,如异臭异味、颜色改变或异常可见物,较容易发现。④根据污染情况更换输水管道或清洗消毒输配水设备后水质即转为正常。

五、风险评估及防控措施

1. 风险评估　萘和芴为多环芳烃类有机物,常用作有机合成原料,有特殊的刺激性气味。高浓度摄入会导致溶血性贫血和肝、肾损害,以及皮肤刺激症状。长期接触多环芳烃类有机物可能会增加致癌风险。

由于实验室条件有限,不能排除水样中存在其他多环芳烃类物质等有机物的可能。

楼房装修时,应选择具有涉水产品卫生许可批件的管材管件和防水涂料。做防水处理时,应避免防水涂料直接接触供水管道,以防涂料渗入管壁进入水体。

2. 防控措施

(1)鉴于一期部分楼房的洗手间水龙头出水水质异臭、萘和芴含量超标,不符合《生活饮用水卫生标准》(GB 5749—2006)要求,建议一期楼房洗手间水龙头水不能作为生活饮用水使用。

(2)有关部门采取有效措施解决一期楼房用户洗手间供水问题,保障用水安全。

(3)一期楼房用户洗手间供水管道需全部更换,建议改为有卫生许可批件的复合铝塑管。

六、点评

房屋装修引起空气质量异常的报道比较常见,但鲜有引起水质异常的报道。对洗手间进行防水操作时,若防水涂料直接接触供水管道,经过较长时间的渗透作用,防水涂料可能会透过管壁进入管网水,引起异臭异味。

此次污染事件的处置关键在于锁定污染源和查找污染物。通过现场调查,能很快锁定污染源可能来自洗手间输水管道,但需要查询相关文献资料来筛选出可疑污染物。根据国标《聚氨酯防水涂料》(GB/T 19250—2013)中对聚氨酯防水涂料的有害物质限量要求,结合受污染管网水的特殊气味,将可疑污染物锁定在苯系物、蒽和萘等多环芳烃类有机物。有类似污染事件报道的调查结果显示,受污染的水中苯系物超标,但此次事件中采集的水样中均未检出苯系物。通过对管材和水质的多环芳烃类项目的检测,完全支持防水材料渗透管壁污染水体的结论。

通过此次事件,相关部门和企业应加强对房屋建设的监管力度,提高验收标准,以保障居民身体健康。（表 2-1-12-1、表 2-1-12-2）

表 2-1-12-1　10 月 14 日小区 3 栋水质检测结果

采样地点		臭和味	苯乙烯 / (mg· L⁻¹)	苯 / (mg· L⁻¹)	甲苯 / (mg· L⁻¹)	二甲苯 / (mg· L⁻¹)	乙苯 / (mg· L⁻¹)	1,2-二氯苯 / (mg· L⁻¹)	1,4-二氯苯 / (mg· L⁻¹)	三氯苯 / (mg· L⁻¹)	氯苯 / (mg· L⁻¹)	挥发性酚 / (mg· L⁻¹)
705 房	洗手间	有明显异臭	<0.005	<0.005	<0.005	<0.005	<0.005	<0.01	<0.01	<0.001	<0.01	<0.002
	厨房	无	<0.005	<0.005	<0.005	<0.005	<0.005	<0.01	<0.01	<0.001	<0.01	<0.002
1302 房	洗手间	有明显异臭	<0.005	<0.005	<0.005	<0.005	<0.005	<0.01	<0.01	<0.001	<0.01	<0.002
1503 房	主卧洗手间	有明显异臭	<0.005	<0.005	<0.005	<0.005	<0.005	<0.01	<0.01	<0.001	<0.01	<0.002
2801 房	洗手间	有明显异臭	<0.005	<0.005	<0.005	<0.005	<0.005	<0.01	<0.01	<0.001	<0.01	<0.002
	厨房	无	<0.005	<0.005	<0.005	<0.005	<0.005	<0.01	<0.01	<0.001	<0.01	<0.002
3903 房	公用洗手间	有显著异臭	<0.005	<0.005	<0.005	<0.005	<0.005	<0.01	<0.01	<0.001	<0.01	<0.002
	公用洗手间	有显著异臭	<0.005	<0.005	<0.005	<0.005	<0.005	<0.01	<0.01	<0.001	<0.01	<0.002
负二楼	二次供水水箱	无	<0.005	<0.005	<0.005	<0.005	<0.005	<0.01	<0.01	<0.001	<0.01	<0.002
参考值		无异臭、异味	≤0.02	≤0.01	≤0.7	≤0.5	≤0.3	≤1	≤0.3	≤0.02	≤0.3	≤0.002

表 2-1-12-2　10 月 17 日水质和管材样品臭和味、萘和芴检测结果

样品名称	采样地点	臭和味	萘 /(mg·L^{-1})	芴 /(mg·L^{-1})	备注
管网末梢水	3 栋 503 房主卧洗手间	有强烈的异臭	16.9	0.22	无
管网末梢水	3 栋 1503 房洗手间	有显著的异臭	0.48	0.087	无
管网末梢水	3 栋 1503 房厨房	无	未检出	未检出	无
管网末梢水	3 栋 1102 房主卧洗手间	有显著的异臭	—	0.021	无
管网末梢水	3 栋 1102 房厨房	无	未检出	未检出	无
二次供水	3 栋负二楼二次供水水箱	无	未检出	未检出	无
管网末梢水	1 栋 1402 房主卧洗手间	无	0.23	0.22	无
管材浸泡液	3 栋 3303 房	—	0.98	0.023	无
参考值		无异臭、异味	多环芳烃总量 ≤ 0.002 mg/L		无

注:"—"为未检测;管材中萘和芴无法定量。

（毕　华　李　琴　施　洁）

参考文献

[1] 中华人民共和国卫生部,中国国家标准化管理委员会. 生活饮用水卫生标准:GB 5749—2006 [S]. 北京:中国标准出版社,2007.

[2] 中华人民共和国卫生部,中国国家标准化管理委员会. 生活饮用水标准检验方法 水样的采集与保存:GB/T 5750.2—2006[S]. 北京:中国标准出版社,2007.

［3］环境保护部.水质 多环芳烃的检测 液液萃取和固相萃取高效液相色谱法:HJ 478–2009 [S].北京:中国环境科学出版社,2009.

［4］中华人民共和国国家质量监督检验检疫总局,中国国家标准化管理委员会.聚氨酯防水涂料:GB/T 19250–2013[S].北京:中国标准出版社,2013.

［5］杨克敌.环境卫生学 [M].8 版.北京:人民卫生出版社,2017.

［6］肖智毅,田青,盛欣.防水涂料导致生活饮用水苯系物污染的思考 [J].现代预防医学,2012,39（13）:3200-3202.

［7］李晓宏,傅清青,贾玉珠.一起急性聚氨酯防水涂料中毒事故的调查分析 [J].职业卫生与应急救援,2016,34（2）:168-169.

案例十三 一起二次供水污染引起的痢疾暴发事件

一、信息来源

1996 年 8 月广州市疾病预防控制中心（原广州市卫生防疫站）接到 TH 区疾病预防控制中心（原 TH 区卫生防疫站）报告辖区内一小区发生可疑饮用水污染事件。

二、基本情况

事故发生在广州市 TH 区某小区的 380 号楼，该楼宇位于广州市东北部，毗邻广州东站、天河体育中心，小区内共有 9 层楼宇 9 栋，20 层以上楼宇 4 栋，人口约 5000 人，该小区多为华侨购房，内设小学、幼儿园、酒楼、医院等附属设施，由广州市一物业发展公司负责物业管理。事件发生时间是 1996 年 8 月中旬至 9 月中旬，波及该小区内的 68 户居民，共有 96 人发病，发病率为 59.6%。

三、现场调查和检测

1. 病例情况

（1）病例基本情况：发生本次事件的楼宇为小区内 21 层的大楼，1～3 层为小区医院，4 楼以上为住宅，总户数为 104 户，常住 68 户，约 200 人。在调查常住的 68 户中，三次失访 18 户，已调查 50 户，人口 161 人，发病 96 人，发病率为 59.6%，全家发病 14 户，占入住户数的 28.0%。

（2）临床表现及实验室检查：根据调查，就诊的病人占 18.0%，多数病人以腹泻、腹痛为主，其中伴发热的占 47.0%，黏液便者占 20.8%，脓血便者占 7.3%，水样便者占 24.0%，少数病人有呕吐等症状。多数病人以轻型临床表现为主。病人自服用痢特灵、腹可安等药后好转。病人中只有 1 名患者因腹泻引起轻度脱水。

对病人粪便采样并检测（基本已服药）：7 例中有 4 例为致病菌阳性，为福氏痢疾 2a。

2. 三间分布情况

（1）时间分布：最早发病时间为 8 月 15 日（发病首日）4 例，发病高峰 8 月 26 日至 9 月 5 日（即从发病首日起第 12～21 天），共 87 人，最后发病 9 月 9 日 1 例（发病首日起第 26 日）。

（2）空间（楼层）分布：1～3 楼为小区医院,无病例。在 4～21 楼除 11 楼外其余各层均有发病,见表 2-1-13-1。小区内其他楼宇无此病例。

表 2-1-13-1　常住户各楼层发病统计（ n ）

项目	1～3	4	5	6	7	8	9	10	11	12	13	14	15	16	17	18	19	20	21	顶楼
户数	10	3	4	4	4	3	4	3	1	3	1	3	2	4	2	2	2	2	4	1
病例数	0	9	6	8	1	2	11	2	0	9	7	6	6	7	2	2	3	4	9	2

（3）人群分布：发病病人中,年龄最小 50 天,最大 88 岁,多数为青壮年。年龄发病率比较发现低年龄组的发病率较高,且病情重。

3. 环境因素调查

（1）供水的基本情况：该楼宇 1～3 楼为市政自来水直供水。

4～21 楼为市政自来水→低位水池→高位水池

↗13～21 楼住户

↘中位水池→4～12 楼住户

（2）二次供水系统结构：①低位水池：建于室外露天草地下,容积约 170m³,设 2 个检查孔,各为 50cm×50cm,高出地面 50cm,池盖破烂,不密封,有溢流孔和闸阀池,溢流孔与闸阀池排污孔、排水砂井相通。②高位水池：位于 21 楼顶部,总容积约 80m³,设 2 个检查孔,有池盖密封,有排气孔、溢流孔,均有防蚊、蝇砂网封口。③中位水池：设于 15 楼一房间内,池容积约 5m³,有池盖但不够密封,房间设有门锁。

（3）水质抽检情况：9 月 6 日抽检低位水池水、高位水池水、中位水池水、住户用水,结果显示细菌总数（分别为 3300 个 /ml、3500 个 /ml、1800 个 /ml、1700 个 /ml、总大肠菌群（均＞230 个 /L）全部超出国家饮用水卫生标准（GB 5749—1985）。9 月 13 日抽检上述地点水样,细菌总数超标（分别为 110 个 /ml、660 个 /ml、1300 个 /ml、720 个 /ml）。9 月 18 日再次抽检,结果符合国家饮用水卫生标准（GB 5749—1985）。

（4）居民饮食情况：根据调查资料,居住本大楼的居民,8～9 月的饮食情况,以家庭煮食为主,无特殊。

四、结论与讨论

1. 结论　根据流行病学调查、卫生学调查和实验室检测结果,本次事件是一起因二次供水污染引起的痢疾暴发。

2.讨论 本次流行主要是二次供水受污染引起,由于二次供水系统设计缺陷,污水管与溢流管相连,造成污水倒流入低位水池而引发。

(1)发病病例症状相同,时间集中。

(2)发病病例局限于使用二次供水的用户,不使用二次供水的1～3楼无病例。

(3)二次供水系统设计缺陷,污水管与溢流管相连,造成污水倒流入低位水池而引发。根据供水的基本情况,本大楼4楼以上各住户饮用水均经二次供水系统,现场观察,地下水池水质混浊,有悬浮物。闸阀池(井)积有发臭污水约20cm深,水掣有漏水。高位水池、中位水池水质未见异常,部分住户反映水龙头水有异味。根据提供的大楼给排水设计图纸和现场调查资料证明,该大楼的二次供水系统的布局及设计均存在以下几方面问题:地下池建在室外露天,地下池的检查孔不密封造成雨水、空气粉尘对池水的污染,地下池的溢流管与闸阀池排污管,雨水排污砂井共在一处,造成对地下池水的污染。

(4)二次供水消毒前水质检验细菌指标超标,经对水池和管道消毒,阻断污水管与溢流管通道,水质检验合格,病例逐渐消失。

(5)同批病人大便中分离到相同病原体——福氏痢疾2a。

五、风险评估及防控措施

1.风险评估 二次供水是城市供水的主要组成部分,二次供水设备一般安装在小区楼盘的地面或地下室和顶楼,通过该供水设备可以调度用水量,增加水压,从而满足大面积用水和高楼层用水需求。目前二次供水系统主要有两种,一种是通过水泵把地下水箱的水加压到高层楼顶水箱,然后靠水的自身重力通过自来水管道回流至用户家中;另一种是变频输送,系统通过检测管网的压力变化从而调整水泵的转速以控制水流量的供水方式。

二次供水污染的主要原因有水箱建设不合理、水箱或管道的原因和维护管理不到位。

(1)水箱设置不合理:一方面由于水箱的设计容积大于用户实际用水量,导致水在水箱内停留时间过长,这样水的循环周期就会变长,易造成水质的二次污染,研究显示当水在水箱中滞留时间超过24小时,水中的细菌总数和总大肠菌群等微生物指标明显增加。

另外一方面还可能由于水箱的出水口高于水箱的地平面,导致箱底的死水未能及时排出,箱底的水长时间未循环从而影响二次供水的水质。

(2)水箱或管道的原因:水箱或管道壁可能由于腐蚀、结垢和沉积物沉积,造成水质污染。

(3)管理和维护上存在问题:部分二次供水设施没有定期进行清洗消毒、水箱没有加盖加锁等容易造成水质污染及安全事故。

2. 防控措施

(1)对二次供水系统存在问题进行整改,包括对低位水池盖加以密封,将原低位水池的溢流孔封死,重新在池顶开溢流孔并做好防污染措施,对闸阀池(井)污水消毒、排空及改造,防止积水。

(2)对二次供水系统进行一次彻底消毒(按疫源地消毒方法)清洗;对池水连续3天常规消毒,以达到国家饮用水卫生标准。

(3)做好防病的卫生知识及除"四害"宣传工作。

(4)对病人隔离治疗及家属预防性服药。

(5)对各楼层公共区域进行消毒。

六、点评

1. 二次供水是城市供水的主要组成部分,由于建设和维护不到位容易导致二次供水水质的污染。本事件是由二次供水系统设计缺陷引发,提示二次供水设施要加强建设阶段卫生学审查、竣工验收以及后期维护管理。

2. 本次事件通过病例临床症状、现场调查、水质卫生监测等几方面的调查推断为二次供水污染引起,结合临床表现和实验室检测对病例大便的实验室检测确定为痢疾感染导致。本次事件提示在水质污染事件发生后应综合考虑病例临床表现、现场调查和实验室检测等各方面的信息,找出病因并进行及时控制。

3. 本次调查应进一步补充小区内其他栋楼居民的情况和水质监测情况,可与发病楼居民相关情况进行比较,这样更能说明发病的原因,可以为准确找出发病原因提供线索。

4. 突发事件的现场流行病学调查应采用统一的调查问卷,问卷内容包括基本情况、饮食情况、活动情况和症状等,调查的资料应在现场进行初步分析,并及时采取现场控制措施。

(周金华　周自严　李琴)

参考文献

[1] 中华人民共和国卫生部,中国国家标准化管理委员会.生活饮用水卫生标准: GB 5749—1985 [S]. 北京:中国标准出版社,1985.

[2] 黄汝明,李小晖.某住宅楼二次供水污染引发痢疾流行的调查 [J]. 环境与健康杂志,1999,16(3):155-156.

[3] 李贤冠,二次供水卫生管理存在的问题与对策分析 [J]. 中国社会医学杂志,2013,30(1):71-72.

案例十四　一起工厂废水污染井水事件

一、信息来源

CH区(原CH市)某村群众多次投诉CH区某工厂致该村环境污染,根据市政府、市卫生健康委员会(原市卫生局)指示,为了解该厂污水对村民饮用水的污染情况,广州市疾病预防控制中心于2004年1月14日对该村的井水、工厂污水以及溪水进行采样检验,并对工厂进行现场调查。

二、基本情况

CH市SG镇某村位于国道105线广从公路SG镇北约2km处路东约300m处,全村共238户,共1041人。2002年10月完成改水工作,自来水由JK水厂供应。但改水并不彻底,仍有2户本地农民和8户外来户因为居住偏远未完成改水。

在该村东向约200m处是广东某有色金属集团有限公司管理(前身是冶金部某厂)的一家下属企业,年产钽铌系列产品150t,主要污染物为废水中的氟化氰、氨。排放的废水经石灰混合自然沉淀处理后排放入水槽洞溪流,经该工厂厂区、SG镇邓村北边界汇入7km外的流溪河。

三、现场调查和检测

1. 现场调查　在此次抽样调查中,居民反映在1992—1993年之前,井水水质饮用感觉良好,用井水泡茶口感良好,之后,用井水泡茶感觉酸涩,即使冲泡绿茶水也是赤红,提示此时水质可能已经发生了变化。

现场调查还发现该村街道垃圾清理不及时,甚至死去的动物尸体直接抛弃在池塘边的垃圾堆;有的厕所直接建在池塘边,排泄物直接进入池塘,水质已经恶化并有异味。

2. 检测情况　对该村的4个井水、工厂污水排放口、工厂溪水的上游进行取样检验,检验结果显示,工厂污水的氟化物、锰超标[分别超过《生活饮用水卫生规范》(2001)限值16.5倍和42.4倍],该村A家井水的氟化物、锰超标(相对标准限值分别超标16.6倍和16.4倍),两者检验结果基本一致。此外,工厂污水硝酸盐和铁含量超标,并且有明显黄色沉淀物,A家井水pH偏酸性,其他3口井水质和溪水质检验结果基本符合《生活饮用水卫生规范》

（2001）要求。

在本次检验之前,CH市疾病预防控制中心在2003年对该市自来水公司第三水厂生产的自来水进行常规监测,检验结果显示所检项目均符合《生活饮用水卫生规范》(2001)的要求,排除了自来水污染的可能。从地理环境、污水流经途径看,A家的井水超标有可能是污水造成的污染。为了进一步确定工厂是否造成该村的污染,广州市疾病预防控制中心于2004年2月16日到该村进行扩大范围水质抽样检验以及环境流行病学调查,抽样检验结果显示,自来水铅含量超标(检测值为0.036mg/L,标准值≤0.01mg/L),其余指标符合《生活饮用水卫生规范》(2001)的要求。

此次扩大抽样范围,一共抽取了居民的井水26宗(含1宗公用井),并对其中4宗进行水质全分析检验,其余都检测如下指标:色、pH、臭和味、肉眼可见物、浑浊度、锰和氟化物。抽取自来水1宗和溪流、池塘水4宗进行水质全分析检验。

居民院落水井水检验结果显示多项指标超标:有80.8%的井水pH低于标准值(6.5~8.5),最低值为B家(pH4.76),提示该村井水普遍偏酸性;有26.9%的锰(Mn)超标,最高值为B家(1.92mg/L,标准值≤0.1mg/L);有15.4%的氟化物超标,最高值为B家(16.7mg/L,标准值≤1.0mg/L);有23.1%浑浊度超标,最高值为C家36.7度(标准为不超过1度,特殊情况不超过5度);此外,除C家色度和肉眼可见物超标外,其余样品色度、臭和味、肉眼可见物均符合《生活饮用水卫生规范》(2001)的要求。

4宗井水样品的水质全分析检验结果显示,硝酸盐均超标,最高值为D家(53.0 mg/L,标准值≤20.0mg/L);此外,E和F家铅超标(标准值≤0.01mg/L)。

在4宗溪流池塘水的水质全分析检验结果中,外观均有沉淀物存在,塘水呈现黄绿色;其中,村委会门口塘中氟化物和锰的浓度,不仅超过生活饮用水卫生标准(GB 5749—2006)中的要求,也超过了《地表水环境质量标准》(GBZB 1—1999)中V类水域的要求,不仅不适宜作为饮用水源地,而且也已经不适宜作为灌溉农田用水。

四、结论与讨论

1. 结论 根据流行病学调查、卫生学调查和实验室检测结果,提示工厂废水对水槽洞溪流造成污染,并且工厂废水污染已经对农村居民饮用水水质造成影响。

2. 讨论

（1）广州市环境保护局《关于CH某工厂污染问题的报告》显示CH某工厂排放的废水中pH、总α放射性和氟化物不符合水质标准；水槽洞溪流中氟化物超标。从取水点超标情况的地理位置分布可以看出，超标点位置基本位于该工厂污水排放点下游，分布有一定规律性。

（2）本次抽样结果显示，居民井水超标的情况主要反映在如下几个指标：pH（超标率80.8%）、锰（超标率26.9%）、氟化物（超标率15.4%）、浑浊度（超标率23.1%）、硝酸盐（4宗均超标）、铅（4宗中有2宗超标）。这显示，井水的主要卫生问题是水质偏酸性和锰、氟化物和硝酸盐超标。

（3）工厂污水和该村井水的水质检测结果显示氟化物、锰超标情况基本一致，进一步佐证工厂污水对井水污染的可能性。

五、风险评估及防控措施

1. 风险评估　氟是人体必需的一种微量元素，但摄入过高则会危害人体健康，主要表现是引起儿童氟斑牙和成人氟骨症患病率的升高。广州市疾病预防控制中心在2003年12月25日对该村一小学144名学生（7~12岁）所做的健康普查表明，氟斑牙患病率为18.1%，患病率明显高于普通人群。其中，氟斑牙患病情况最严重的两名学生（白垩型Ⅲ型伴着色缺损）来自本次抽检井水氟含量超标最严重的A家中。

过量的硝酸盐摄入后在胃中细菌作用下转化为亚硝酸盐，影响血红蛋白的输氧功能，并有潜在的致癌性。广州市疾病预防控制中心对该村近年村民死亡情况的调查结果显示，在2000—2003年4年间该村共有28名居民死亡，死因为：肿瘤6例（肺癌4例，肝癌、皮肤癌各1例），心脑血管疾病8例，呼吸道感染3例，老年病3例，意外死亡2例，其他6例。由于缺乏之前该村死亡相关数据，并且未与邻村和同期该地区相对数比较，暂还不能断定死亡情况和水源的污染有直接关系。

2. 防控措施

（1）立即全面停止饮用井水，改用自来水作为饮用水。该村自2002年10月已改用自来水，但改水并不全面，仍有2户本地农民和8户外来户以井水作为饮用水源，应尽快完成全面改水任务。

（2）环保等有关部门监督工厂"三废"，特别是废水排放尽快达标，并加强该厂日常废物排放的监管和下游水质的监测。

(3)该村加强自身环境卫生建设,垃圾及时清运处理,公共厕所粪便应做到安全卫生无害化处理,避免污染水源。

六、点评

分散式供水是指分散居户直接从水源取水,无任何设施或仅有简易设施的供水方式,是相对集中式供水而言的,例如人力取水、手压泵、机器取水等。

分散式供水依然是广东省农村主要饮水方式之一,且主要以浅井水为主,缺乏保护措施,易受到周边垃圾和粪便的污染,微生物污染是主要的。政府加强农村改水工作后,广东省农村分散式供水水质在2008—2011年呈现了升高的趋势。广州市疾病预防控制中心前期相关研究显示分散式供水的合格率低于其他供水类型,主要不合格指标是微生物指标和pH。细菌总数能指示水的有机物污染情况,总大肠菌群是作为病原菌的指示菌,提示饮用水可能被粪便污染,可以结合一起判断水的安全程度,微生物超标通常带来急性腹泻发病率升高等健康危害。

本次调查的结果显示井水的主要卫生问题在于水偏酸性、锰、氟化物和硝酸盐的超标,而工厂排放的废水中pH、总α放射性和氟化物也不符合标准,水槽洞溪流中氟化物超标,污染比较严重,且超标井水的地理位置基本都位于工厂污水排放点下游,综合以上,判定井水水质可能受到工厂排放的废水的影响。

(周金华　周自严　李　琴)

参考文献

[1] 中华人民共和国卫生部,中国国家标准化管理委员会.生活饮用水卫生标准:GB 5749—2006 [S].北京:中国标准出版社,2007.

[2] 中华人民共和国卫生部,卫生法制与监督司.生活饮用水水质卫生规范[S].生活饮用水卫生规范.北京:中国标准出版社,2001.

[3] 吴和岩,何昌云,张建鹏,等.2010年广东省农村生活饮用水卫生状况调查分析[J].华南预防医学,2011,37(5):24-29.

[4] 何昌云,黄锦叙,吴和岩,等.2008—2011年广东省农村分散式供水水质的卫生状况[J].环境与健康杂志,2012,29(4):373-374.

[5] 张秀绘, 苏筱军, 李庆平, 等. 生活饮用水细菌学指标的影响因素 [J]. 环境与健康杂志, 2006, 23(2):152-153.

[6] 李洪兴, 陶勇, 刘开泰. 我国改水与环境卫生干预控制腹泻病发病效果的 Meta 分析 [J]. 环境与健康杂志, 2014, 31(5):438-441.

[7] 刘淑惠. 新乐市 2009 年生活饮用水水质卫生状况分析 [J]. 现代预防医学, 2012, 39(17):4571-4572.

案例十五　一起印染厂废水污染井水事件

一、信息来源

2009 年 12 月 1 日,广州市疾病预防控制中心接到 CH 区(原 CH 市)W 镇人民政府关于对 W 镇某村某社生活饮用水检验的申请,中心于 12 月 2 日和 25 日对生活饮用水进行采样检测和现场调查。

二、基本情况

CH 市 W 镇某村某社位于该村南部,全社有 94 户,400 多名居民,主要依靠种植荔枝、蔬菜、瓜果和养殖作为经济来源。居民反映出现以下情况:①由于该社辖区居民居住地上游的印染厂近几年生产规模扩大,排放大量的黑烟尘和工业废水,并且经常有偷排直排行为,导致近几年的农作物受到损害。②由于该厂区为印染企业,至今建厂已近 19 年,工厂的污水处理池没有进行硬底化建设,长年累月堆积的大量工业污水和污泥不断对地表进行渗透,可能已经污染了居民生活饮用水。

某印染厂有限公司基本情况:该厂占地面积 30 000m²,员工 250 人左右,年加工缥织针织布约 3200 吨,年用水量约 400 000m³,平均产值 2000 多万元,生产工艺流程为:将针织胚布放入染色机内加入水和烧碱加热煮布脱脂→洗水→过酸→煮热水→洗水→加白(或加色)→洗水→制软出缸→脱水→烘干→定型→包装出厂。生产用料主要有纯碱、除油剂、磷酸三钠、片状氢氧化钠、渗透剂、高级精制盐和保险粉等。

三、现场调查和检测

1. 现场调查　现场调查居民民家中的铝锅普遍出现白色斑点结晶物附着内底部及内侧壁,部分铝锅已经被这种不明物质腐蚀至穿孔而不能使用,居民反映此现象是近两年出现的情况。居民生活饮用水来自该印染厂有限公司厂区内的一口水井,该水源点离厂内的污水处理池直线距离 100m 左右,居民认为可能是由该厂排放出来的污水污染了生活饮用水水源所致,因此居民不敢饮用此水源。现场对该印染厂和该村的一般情况进行了调查,对该厂排出的污水、该村的井水和末梢水、铝锅煮沸生活饮用水、铝锅生活用水(未煮沸)和非铝锅煮沸生活饮用水进行采样。

根据调查情况和有关资料,饮用该井水的居民身体未见不适;同时该村近年来未出现水性疾病病例、群体性疾病、化学中毒事件和农药污染水源引起的农药中毒事件。

2. 检测情况　2009 年 12 月 2 日,广州市疾病预防控制中心对该村的井水和末梢水进行常规项目采样和检测,检验结果全部符合《生活饮用水卫生标准》(GB 5749—2006)。(表 2-1-15-1)

12 月 25 日,广州市疾病预防控制中心对该村的井水、末梢水、铝锅煮沸生活饮用水、铝锅盛装生活用水和非铝锅煮沸生活饮用水进行采样。检验结果显示:除了铝锅煮沸饮用水中的铝和铊超标外,其余饮用水及项目均符合《生活饮用水卫生标准》(GB 5749—2006)。(表 2-1-15-2)

抽检该印染厂的污水 1 宗,对 5 个项目进行检测。结果显示:硫化物 <0.02mg/L、pH 为 11.4、氯化物为 1349.1mg/L、挥发酚类为 0.004mg/L、硫酸盐为 197.1mg/L。由于该污水排向地表,以《地表水环境质量标准》(GB 3838—2002)Ⅲ类水质标准作为参考,除 pH 和氯化物超标外,其余 3 个项目符合标准。

表 2-1-15-1　2009 年 12 月 2 日 W 镇某村井水和末梢水水质检测结果

指标	井水	末梢水	标准值
菌落总数 /(cfu·ml^{-1})	1	31	≤ 100
总大肠菌群 /(MPN·100ml^{-1})	未检出	未检出	不得检出
耗氧量(CODmn 法,以 O$_2$ 计)	0.6	0.68	≤ 3
耐热大肠菌群 /(MPN·100ml)	未检出	未检出	不得检出
pH	7.16	7.02	6.5–8.5
臭和味	无	无	无
镉 /(mg·L^{-1})	<0.001	<0.001	≤ 0.005
汞 /(mg·L^{-1})	<0.0005	<0.0005	≤ 0.001
挥发性酚(以苯酚计)/(mg·L^{-1})	<0.002	<0.002	≤ 0.002
总硬度 /(mg·L^{-1})	66.2	62.1	≤ 450
浑浊度 /NTU	1.4	0.85	≤ 3
铝 /(mg·L^{-1})	<0.05	<0.05	≤ 0.2

续表

指标	井水	末梢水	标准值
氯化物 /(mg·L^{-1})	3.64	13.2	≤ 250
锰 /(mg·L^{-1})	<0.05	<0.05	≤ 0.1
铅 /(mg·L^{-1})	<0.005	<0.005	≤ 0.01
氰化物 /(mg·L^{-1})	<0.005	<0.005	≤ 0.05
溶解性总固体 /(mg·L^{-1})	176	177	≤ 1000
肉眼可见物	无	无	无
三氯甲烷 /(mg·L^{-1})	<0.005	<0.005	≤ 0.06
色度 / 度	5	5	≤ 15
砷 /(mg·L^{-1})	<0.005	<0.005	≤ 0.005
四氯化碳 /(mg·L^{-1})	<0.0005	<0.0005	≤ 0.002
铁 /(mg·L^{-1})	<0.05	<0.05	≤ 0.3
铜 /(mg·L^{-1})	<0.05	<0.05	≤ 1.0
硒 /(mg·L^{-1})	<0.005	<0.005	≤ 0.01
硝酸盐 (以氮计)/(mg·L^{-1})	1.15	4.67	≤ 10
锌 /(mg·L^{-1})	<0.05	<0.05	≤ 1.0
总 α 放射性 /(Bq·L^{-1})	<0.016	0.028	≤ 0.5
总 β 放射性 /(Bq·L^{-1})	0.054	0.085	≤ 1
氟化物 /(mg·L^{-1})	<0.2	0.25	≤ 1.0
铬 (六价)/(mg·L^{-1})	<0.005	<0.005	≤ 0.05
硫酸盐 /(mg·L^{-1})	4.1	14.6	≤ 250
阴离子合成洗涤剂 /(mg·L^{-1})	<0.10	<0.10	≤ 0.3

表 2-1-15-2　2009 年 12 月 25 日 W 镇某村生活饮用水检测结果

项目名称	井水	末梢水	铝锅煮沸饮用水	铝锅盛装生活用水	非铝锅煮沸饮用水	标准值
硫化物 /(mg·L^{-1})	<0.02	<0.02	<0.02	<0.02	<0.02	≤ 0.02
pH	6.88	7.1	8.07	7.42	8.09	6.5–8.5
钡 /(mg·L^{-1})	0.09	0.09	0.1	0.09	0.09	≤ 0.7
镉 /(mg·L^{-1})	<0.001	<0.001	<0.001	<0.001	<0.001	≤ 0.005
汞 /(mg·L^{-1})	<0.0005	<0.0005	<0.0005	<0.0005	<0.0005	≤ 0.001
挥发性酚 (以苯酚计)/ (mg·L^{-1})	<0.002	<0.002	<0.002	<0.002	<0.002	≤ 0.002
总硬度 /(mg·L^{-1})	60.1	56.1	62	58.1	62	≤ 450
铝 /(mg·L^{-1})	<0.05	<0.05	0.7	0.08	<0.05	≤ 0.2
氯化物 /(mg·L^{-1})	10.4	10.8	11.8	11.2	10.8	≤ 250
锰 /(mg·L^{-1})	<0.05	<0.05	<0.05	<0.05	<0.05	≤ 0.1
钠 /(mg·L^{-1})	8.7	9.6	11.3	8.9	9	≤ 200
镍 /(mg·L^{-1})	<0.010	<0.010	<0.010	<0.010	<0.010	≤ 0.02
硼 /(mg·L^{-1})	<0.05	<0.05	<0.05	<0.05	<0.05	≤ 0.5
铅 /(mg·L^{-1})	<0.005	<0.005	<0.005	<0.005	<0.005	≤ 0.01
溶解性总固体 /(mg·L^{-1})	97	111	95	114	137	≤ 1000
锑 /(mg·L^{-1})	<0.001	<0.001	<0.001	<0.001	<0.001	≤ 0.005
铁 /(mg·L^{-1})	<0.05	<0.05	<0.05	<0.05	<0.05	≤ 0.3
硒 /(mg·L^{-1})	<0.005	<0.005	<0.005	<0.005	<0.005	≤ 0.01
硝酸盐 /(mg·L^{-1})	2.94	3.66	2.93	2.4	2.75	≤ 10
银 /(mg·L^{-1})	<0.001	<0.001	<0.001	<0.001	<0.001	≤ 0.05
氟化物 /(mg·L^{-1})	0.27	0.26	0.27	0.25	0.28	≤ 1.0
氨氮 /(mg·L^{-1})	<0.050	<0.050	0.24	0.24	<0.050	≤ 0.5
铬 (六价)/(mg·L^{-1})	<0.005	<0.005	<0.005	<0.005	<0.005	≤ 0.05

项目名称	井水	末梢水	铝锅煮沸饮用水	铝锅盛装生活用水	非铝锅煮沸饮用水	标准值
硫酸盐 /（mg·L⁻¹）	12.3	12.8	14.1	12.4	12.8	≤ 250
阴离子合成洗涤剂 /（mg·L⁻¹）	<0.10	<0.10	<0.10	<0.10	<0.10	≤ 0.3
铍（未通过计量认证）/（mg·L⁻¹）	<0.001	<0.001	<0.001	<0.001	<0.001	≤ 0.002
钼 /（mg·L⁻¹）	<0.010	<0.010	<0.010	<0.010	<0.010	≤ 0.07
铊（未通过计量认证）/（mg·L⁻¹）	<0.00005	<0.00005	0.00013	<0.00005	<0.00005	≤ 0.0001

四、结论与讨论

1. **结论**　根据流行病学调查、卫生学调查和实验室检测结果分析，由于加热后水分蒸发浓缩，水体 pH 升高后呈碱性，长期使用腐蚀铝锅形成金属铝的化合物而在铝锅底部和内侧壁形成白色结晶。

2. **讨论**　该村的井水和末梢水采样检测，常规项目均符合《生活饮用水卫生标准》（GB 5749—2006）。井水、末梢水、铝锅煮沸生活饮用水、铝锅盛装生活用水和非铝锅煮沸生活饮用水采样检验，显示除了铝锅煮沸饮用水中的铝和铊超标外，其余饮用水及项目均符合《生活饮用水卫生标准》（GB 5749—2006）。以上结果排除了井水和末梢水污染的可能，而仅发现铝锅煮沸饮用水中的铝和铊超标，提示应重点关注这一现象。对印染厂的污水检测硫化物、pH、氯化物、挥发酚类和硫酸盐共 5 个指标，其中除 pH 和氯化物超标外，其余3 个项目符合《地表水环境质量标准》（GB 3838—2002）Ⅲ类水质标准。

五、风险评估及防控措施

1. **风险评估**　井水作为水源的优点是取水简易，缺点是易受周边环境的影响，容易被污染，受地下水位的影响，一般家庭自备井难以获得优质的水源。该市 2004 年某工厂废水导致井水污染事件和 2009 年某印染厂有限公司废水导致井水污染事件均是井水受到周边工厂废水的污染引起的，说明供水点在选址和前期建设时未充分考虑相关条件，提示分散式供水点极易受到周边环境的影响。

2.防控措施

（1）至今该印染厂已建厂近 19 年，工厂的污水处理池没有进行硬底化建设，长年累月堆积的大量工业污水和污泥不断对地表进行渗透，而水井在该厂区内，可能会受到污染，建议生态环境部门对该村及工厂环境质量进行检测，并进一步追踪观察居民的健康状况。

（2）由于水井位于工厂厂区内，取水点周围 200m 内有污水处理池，有毒、有害化学物品仓库，这些可能会对井水污染，建议停用该水井，更换水源。

（3）井水和末梢水检验结果符合《生活饮用水卫生标准》(GB 5749—2006)，仅铝锅煮沸饮用水中的铝超标 3.5 倍，铊超标 1.3 倍，建议居民改用非铝锅。

六、点评

目前尚未发现该现象对饮用人群的健康损害效应。水井可能的污染原因是水井受到印染厂排出的废水的影响，也可能是水井周围污水处理池，有毒、有害化学物品仓库对井水的污染。

分散式供水点的水源保护范围内不得修建渗水厕所、化粪池和渗水坑，现有公共设施应进行污水防渗处理，取水口尽量远离这些设施，避免生活污水污染供水点水源，在工程建设时要进行卫生学预评价和竣工评价，同时还需要考虑生活污水的排放现状和特点、农村区域经济与社会条件。目前，广州市大多数农村地区采用集中式供水，而在这些地区依旧有少部分居民选择使用分散式供水，可能是饮水习惯的问题，应加大对农村地区的有关生活饮用水的健康教育，加强对农村分散式供水的水源保护和改变居民的饮水习惯。对于分散式供水的水质污染的控制方面，主要从更换水源，清除周边隐患，增加处理设施和进行健康教育等方面着手。

（周金华　郭重山　周自严）

参考文献

[1] 杨克敌.环境卫生学 [M].8 版.北京：人民卫生出版社，2017.

[2] 中华人民共和国卫生部,中国国家标准化管理委员会.生活饮用水卫生标准:GB 5749—2006 [S].北京:中国标准出版社,2007.

[3] 国家环境保护总局,国家质量监督检验检疫总局.地表水环境质量标准:GB 3838—2002 [S].北京:中国环境科学出版社,2002.

[4] 何昌云,黄锦叙,吴和岩,等.2008—2011年广东省农村分散式供水水质的卫生状况 [J].环境与健康杂志,2012,29(4):373-374.

[5] 向仕学,付松,胥飞,等.1起鼠药污染井水引起的中毒事件调查报告 [J].预防医学情报杂志,2002,18(4):349.

案例十六 某杂志社员工发生群体性腹泻事件

一、信息来源

2007 年 7 月 17 日广州市疾病预防控制中心接到 J 杂志社报告,7 月 4 日以来该社 16 名员工先后发生腹泻。

二、基本情况

该杂志社在市区有两个办公地点,分别为 YX 区(A)和 TH 区(B)。该杂志社共有员工 110 人,其中办公场所 A 有 21 人,办公场所 B 有 89 人。该杂志社两处员工早餐和晚餐各自解决,B 员工午餐由其自设食堂提供,A 员工午餐在 Z 大学食堂就餐。

三、现场调查和检测情况

1. 办公场所 A 人员发病情况 7 月 4 日 13 时,办公场所 A 有 1 名女员工出现胃肠不适,继而有腹痛、腹泻症状,当日腹泻次数 3 次,随后同一楼层同事有 2 人也出现类似症状,严重者腹泻次数达 4～5 次/d。该办公场所共有员工 21 人,胃肠不适者 3 人,罹患率为 14.3%。

2. 办公场所 B 人员发病情况 自 7 月 11 日起,办公场所 B 也陆续有职工出现胃肠不适、腹痛、腹泻症状。此办公地点共有员工 89 人,胃肠不适者 13 人,罹患率为 14.6%。有一孕妇发病较严重,7 月 11 日上午发病,有轻微胃肠不适,每天腹泻 10 余次,7 月 13 日因产前检查告知医生,但未做其他生化检验。

有个别员工自行服用肠胃药,其余均未做任何治疗。杂志社出现胃肠不适者人员见表 2-1-16-1。

表 2-1-16-1 J 杂志社出现胃肠不适者人员统计表

办公地点	日期	时间	罹患人数	腹泻最多次数/(次·d⁻¹)
A	7 月 4 日	下午	3	4～5
B	7 月 11 日	上午	2	10 余
	7 月 13 日	下午	1	1～2
	7 月 15 日	上午	2	1～2
	7 月 16 日	上午	3	6
		下午	5	1 次/2 小时
合计			16	

3. 环境因素调查

供水情况:该杂志社从 2006 年初开始与 YB 纯净水公司签订供水协议,由广州市 XS 水行负责送水,杂志社的两个地点均饮用该品牌桶装纯净水。现使用饮水机共 16 台(A 区 3 台,B 区 13 台),饮水机清洗情况不详,本次事件发生后,B 区员工反映水口感与前期不同。杂志社方面于 7 月 16 日晚对饮水机进行清洗,并对现存的开封和未开封桶装纯净水进行了封存,停用该品牌桶装纯净水,改饮 YX 牌桶装水。

4. 水质采样及实验室检测

(1)样品采集:17 日上午采集该杂志社封存的水样共 8 份,检测了细菌总数、大肠菌群、霉菌和酵母菌总数、沙门氏菌、志贺氏菌、金黄色葡萄球菌。其中的四宗样品加做理化指标 pH、臭和味、电导率、耗氧量、挥发酚、浑浊度、氯化物、铅、氰化物、三氯甲烷、肉眼可见物、色度、砷、铜、亚硝酸盐。

由于全部饮水机已进行清洗,并更换了桶装水品牌,后期未出现病例增多情况,故未对饮水机和新的桶装水进行抽检。

(2)检验结果:所检理化指标除电导率外,其余指标均符合《瓶(桶)装饮用纯净水卫生标准》(GB 17324—2003)要求;采集的 8 份桶装水样品检测结果显示:细菌总数均超过国家标准,其中一份样品检出大肠菌群,7 份水样的霉菌和酵母菌总数不符合国家标准要求。(表 2-1-16-2)

表 2-1-16-2　J 杂志社水样部分检测结果

送检编号	细菌总数 / (cfu·ml^{-1})	大肠菌群 / (MPN·100ml^{-1})	电导率 (25℃ ±0.1℃) /(μs·cm^{-1})	霉菌和酵母菌总数 / (cfu·ml^{-1})	致病菌 (沙门氏菌、志贺氏菌、金黄色葡萄球菌)
2007HM00543(未开封)	1.2×10^4	< 3	86.7	0	未检出
2007HM00544(已开封)	1.6×10^4	< 3	94.4	1	未检出
2007HM00545(已开封)	2.0×10^4	< 3	—	4	未检出
2007HM00546(已开封)	2.7×10^4	< 3	—	3	未检出
2007HM00547(已开封)	1.1×10^3	< 3	—	155	未检出
2007HM00548(已开封)	5.8×10^2	< 3	—	10	未检出
2007HM00549(已开封)	6.2×10^3	150	71.6	1	未检出
2007HM00550(未开封)	1.3×10^3	< 3	89.2	3	未检出
标准限值	≤ 20	不得检出	≤ 10	不得检出	不得检出

四、结论与讨论

1. 结论　根据现场调查情况判定此次事件为桶装水污染而引起的集体性胃肠不适。

2. 讨论　判定依据如下：

（1）由于两处办公场所员工午餐分别就餐，早餐和晚餐自行解决，无共同进餐史，故排除是因食物引起的胃肠不适。

（2）采集的 8 份桶装水样品细菌总数最高超过国家标准 1000 倍以上，其中一份样品检出大肠菌群，7 份水样的霉菌和酵母菌超标；4 份水样电导率均超过标准限值 7 倍以上。

五、风险评估及防控措施

1. 风险评估　桶装水和饮水机给人们日常工作和生活带来便利的同时，也在人们的日常生活中埋下了健康隐患。饮水机和桶装水质量不过关、使用和维护不当等均可造成饮用水污染，导致疾病的发生。该杂志社所购桶装水，未开封的水样也出现了微生物和电导率不合格的情况，说明该品牌桶装水水质不合格。已开封水样的微生物和电导率数值相较于未开封水样呈不同程度的上升，说明已开封水样存在二次污染的可能。由于饮水机在调查采样前已进行清洗、消毒，未进行采样检测，不排除饮水机日常使用和维护不当造成了桶装水的二次污染。

2. 防控措施　停止使用饮水机、封存桶装水。采购更具质量保障的桶装水用于替换原桶装水。同时，为保证饮水安全，在桶装水和饮水机的购买、使用和维护方面从以下几点进行风险规避：

（1）购买具有涉水产品卫生许可批件的饮水机，选择有质量保障的桶装水。饮水机应放置在避光处，避免阳光直射，减少桶内绿藻生成的机会，同时保持周围环境的整洁。

（2）桶装水开封后应在 7 天内饮用（夏季 3 天），开封 3 天后尽量煮沸饮用。短期内未使用时（1～2 天），应打开水机放水十几秒后方可饮用。长期未使用时，剩余的水不应再饮用，饮水机应彻底清洗、消毒后才能使用。

（3）饮水机应定期清洗消毒，每隔一个月（夏季半个月）进行一次清洗消毒。建议 3 个月采用除垢剂进行一次除垢。

六、点评

此次事件,由于该公司有两处办公地点均发生了群体性腹泻事件,根据两处办公地点的相同供水品牌这一共性锁定病因可能为饮用水污染,继而有的放矢地开展抽样调查,迅速消除致病因素。但此次事件报告时间较晚,未能采集到病人和饮水机清洗前的样本,故而未能明确致病菌。

(孙丽丽　谭　磊　陈思宇)

参考文献

[1] 王鸣 . 突发公共卫生事件典型案例现场调查方略 [M]. 广州 : 中山大学出版社, 2013.

[2] 王明旭 . 突发公共卫生事件应急管理 [M]. 北京 : 军事医学科学出版社, 2004.

[3] 郭新彪 . 突发公共卫生事件应急指引 [M]. 北京 : 化学工业出版社, 2009.

[4] 中华人民共和国卫生部, 中国国家标准化管理委员会 . 生活饮用水卫生标准 : GB 5749—2006 [S]. 北京 : 中国标准出版社, 2007.

[5] 中华人民共和国卫生部, 中国国家标准化管理委员会 . 生活饮用水标准检验方法　水样的采集与保存 : GB/T 5750.2—2006[S]. 北京 : 中国标准出版社, 2007.

[6] 中华人民共和国卫生部, 中国国家标准化管理委员会 . 瓶(桶)装饮用纯净水卫生标准 : GB 17324—2003[S].2003.

[7] 杨克敌 . 环境卫生学 [M] .8 版 . 北京 : 人民卫生出版社, 2017.

案例十七　江水咸潮引发的氯化物超标事件

一、信息来源

2006 年 9 月份后,由于连续干旱,Z 江三角洲区域水中氯化物的浓度不断上升,已不断影响珠海、中山等地区,对我市饮用水安全也构成了威胁。

二、现场调查和检测

2005 年 12 月 29 日,2006 年 1 月 2 日、3 日、4 日和 5 日,广州市疾病预防控制中心分别对 NZ 水厂、XC 水厂、SX 水厂、SM 水厂和全市管网末梢水进行采样监测,抽取水源水、出厂水和管网末梢水共 41 宗,检测水中氯化物浓度。

SX 水厂曾于 2005 年 1 月 31 日下午 4 时因氯化物浓度过高停产,2005 年 12 月 29 日的检测结果显示出厂水氯化物超标。

2006 年 1 月 2 日在 NZ 水厂采样监测的出厂水氯化物超标。

其余检测结果均符合《生活饮用水水质卫生规范》(2001)要求,见表 2-1-17-1:

表 2-1-17-1　2015—2016 年水质监测情况表

受检单位	采样时间	样品名称	宗数	超标宗数
NZ 水厂	2005.12.29、2006.1.2—3	水源水	6	0
		出厂水	6	1
XC 水厂	2005.12.29、2006.1.2—3	水源水	6	0
		出厂水	6	0
SX 水厂	2005.12.29、2006.1.2	水源水	3	3
		出厂水	1	1
SM 水厂	2006.1.4	水源水	1	0
		出厂水	1	0
管网水	2006.1.4—5		10	0

三、结论与讨论

1. 结论　这是一起因枯水期咸潮引起的出厂水氯化物超标事件。

2. 讨论　氯化物是海水中盐类的主要成分。输水管网中氯化物含量高时，会损害金属管道和构筑物，对配水系统有腐蚀作用。饮用水中氯化物含量超过 250 mg/L 时，水的感官性状将会改变，出现咸味；含量大于 500 mg/L 时，对胃液分泌、水代谢有影响，从而诱发各种疾病。

四、风险评估及防控措施

1. 风险评估　管网末梢水中氯化物含量过高，导致水质口感出现咸味，容易引起市民恐慌，浓度过高将面临水厂停产风险，增加社会舆论压力。

2. 防控措施

（1）各自来水厂加强对水源水和出厂水中氯化物的监测。浓度过高应停止供水，改由其他水厂供水。

（2）与市气象部门积极沟通，提前获知咸潮来临时间，做好应对工作。

五、点评

氯化物的危害虽然不及重金属等毒性指标，但其含量过高会影响水质口感，并对健康造成一定的影响。广州是沿海城市，Z 江流域每年会受咸潮影响引起海水倒灌，水源水和出厂水氯化物容易超标。因此，每年的咸潮时期需加强氯化物的监测。

2010 年，广州市西江引水工程竣工，有悠久历史的饮用水水源地——Z 江彻底退出了历史舞台，仅用作备用水源，取而代之的是水质良好的西江水。西江引水工程解决了 XC 水厂、SM 水厂、JC 水厂（JC 一厂和 JC 二厂）和近年新建的 BB 水厂的水源问题，提高了出厂水水质，也彻底解决了咸潮对市政供水带来的影响。

（毕　华　黎晓彤　郭重山）

参考文献

[1] 中华人民共和国卫生部卫生法制与监督司. 生活饮用水水质卫生规范 [S]. 生活饮用水卫生规范. 北京，2001.

[2] 管蓉，赵桂鹏，刘朝晖，等. 2013 年中部某地区农村饮用水中氯化物，

硫酸盐,硝酸盐的调查分析 [J]. 中国卫生检验杂志, 2014,24(22):3309-3312.

[3] 陈玉强,张胜寒 . 高分子除氯剂对水中氯离子的吸附机理 [J]. 化工环保, 2018,38(2):185-190.

[4] 王玉强 . 上海市域地下水环境氯离子含量的时空演化特征研究 [J]. 山东农业大学学报(自然科学版), 2015,46(6):892-897.

第二章 自然灾害引发供水不足或水质污染

自然灾害是指发生在地球表层系统中、能造成人们生命和财产损失的自然事件,其具有潜在性、突然性、周期性、群发性、复杂性和多因性。自然灾害对人类的危害主要表现在两个方面:①直接造成人员伤亡和国家、集体及个人的财产损失;②引起人民的惊恐与社会的动荡。

自然灾害最可能造成饮用水污染,其污染环节主要是:水源环节、饮用水生产环节、饮用水输送环节和使用环节、二次供水使用环节。通过本章节学习,了解自然灾害中洪涝灾害造成的饮用水污染特点、调查内容、评价标准及采取有效措施等,举一反三,为处置自然灾害引发饮用水不足或水质污染打下基础。

案例一 一起敌鼠钠盐污染水源水事件

一、信息来源

2009年9月9日18时15分,广州市ZC区疾病预防控制中心接到广州市某自来水有限公司电话,9月9日早上6时45分,水厂工作人员发现水源水生物池所养鱼大部分死亡,ZC区疾病预防控制中心立即上报广州市疾病预防控制中心。

二、基本情况

广州市某自来水有限公司位于ZC区PT镇GT村AT合作社,2008年开始投入使用,实际供水量0.5万t/d,供水人口约5万人,2009年水厂工作人员4名。该水厂的消毒工艺按照常规的混凝沉淀、过滤和消毒程序,消毒剂是二氧化氯,消毒方法是二次加二氧化氯(分别在混凝前和出厂前加二氧化氯),消毒设备和管道比较陈旧,沉淀池和过滤池墙壁污垢较厚。水厂的水源取自位于PT镇MS村的MS河,有两个取水点,分别为GT村AT汲水点和GT圩桥汲水点。该水厂无完整的检验实验室。

三、现场调查和检测

9月9日晚上19时15分,市、区疾病预防控制中心应急处理小组到达现场开展调查工作。现场发现,水源水生物池设在水厂办公楼一楼附近,平时由工作人员饲养和监看,通过查看生物池内鱼的活动情况初步判断水源水质是否受到毒物污染。经进一步核实了解,9月9日早上6时45分,水厂工作人员李某和潘某在日常的监看中发现水源水生物池内鱼大部分死亡,立即向该水厂经理黄某汇报情况,黄某立即指示工作人员关闭清水池供水阀门。当天下午,黄某赶到现场,指示水厂工作人员李某和潘某两人将混合反应池、沉淀池、过滤池、清水池水全部排空。黄某和水厂工作人员通过初步勘察周围环境,未找到生物池出现大量鱼死亡的原因,怀疑有人投毒,即通知当地派出所介入调查。随后水厂负责人会同派出所到现场采集水源水水样,送广州市刑警支队检验室检验。

应急处理小组现场勘查了水源水附近环境,未发现任何异常,因为天色已晚,未进一步扩大勘察范围。根据水源水生物池大量鱼死亡的现象,初步判断水源水可能受到毒物污染。经进一步调查,8月25日ZC区农业局向镇政府发放老鼠药(敌鼠钠盐),镇政府将老鼠药发放到MS村(距离AT汲水点约1km),数量为75kg,动员村民消灭鼠患,截至9月9日,约投放40kg。9月9日凌晨4时至8时当地大暴雨,6时45分左右发现水源水生物池大量鱼死亡。应急处理小组判断由于大暴雨,MS村投放的老鼠药可能经雨水冲刷流进MS河,从而污染水源水生物池,导致大量鱼死亡。当晚21时左右经广州市刑警支队检验室检验,水源水水样检验结果为敌鼠钠盐阳性,PT镇政府立即组织人员回收MS村所剩老鼠药(敌鼠钠盐)约35kg。

应急处理小组根据现场调查的情况,在该水厂水源水GT村AT汲水点和GT圩桥汲水点分别采集两宗水样进行检验,检验项目为:色度、浑浊度、臭和味、肉眼可见物、pH、氯化物、总硬度、氨氮、铁、锰、砷、耗氧量、铜、锌、铅、铬(六价)、氰化物、硝酸盐氮、亚硝酸盐氮、硫酸盐、氟化物、溶解性总固体、挥发酚类、阴离子合成洗涤剂、尿素、有机磷(定性)。两宗水样所检项目结果均为铁超标[《地表水环境质量标准》(GB 3838—2002)Ⅲ类标准],其余项目未超标。对水样中的敌鼠及其钠盐进行定性,检验结果为阴性。

四、结论与讨论

1. **结论** 根据现场调查情况,结合广州市刑警支队检验室对水源水水样检验为敌鼠钠盐阳性的结果,判定PT镇MS村投放的老鼠药经暴雨冲刷流入MS河,导致该水厂的水源水遭到污染,引起水源水生物池的鱼大量死亡。

2. 讨论 该起水源水污染事件的起因和溯源并不复杂,但是水厂相关人员在事故发生后,所采取的应急处置却存在一些问题。第一,水厂工作人员发现水源水生物池所养鱼出现大部分死亡的时间为 9 月 9 日早上 6 时 45 分,第一时间通知水厂经理黄某,黄某立即指示工作人员关闭清水池供水阀门,这个做法非常正确,及时停止可能含有毒物的出厂水供给当地居民。但当时应该立即采集出厂水送检,检验出厂水有没有受到污染。第二,当天下午黄某赶到现场后,指示水厂工作人员李某和潘某两人将混合反应池、沉淀池、过虑池、清水池水全部排空,没有采集各个水池的水样进行送检。第三,水厂工作人员在无法找到大量鱼死亡的原因,怀疑有人投毒后,当天下午才通知当地派出所介入调查,然后采集水源水水样送广州市刑警支队检验室检验,并且直到 18 时 15 分才向疾控部门报告,延误了事故的调查时效。广州市疾病预防控制中心采集水源水的时间大约为当晚 21 时,因为当地刚刚下过暴雨,水流量大且速度快,水源水中的老鼠药经过长时间的扩散稀释,含量已经很低,这极有可能是广州市疾病预防控制中心实验室检出水源水水样敌鼠钠盐阴性,而广州市刑警支队检验室检出阳性的原因。

本次水源水污染事件虽未引起严重后果,但暴露了小型自来水厂应对突发事件能力不足的问题,在处理和应对程序上不能够完全按照应急处置的原则和流程来进行,同时也暴露了小型自来水厂水源取水点保护措施不完善,水厂设备陈旧,制水工艺落后等问题。相关政府部门应加强对小型自来水厂的监督管理,定期检查水厂制水工艺,加大对混合反应池、沉淀池、过滤池、清水池及管网进行清洗消毒的频次;定期督导检查其水源水取水点的保护状况;定期评估水源水取水点周边环境卫生状况;注重对水厂制水工艺、实验室建设、管网铺排、水源水取水点设置等的合理性和安全性进行审查。应做好水厂工作人员上岗前安全、卫生知识培训,严格执行制水工艺操作规程,同时建立突发公共卫生事件应急处置预案,应对各种水质污染安全事件,强调发生事故后要及时报告,及时处理。

五、风险评估及防控措施

敌鼠钠盐是一种抗凝血的高效杀鼠剂,在我国应用时间久、应用范围广,具有配置简便、效果好、价格便宜等优点。敌鼠钠盐成人一次口服中毒量为 0.06～0.25g,致死量为 0.5～2.5g,如连续多次摄入可达到累积效应而发挥毒效。解剖见由体表到内脏有多发的大小不等的出血是其特征,皮下及肌肉组织中可见大片出血,脑髓及各实质脏器多发出血灶,支气管腔内有出血性黏液,蛛网膜下腔、胸腔、腹腔、肠腔中可发现多量不凝血液。因此,如果敌鼠钠盐污染水源,居民饮水安全就会受到极大威胁。特别是农村地区,如果小型集中式供水制水工艺落后,消毒措施不足,甚至村民直接饮用水塔水或者井水,饮水中毒的风险更高。有资料报道,重庆市某村曾于 2003 年报道一起毒鼠强污染饮用水源,导致 21 名村民出现中毒症状,且有 1 人死亡。经调查发现,部分村民自加工毒鼠强出售,在村里水井上方的小池塘边冲洗加工工具和洗涤工作衣服,导致毒鼠强污染了水井,使饮用该水井的村民中毒。

根据本次调查的结论,水源水遭到敌鼠钠盐的污染的可能性非常大。水厂工作人员李某和潘某发现水源水生物池所养鱼出现大部分死亡后,立即向该水厂经理黄某汇报情况,黄某立即指示工作人员关闭清水池供水阀门,反应及时,将本次水污染可能导致村民饮水中毒的风险降到最低。但是,本次水源水污染事件在处理和应对程序上未完全按照应急处置的原则和流程进行,没有第一时间向有关部门报告,错过了溯源的最佳时间,影响了后续的调查取证和风险研判。特别是没有第一时间采集水源水水样进行毒性检测,造成较长时间内无法确认是敌鼠钠盐污染了水源,从而未及时收回已经发放的敌鼠钠盐和加强相应的防护。PT 镇 MS 村极有可能继续投放敌鼠钠盐,导致更大范围的污染,对人畜的健康造成更大的危害。

针对该起水源水污染事件,该水厂必须继续暂停供水,对水厂混合反应池、沉淀池,过滤池、清水池及管网进行彻底清洗,同时对水厂水源水、出厂水及末梢水进行实时监测,所有类别的水质均达到国家标准后,才能制水供水。

六、点评

广州市疾病预防控制中心和 ZC 区疾病预防控制中心接到报告后,行动迅速,经过细致的现场调查,结合已有的水质检验报告,准确判定水源水生物池所养鱼大量死亡的原因。指导水厂对水厂混合反应池、沉淀池,过滤池、清水池及管网进行彻底清洗消毒,同时提出加强对水厂的管理,特别是对水源水的保护,增加水源水保护硬件措施,防止周边环境的毒物污染水源水等针对性建议和要求。

该起事件给我们的启示是:①发现水源水可能受到毒物污染,应该第一时间停止供水,并采集水源水和出厂水水样送检;②第一时间报告当地相关部门,加大联合调查力度,尽最快速度找到毒物污染的源头,保障供水安全;③在水厂内建造一个水源水养鱼的生物池的模式应该推广,可以从鱼的状态迅速判断水源是否受到毒物污染,尤其对于检测能力和设备有限的水厂更具可操作性。

(周自严　周金华　谭　磊)

参考文献

[1] 项云成,唐邦富,姜元华,等 . 一起毒鼠强污染饮用水源引起的中毒事件 [J]. 环境与健康杂志,2003,20(5):314.

[2] 方小衡,张泽民 . 农药污染井水致食物中毒的调查分析 [J]. 中国实用医药,2007,2(31):159-160.

[3] 向仕学,付松,黄建中,等 .1 起鼠药污染井水引起的中毒事件调查报告 [J]. 预防医学情报杂志,2002,18(4):349.

[4] 王鸣 . 突发公共卫生事件典型案例现场调查方略 [M]. 广州:中山大学出版社,2013.

案例二 一起洪涝灾害后饮水卫生情况调查分析

一、信息来源

2014年5月24日,广州市疾病预防控制中心接到CH区疾控中心报告:由于暴雨侵袭,CH区多个街镇发生洪涝灾害,部分供水单位受到不同程度破坏。

二、基本情况

2014年5月23日广州市CH区受到暴雨侵袭,下辖6个街镇遭受特大暴雨,引发洪涝和城市内涝灾害。CH区W镇遭受洪涝灾害的区域主要在W景区和X村,W景区和X村内饮用水由JY公司提供,该公司机房遭受水浸。L镇遭受洪涝灾害的有4个行政村,该4村饮用水都是农村改水工程小型集中式供水,其中3个村的供水系统(供水管网)受到不同程度破坏而停止供水。

三、现场调查和检测

1. JY公司 JY公司采用流溪河河水作为水源,以往水质较好,日供水量4000~7000m³,供水范围为W镇旅游区,供水人口约1万人。水厂制水工艺较为落后,为常规的沉淀、过滤和消毒。该公司采用聚合氯化铝作为混凝剂,采用液氯进行消毒。该公司员工26人,设有简易实验室,对消毒剂指标、pH、浑浊度等常规指标进行日常检测。此次事件该公司水源水取水泵房被雨水浸泡较为严重,发电机、压力泵等机器不能正常使用,水厂不能制水。停水2日抢修后方恢复正常运行,抢修同时亦进行技术改造,增加沉淀、过滤等处理池。

调查组对该公司的出厂水和末梢水进行了常规指标检测,检测项目为常规32项。除出厂水和末梢水的铝和浑浊度不合格外,其余所检项目检验结果均符合《生活饮用水卫生标准》(GB 5749—2006)的要求。见表1。

2. CH区L镇H村供水情况 现场调查了L镇H村半集中式供水。该水引用山顶的山泉水作为水源水,供水覆盖人口约1300人。整个供水水质处理工艺较简单,输水过程没有任何消毒处理工艺,仅在水源点取水处采取沙石过滤。

调查组对L镇H村的3个合作社的分散式供水进行了常规31项指标检测,背阴点山泉水的总大肠菌群、耐热大肠菌群、铝、浑浊度;冲岭点山泉水的总大肠菌群、耐热大肠菌群、铝、浑浊度、肉眼可见物;秧西点山泉水菌落总数、总大肠菌群、耐热大肠菌群、铝、浑浊度、肉眼可见物均不合格。（表 2-2-2-1）

表 2-2-2-1　CH 区 W 镇自来水厂和 L 镇分散式供水的水质检验结果

检验项目	JY 公司出厂水	JY 公司末梢水	H 村背阴点山泉水	H 村冲岭点山泉水	H 村秧西点山泉水	标准值 /（mg·L^{-1}）
pH 值	7.00	7.00	7.15	6.90	6.89	6.5–8.5
臭和味	无	无	无	无	无	无
氟化物	0.22	0.23	<0.2	<0.2	<0.2	≤ 1.0
镉	<0.001	<0.001	<0.001	<0.001	<0.001	≤ 0.005
铬（六价）	<0.005	<0.005	<0.005	<0.005	<0.005	≤ 0.05
汞	<0.0005	<0.0005	<0.0005	<0.0005	<0.0005	≤ 0.001
耗氧量	0.98	0.98	1.56	1.56	0.90	≤ 3
挥发性酚	<0.002	<0.002	<0.002	<0.002	<0.002	≤ 0.002
浑浊度	13.9	13.0	4.15	12.8	6.87	≤ 1
菌落总数	40	未检出	72	96	4.6×10^4	≤ 100(cfu/ml)
硫酸盐	3.66	3.68	2.11	2.30	1.10	≤ 250
铝	0.448	0.456	0.324	0.361	0.308	≤ 0.2
氯化物	3.29	2.93	0.98	0.95	0.63	≤ 250
锰	<0.05	<0.05	<0.05	<0.05	<0.05	≤ 0.1
耐热大肠菌群	未检出	未检出	450	9200	>16 000	不得检出
铅 (Pb)	<0.005	<0.005	<0.005	<0.005	<0.005	≤ 0.01
氰化物	<0.005	<0.005	<0.005	<0.005	<0.005	≤ 0.05
溶解性总固体	53	48	25	18	22	≤ 1000
肉眼可见物	无	无	无	有沉淀物	有沉淀物	无
三氯甲烷	0.017	0.019	0.0056	<0.005	<0.005	≤ 0.06
色度	5	5	5	10	5	≤ 15
砷	<0.005	<0.005	<0.005	<0.005	<0.005	≤0.005

续表

检验项目	JY 公司出厂水	JY 公司末梢水	H 村背阴点山泉水	H 村冲岭点山泉水	H 村秧西点山泉水	标准值/$(mg \cdot L^{-1})$
四氯化碳	<0.0005	<0.0005	<0.0005	<0.0005	<0.0005	≤0.002
铁	0.132	0.154	0.100	0.113	0.180	≤0.3
铜（Cu）	<0.05	<0.05	<0.05	<0.05	<0.05	≤1.0
硒	<0.005	<0.005	<0.005	<0.005	<0.005	≤0.01
硝酸盐（以氮计）	0.81	0.81	0.87	0.79	<0.5	≤10
锌	<0.05	<0.05	<0.05	<0.05	<0.05	≤1.0
阴离子合成洗涤剂	<0.10	<0.10	<0.10	<0.10	<0.10	≤0.3
总大肠菌群	未检出	未检出	450	9200	>16 000	不得检出
总硬度	18.4	18.0	3.0	6.0	6.0	≤450
出厂水游离余氯	2.20	—	—	—	—	≥0.3&<4
末梢水游离余氯	—	1.51	—	—	—	≥0.05

四、结论与讨论

1. **讨论**　广州市是我国洪涝灾害风险最高的城市之一,基本特征为季节分布不均、年际变化大、灾情严重。由于农村地区的防洪疏洪水利基础设施较城市薄弱,更易发生洪灾。洪灾期间,保障安全的饮用水和基本的卫生设施以及安全处理感染性废物可有效预防疾病传播。其中,供应安全卫生的饮用水是首要任务之一。

由于经济、地理位置偏僻等原因,农村地区的生活饮用水的供水单位制水工艺、设备设置等往往比较陈旧、落后,尤其是分散式供水单位,多数都未经任何水处理措施就直接供给村民使用和饮用。一旦发生洪灾,极易发生供水系统损坏、饮用水污染等突发事件。

2. **结论**　此次事件中,JY 公司出厂水、末梢水铝超标 2 倍多,推测为水厂为改善水质添加过量的混凝剂——聚合氯化铝,相关部门应派技术人员指导水厂完善水处理工艺。农村半集中式供水方面,水质的微生物指标普遍不合格,应煮沸或投放消毒药后方可饮用。同时要做好受灾区域居民的健康宣教工作,指导居民正确饮水、用水。此外,H村秧西点山泉水微生物严重超标,菌落总数为460cfu/ml,总大肠菌群、耐热大肠菌群均＞16 000MPN/100ml,三个供水点的山泉水铝均超标。应建议居民暂时停用该水源,并联络水务部门进一步查找水污染原因,改善供水水质。

五、风险评估及防控措施

1. 风险评估 此次洪涝灾害事件中,由于JY公司水厂的应急处置方案欠缺、硬件设备比较落后、人员专业水平不够,水厂抢修恢复后供水浑浊度和铝超标;分散式供水由于供水设施简陋,供水水质也多数不合格,当地居民存在较大的健康风险。

2. 应急处置措施

(1)加强环境卫生:要搞好厕所卫生,做好粪便处理,及时清运垃圾、处理动物尸体等,在洪水退后及时清淤,做好环境消毒工作。

(2)保障饮用水安全:供水设施被淹期间停止供水,退洪后对供水设备进行维修、清洗和消毒,水质指标检测合格后重新启用。水务部门全面排查、检测受灾地区农村自建水厂,做好水源取水区域、储水池、输水管道的巡查,加强对农村饮水水源点和饮水设施的保护。

(3)临时应急供水:在难以就地获取合格饮用水的情况下,应提供紧急供水措施,如瓶装水、水车供水、建立临时集中式供水站等,保障民众饮水安全。

(4)加强健康宣教:指导村民加强个人卫生防护,不喝来源不明或污染的水,不喝生水。尽量喝烧开的水、瓶装水或合格的应急供水。盛水器具应定期进行清洗、消毒。自觉保护生活饮用水水源及环境,在指定地点堆放生活垃圾、倾倒生活污水、大小便。

(5)灾后供水单位改建措施:尽快落实现有水厂改造和新建水厂工作,建设和改造前应全面考虑洪涝灾害可能引发的安全隐患问题。各水厂需制定详细的应急预案、选配专业技术人员。相关职能部门应按职能完善行业管理,加强对水厂水处理工艺的监督监测,增加管网末梢水监测点,及时发现可能因供水管道受损和水源污染导致的水质污染的情况,防止水污染事故的发生。

六、点评

此次洪涝灾害突发事件中,相关部门反应及时,调查全面细致、应急处置措施较为妥当,未导致传染病的流行。但在洪涝灾害应急期供水单位修复以及紧急用水的技术指引方面不够全面和细化。

世界卫生组织针对应急情况下的生活饮用水供应制定了一系列的工作指引文件,可以作为应急处置的参考。

(孙丽丽　陈思宇　谭　磊)

参考文献

[1] 王鸣. 突发公共卫生事件典型案例现场调查方略 [M]. 广州 : 中山大学出版社, 2013.

[2] 王明旭. 突发公共卫生事件应急管理 [M]. 北京 : 军事医学科学出版社, 2004.

[3] 郭新彪. 突发公共卫生事件应急指引 [M]. 北京 : 化学工业出版社, 2009.

[4] 中华人民共和国卫生部, 中国国家标准化管理委员会. 生活饮用水卫生标准 :GB 5749—2006 [S]. 北京 : 中国标准出版社, 2007.

[5] 中华人民共和国卫生部, 中国国家标准化管理委员会. 生活饮用水标准检验方法 水样的采集与保存 :GB/T 5750.2—2006[S]. 北京 : 中国标准出版社, 2007.

[6] 国家环境保护总局. 地表水环境质量标准(GB 3838—2002)[S]. 2006.2002-06-01.

[7] 杨克敌. 环境卫生学 [M] .8 版 . 北京 : 人民卫生出版社, 2017.

[8] 紧急状况后水处理厂的修复 . https://www.who.int/water_sanitation_health/publications/2011/tech_note6_zh.pdf?ua=1.

[9] 小型配水管网的恢复 . https://www.who.int/water_sanitation_health/publications/2011/tech_note4_zh.pdf?ua=1.

[10] 紧急情况下的用水量 . https://www.who.int/water_sanitation_health/publications/2011/tech_note9_zh.pdf?ua=1.

[11] 饮用水在使用点的应急处置 . https://www.who.int/water_sanitation_health/publications/2011/tech_note9_zh.pdf?ua=1.

[12] 供水中氯含量的测定 . https://www.who.int/water_sanitation_health/

publications/2011/tech_note9_zh.pdf?ua=1.

[13] 用罐车运输安全水．https://www.who.int/water_sanitation_health/ publications/2011/tech_note12_zh.pdf?ua=1

[14] 水箱和运水车的清洁与消毒．https://www.who.int/water_sanitation_health/ publications/2011/tech_note3_zh.pdf?ua=1.

[15] 手挖井的清洁与消毒．https://www.who.int/water_sanitation_health/ publications/2011/tech_note1_zh.pdf?ua=1.

[16] 手压井的清洁与消毒．https://www.who.int/water_sanitation_health/ publications/2011/tech_note2_zh.pdf?ua=1.

[17] 海水泛滥过后的水井清洁．https://www.who.int/water_sanitation_health/ publications/2011/tech_note15_zh.pdf?ua=1.

案例三 一起强暴雨后饮水污染事件

一、信息来源

2014 年 5 月 24 日,广州市疾病预防控制中心接到广州市卫健委来电,由于暴雨侵袭后,ZC 区受水灾最严重的 PT 镇部分自来水厂和村落的分散式供水受到较大程度的破坏。

二、基本情况

2014 年 5 月 22—23 日,ZC 区受持续暴雨影响,发生了严重的洪涝灾害,交通、电力、水利、通信、房屋等基础设施受到不同程度的损坏。其中,PT 镇受灾最为严重。该镇 37 个村(居委会)400 个合作社中有 24 个行政村共 150 个合作社受灾,受灾面积达 330 万 m^2。24 个受灾行政村中,10 个行政村为市政集中供水,其余 14 个行政村为村委自建供水。PT 镇灾前有集中式供水单位 3 间,分别是 MD 自来水厂、GT 自来水厂和 BSZ 自来水厂,3 间水厂灾后均中断了供水。由于 PT 镇及其周边 10 个受灾行政村的村民都饮用 MD 自来水厂的自来水,另外 14 个受灾行政村的半集中式供水管网也受到不同程度的破坏,所以 PT 镇大部分受灾村(居)民的供水均中断。另外部分饮用分散式供水的居民饮水也受到了影响。

广州市疾病预防控制中心分别于 5 月 25 日、6 月 6 日、6 月 16 日到 PT 镇进行灾后疫情的风险评估及饮用水卫生技术指导。

三、现场调查和检测情况

1. 5 月 25 日调查情况

（1）生活饮用水供应情况:PT 镇饮用水供水系统受损,各水厂因停电、取水泵房雨水浸泡严重,发电机、压力泵等机器不能正常使用,导致水厂不能制水。该镇及附近村约 10 000 名群众生活饮水供应均中断,截至 5 月 25 日 20 时仍未恢复。当地自来水公司应急车已对该镇每日配送供水,但供水配送范围仅至集镇,部分集镇居民、机关单位、宾馆食肆和村民仍使用水井和私人手压水井的水,部分水井未进行清洗,其水质浑浊,且未经消毒,存在介水传染病传播的风险。

（2）传染病监测情况:PT 镇卫生院损失较轻,镇卫生院专业技术人员、医疗物资未受影响。医院的医疗救援、传染病监测、传染病报告、计划免疫系统均能正常运转,但部分村卫生站因水浸受损暂不能正常运转。镇卫生院未发现有因发热、呕吐、腹泻、皮疹等症状的聚集性病例出现。

2.6月6日调查情况

(1)饮用水情况

1)水厂:MD水厂水源取自PT河,每日供水量5000m³,供水范围为PT镇的10个行政村。水厂制水工艺简陋,是常规的沉淀、过滤和消毒,水质处理池陈旧且可见较厚的污垢。混凝剂为聚合氯化铝,用含氯消毒剂消毒。水厂无实验室,只用仪器对余氯、pH、浑浊度等进行日常检测,每天2次。水厂水源水取水泵房被雨水浸泡较为严重,发电机、压力泵等机器不能正常使用,导致水厂受灾时不能制水,经抢修后已恢复正常生产。

目前,MD水厂日供水量达6000m³,处于超负荷运作状态。近期水灾引起水源水质严重下降,水源水浑浊度基本高于25NTU,水厂的制水工艺不能满足要求,6月1日以来出厂水的浑浊度一直保持在14~16NTU,超过了《生活饮用水卫生标准》(GB 5749—2006)要求(3NTU)的4倍以上。现场监测出厂水游离余氯为0.68mg/L,水质色泽偏黄,无异味。

2)G村上潘社:上潘社的自来水由MD水厂提供,现已恢复供水,但居民反映水质较差。现场监测管网末梢水游离余氯为0.62mg/L,水质色泽偏黄,无异味。

目前居民日常生活饮用水除了自来水外,部分来源于社内一口10m深的手摇井。井水水质良好,无异色异味,附近无污染源。

3)BF村:BF村水源为附近山腰上的山泉水,山泉水集中收集后用管道输送给临近4个村,无净化设施。由于雨水冲刷造成山泉水污染,输水管道被堵塞。现村民日常饮用水为政府提供的矿泉水。

4)HT村:HT村水源为附近山顶上的一口深约30m的深井,井水抽至一个约5m×5m×2m的水泥蓄水池后通过管道输送给村民,无净化设施。村民反映平时水量充足、水质良好,当日日降雨量增大对水质稍有影响。现场目测感官性状良好。

(2)派潭镇医院就诊情况调查:现场核查了洪涝灾害发生前一周(5月23日)至调查当日(6月6日)派潭镇医院的门诊就诊情况。统计发现,检索时间内该院门诊病例日就诊量最少为308人次(5月24日),最大为537人次(6月5日),平均为419.05人次,整体较为平稳(图2-2-3-1)。

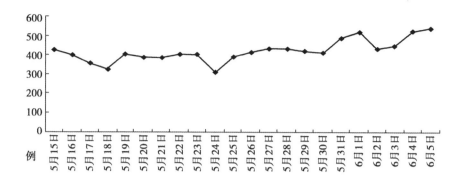

图 2-2-3-1　ZC 区 PT 镇医院日就诊量分布图

根据预检分诊、值班和门诊信息,该院近期无腹泻病例就诊,发热病例就诊量略有提升,洪涝灾害发生后日均发热病例就诊量为 441.69 人次,高于灾害发生前一周的日平均水平(386.33 人次)(图 2-2-3-2)。未发现就诊的发热病例间存在空间聚集性。

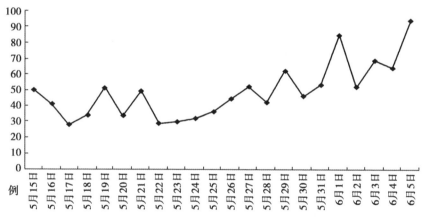

图 2-2-3-2　ZC 区 PT 镇医院发热门诊日就诊量分布图

3. 6 月 16 日调查情况

(1)饮用水调查情况

1)MD 自来水厂:MD 自来水厂已恢复正常运行,水质处理池陈旧且可见较厚的污垢。水厂未设实验室,只对消毒剂指标、pH、浑浊度三项常规指标进行日常检测。

2)MSZ 自来水厂:MSZ 自来水厂采用 PT 河水作为水源,目前日供水量

211

5000m³,远期目标为7000m³,供水范围为附近酒店及村落,供水人口约3万人;水厂制水工艺简陋,为常规工艺,采用二氧化氯进行消毒,配有二氧化氯发生器;水厂有简易实验室,只用仪器对消毒剂指标、pH值、浑浊度三个常规指标进行日常检测;水厂水源水取水泵房被雨水浸泡较为严重,导致水厂受灾时不能制水,6月初该水厂已恢复正常运行。

3)PT镇部分村落的自建水厂:现场调查了PT镇QJ村自建水厂,该水池设立在半山腰,引用山顶的山泉水作为水源水,日供水能力667吨,供水覆盖人口约4000人。蓄水池配备"YK一体化净水设备",但未启用,无任何消毒处理工艺,仅在水源取水处用沙石简易过滤。该蓄水池于2011年12月建成投入使用,蓄水池的安全管理较好,池盖上锁,定期对水池进行清洗(1年2次),并由专人负责管理。

(2)饮用水检测情况

1)分别对MD自来水厂、MSZ自来水厂的出厂水和末梢水进行了常规指标检测(32项),所检项目均符合《生活饮用水卫生标准》(GB 5749—2006)的要求。

2)对PT镇QJ村和其他村落共5个分散式供水(自建水厂及井水)进行了除消毒指标常规指标检测(31项),除DP村的大口井水的菌落总数、总大肠菌群、耐热大肠菌群;LL商店手压水井的菌落总数、总大肠菌群、耐热大肠菌群,QJ村山泉水的菌落总数、总大肠菌群、耐热大肠菌群、铝,HH村大塘山泉水的菌落总数、总大肠菌群、耐热大肠菌群、浑浊度;YKK村山泉水的菌落总数、总大肠菌群、耐热大肠菌群、浑浊度、色度、铝、铁和肉眼可见物不合格外,其余项目的检验结果均符合《生活饮用水卫生标准》(GB 5749—2006)的要求。(表2-2-3-1)

表2-2-3-1　ZC区PT镇部分自来水厂和分散式供水水质检验结果

检验项目	MSZ水厂出厂水	MD水厂出厂水	MD水厂末梢水	DP村大口井井水	HH村河大塘山泉水	LL商店家用井水	QJ村山泉水	YKK村山泉水	标准值/(mg·L⁻¹)
pH	7.56	7.49	7.44	6.50	6.98	6.61	6.86	7.11	6.5–8.5
臭和味	无	无	无	无	无	无	无	无	无
氟化物	0.26	0.23	0.24	0.28	<0.20	<0.20	0.35	0.29	≤1.0
镉	<0.001	<0.001	<0.001	<0.001	<0.001	<0.001	<0.001	<0.001	≤0.005

检验项目	MSZ 水厂出厂水	MD 水厂出厂水	MD 水厂末梢水	DP 村大口井井水	HH 村河大塘山泉水	LL 商店家用井水	QJ 村山泉水	YKK 村山泉水	标准值 / (mg·L^{-1})
铬 (六价)	<0.005	<0.005	<0.005	<0.005	<0.005	<0.005	<0.005	<0.005	≤ 0.05
汞	<0.0005	<0.0005	<0.0005	<0.0005	<0.0005	<0.0005	<0.0005	<0.0005	≤ 0.001
耗氧量	1.15	1.23	1.06	0.98	1.15	0.90	0.98	1.15	≤ 3
挥发性酚	<0.002	<0.002	<0.002	<0.002	<0.002	<0.002	<0.002	<0.002	≤ 0.002
浑浊度	1.31	1.70	1.93	<0.50	3.49	0.87	2.63	54.2	≤ 1
菌落总数	未检出	1	2	2.4×10^4	2.0×10^4	3.1×10^4	2.3×10^4	2.8×10^4	≤ 100 (cfu/ml)
硫酸盐	3.62	4.19	4.04	29.4	<0.5	31.9	2.11	2.04	≤ 250
铝	0.140	0.148	0.185	<0.05	0.186	<0.05	0.237	0.602	≤ 0.2
氯化物	2.18	3.61	3.58	18.6	0.98	23.7	1.00	1.13	≤ 250
锰	<0.05	<0.05	<0.05	<0.05	<0.05	<0.05	<0.05	<0.05	≤ 0.1
耐热大肠菌群	未检出	未检出	未检出	47	140	180	70	280	不得检出
铅 (Pb)	<0.005	<0.005	<0.005	<0.005	<0.005	<0.005	<0.005	<0.005	≤ 0.01
氰化物	<0.005	<0.005	<0.005	<0.005	<0.005	<0.005	<0.005	<0.005	≤ 0.05
溶解性总固体	118	104	100	242	48	386	66	130	≤ 1000
肉眼可见物	无	无	无	无	无	无	无	有沉淀物	无
三氯甲烷	<0.005	0.0093	0.0083	<0.005	<0.005	<0.005	<0.005	<0.005	≤ 0.06
色度	5	5	5	5	5	5	10	30	≤ 15
砷	<0.005	<0.005	<0.005	<0.005	<0.005	<0.005	<0.005	<0.005	≤ 0.005
四氯化碳	<0.0005	<0.0005	<0.0005	<0.0005	<0.0005	<0.0005	<0.0005	<0.0005	≤ 0.002
铁	<0.05	<0.05	0.074	<0.05	0.213	<0.05	0.074	0.305	≤ 0.3
铜 (Cu)	<0.05	<0.05	<0.05	<0.05	<0.05	<0.05	<0.05	<0.05	≤ 1.0
硒	<0.005	<0.005	<0.005	<0.005	<0.005	<0.005	<0.005	<0.005	≤ 0.01
硝酸盐 (以氮计)	<0.5	0.70	0.66	6.03	<0.5	7.33	<0.5	0.61	≤ 10

续表

检验项目	MSZ水厂出厂水	MD水厂出厂水	MD水厂末梢水	DP村大口井井水	HH村河大塘山泉水	LL商店家用井水	QJ村山泉水	YKK村山泉水	标准值/（mg·L^{-1}）
锌	<0.05	<0.05	<0.05	<0.05	<0.05	<0.05	<0.05	0.303	≤ 1.0
阴离子合成洗涤剂	<0.10	<0.10	<0.10	<0.10	<0.10	<0.10	<0.10	<0.10	≤ 0.3
总大肠菌群	未检出	未检出	未检出	140	180	70	280	280	不得检出
总硬度	18.0	35.0	32.0	12.0	172.2	2.00	10.0	10.0	≤ 450
二氧化氯	0.34	—	—	—	—	—	—	—	≥ 0.1
游离余氯	—	0.34	—	—	—	—	—	—	≥ 0.3
游离余氯	—	—	0.16	—	—	—	—	—	≥ 0.05

四、讨论和结论

1. 结论 这是一起洪涝灾害导致的饮用水污染事件。

2. 讨论 广州市是我国洪涝灾害风险最高的城市之一,夏季是台风高发季节。由于农村地区的防洪疏洪水利基础设施较城市薄弱,更易发生洪灾。洪灾期间,饮用水污染、基本的卫生设施的破坏等可导致疾病传播。此外,由于经济、地理位置偏僻等原因,农村地区的生活饮用水供水单位的制水工艺、设备设置等往往比较陈旧、落后,尤其是农村自建水厂、半集中式供水及井水,供水设施简陋,基本都是砂石物理沉淀过滤,一旦发生洪灾,极易发生供水系统损坏、饮用水污染导致的饮用水突发事件。

为确保灾区生活饮用水安全,要求各受灾镇水厂对供水管道和水质处理池重新清洗消毒,正常制水后水质经检测合格才能供水。建议村民近段时间不饮用井水,有关部门指导村民对半集中式供水输水管道、蓄水池及自用井水进行清洗、消毒,水质检测合格后才可饮用,确保村民生活饮用水安全。

五、风险评估及应急处置措施

1. 风险评估 此次事件中,PT镇饮用水厂水质净化工艺和设备简陋、陈旧,并且超负荷生产,加上水灾引起水源水质下降,导致水厂制水工艺不能满足要求。自建水厂和居(村)民家的手摇井、公用井,由于没有进行净化消毒处理,暴雨引起水质污染或输水管道堵塞,也直接影响村民饮水卫生和需求,当地居民存在较大的健康风险。

2. 应急处置措施

(1)临时应急供水:在难以就地获取合格饮用水的情况下,应提供紧急供水措施,如瓶装水、水车供水、建立临时集中式供水站等,保障民众饮水安全。

(2)根据抽检的结果显示分散式供水水质微生物指标普遍不合格,不能直接饮用井水及半集中式供水的水,需煮沸后才能饮用;另 YKK 村山泉水微生物及铝等指标超标较严重,暂不宜饮用。政府部门需做好 YKK 村饮用水的供给工作。

(3)被雨水浸泡后的储水池、水井需重新清洗消毒,在水质技术人员指导下在蓄水池投放混凝剂和消毒剂。选择比较干净的水进行沉淀、消毒处理,沉淀可以用自然沉淀或使用明矾等沉淀剂,消毒可以用漂白粉及漂白粉精片,消毒时间需 30 分钟,具体使用方法按标签说明或有关卫生人员指导。

(4)ZC 区政府部门应加大对乡镇小型水厂、半集中式供水及农村分散式供水的财政人员投入和关注度。水务部门需指导水厂在现有条件下尽最大努力做好水质净化处理、水质卫生控制,出厂水游离余氯保持在 0.5mg/L 以上。

(5)水务部门应全面排查、检测受灾地区农村小型集中式或半集中式供水水质。水务、村委等部门需做好水源取水区域、储水池、输水管道的巡查,加强对农村饮水水源点和饮水设施的保护。

(6)有关部门加强对水质的监测力度,增加集中式供水、半集中式供水和分散式供水监测频次,增设管网末梢水监测点。

(7)有关部门注意饮用水水源区域环境卫生和垃圾、粪便、动物尸体处理,控制媒介生物,灭蝇、灭蚊、灭鼠,防止介水传染病发生。

(8)加强灾区健康宣传教育,做好居(村)民饮用水卫生宣传,鼓励群众喝开水。

六、点评

此次洪涝灾害突发事件中,各部门反应及时,调查全面细致、应急处置措施较为妥当,未发生传染病的流行。此次案例分析提示:为减少洪涝灾害对供水系统的破坏,政府需加大加快对农村小型集中式供水的投入,改造升级农村供水系统,以抵御洪涝灾害的袭击;定期组织农村地区开展饮用水污染应急处理培训及演练,针对水污染事件迅速启动应急响应,提高有关部门的应急处理能力;加强分散式供水的卫生管理;多方面进行农村饮水安全知识宣传。

(钟 巍 李 琴 谭 磊)

参考文献

[1] 班海群,张流波.我国洪涝灾害生活饮用水污染及肠道传染病的流行特点[J].中国卫生标准管理,2012,3(04):61-63.

[2] 蔡祖根,李延平,陈晓东,等.洪涝灾害期间饮用水污染及防制对策研究[J].环境与健康杂志,1992,16(05):11-14.

[3] 王强,赵月朝,屈卫东,等.1996—2006年我国饮用水污染突发公共卫生事件分析[J].环境与健康杂志,2010,27(04):328-331.

[4] 魏焕旺,薛茂福.一起饮用水源污染事件调查处理报告[J].职业与健康.2006,15(01):50-51.

第三章　事故灾害引发供水不足或水质污染

事故灾害是在人们生产、生活过程中发生的,直接由人的生产、生活活动引发的,违反人们意志的、迫使活动暂时或永久停止,并且造成大量的人员伤亡、经济损失或环境污染的意外事件。事故灾害类型主要包括工矿商贸等企业的各类安全事故,交通运输事故,公共设施和设备事故,环境污染和生态破坏事件等。有些事故灾难可以引起化学性或放射性的损害,其原因包括有关化学品和核工业装置损坏、运输泄漏、环境污染等。由于中国一些化工石化企业布局不合理,众多工业企业分布在江河湖库附近,造成水源水污染,事故隐患难以根除。通过以下案例学习,了解事故灾害造成的饮用水污染特点、调查内容、评价标准及采取有效措施等,为处置事故灾害引发饮用水不足或水质污染打下基础。

案例　一起镉污染水源水事件

一、信息来源

2005年12月16日下午,广东省生态环境厅(原广东省环保局)接到北江SG段镉浓度超标的情况报告,12月18日凌晨确认了事故起因是SG冶炼厂废水处理系统11月19日至12月16日停产检修,在27天的检修期间里,约1000m³镉浓度197mg/L的废水排入北江,造成北江SG段镉严重超标,污染带长度近100km。北江镉污染事件发生后,广东省政府要求佛山、广州两地市即刻启动自来水供应应急预案。

二、基本情况

北江,古称溱水,珠江水系干流之一。发源于江西省信丰县石碣大茅山,主流流经广东省南雄市、始兴县、韶关市、英德市、清远市至佛山市三水区思贤滘,与西江相通后汇入珠江三角洲,于广州市南沙区黄阁镇小虎山岛淹尾出珠江口。干流长573km,平均坡降0.7‰,集水面积52 068km²,占珠江流域总面积的10.3%;流域部分跨入湘、赣二省。北江平均年径流量510亿m³,径流深为1091.8mm。干流在韶关市区以上称浈江(也称浈水),韶关以下始称北江。集水面积在1000km²以上的一级支流有墨江、锦江、武江、南水、滃江、连江、潖江、滨江和绥江等。是珠江流域第二大水系,广东最重要的河流之一。

广州市市政自来水水厂采用北江为水源的主要有 SX 水厂、NZ 水厂、XC 水厂,日供水量分别为 11 万吨、90 万吨和 70 万吨,共涉及人口 200 余万人。另广州市 PY 区、BY 区和 HD 区有部分小型集中式供水水厂也采用北江为主要水源。

三、水质监测情况

2005 年 12 月 19 日起,广州市疾病预防控制中心督促广州市市政 SX 水厂、NZ 水厂、XC 水厂和 PY 区、BY 区和 HD 区的小型集中式水厂做好水厂内部水质监测工作,加强对水源水和出厂水的镉含量监测,频率为每天 2 次以上,并要求一旦发现水质镉含量超标的情况,即刻向疾控部门汇报。

2005 年 12 月 22 日起,在污染带水源还未到达北江广州段期间,对 SX 水厂、NZ 水厂、XC 水厂的水源水、出厂水的镉含量进行监测,一天 2 次,每间水厂各抽取 2 宗水源水、出厂水水样;1 月中旬后,水质监测发现 NZ 水厂的水源水出现铁、铝超标的情况,因此水质监测项目增加铁、铝 2 个项目。

直至 2006 年 2 月上旬北江解除污染警报后,广州市疾病预防控制中心才结束水质监测,其间共出动水质监测人员 200 余人次,采集水样 620 宗,检测项目 1100 项次。监测结果显示,所有水样的镉含量均未超标,2006 年 1 月中旬至 2 月初,个别水厂的水源水出现铁、铝超标的情况。

四、结论与讨论

1. **结论** 监测结果显示,除了个别水厂的水源水出现铁、铝超标的情况,所监测的水样均未发现镉含量超标,判定北江镉污染事件没有影响广州市居民的饮水卫生安全。

2. **讨论** 通过查阅相关资料,北江 SG 段镉污染事件发生后,党中央、国务院领导高度重视,做出重要批示,要求迅速做好污染防治工作,落实好各项防控措施。环保总局积极配合广东省委省政府,精心组织、周密部署,多名专家共同认真研究、悉心指导。各有关地区和有关部门紧密配合、迅速行动,采取了一系列强有力的措施,使本次事件得到了及时妥善的处置,没有发生 1 例人畜中毒事件,有效控制了污染损害,及时控制了污染带的进一步扩散,没有波及北江广州段,所以北江广州段的水质未出现镉超标的情况。但可能由于北江 SG 段水质处理过程中大量投放絮凝剂,导致广州段水源水出现铁、铝超标的情况。

　　饮用水被镉污染后可引起急慢性中毒,尤以慢性中毒为主。慢性镉中毒主要损伤肾脏,最终出现肾衰竭,也可累及骨骼、生殖、心血管、神经、免疫、内分泌系统等。目前国际癌症研究机构和国际毒理组织将镉及镉的化合物归类为 I 类人类致癌物,流行病学资料亦表明镉可能与乳腺癌、肾癌、胰腺癌等有关。近年来我国不断发生镉污染事件,2006 年 1 月 6 日某公司清淤工程导流渠截流施工含镉废水集中排入湘江,造成湘江株洲段和长沙段镉污染事件,导致长沙市饮用水水源水质受到不同程度的污染。2012 年广西龙江河镉污染突发环境事件波及柳江河上游,危及柳州市市政供水水源水。近年来饮水镉污染成为疾病控制部门急需应对的重大公共卫生问题。当发生镉污染事件时,对水质的严密监测决定了应急处置措施的及时性与准确性。本次北江 SG 段的镉污染事件因为得到了上级部门的高度重视,非常及时地采取了一系列应急处置措施,高效地控制了镉污染的进一步扩散。在这次事件中,广州迅速开展严密的水质监测工作,确保及时获得水质是否受到影响的信息,整个监测过程中未发现镉含量超标的情况。

　　根据相关报道,2005 年 12 月 19 日晚,SG 冶炼厂下游 20kg 的沙口断面,镉的浓度最高值为 0.047mg/L,超标 8.4 倍,污染带每日移动 4.3km,污染带当时距离广州番禺 256km。联合专家组提出对镉浓度超标 3 倍以上的河段水体采取增加投放絮凝剂的措施,有效地降低了镉的浓度。目前使用的絮凝剂主要是铝盐和铁盐的聚合物,如聚合氯化铝(PAC)、聚合硫酸铝(PAS)、聚合氯化铁(PFC)以及聚合硫酸铁(PFS)等,大量投放的情况下,水中铁和铝的含量会明显增加,这可能是对北江广州段进行水质监测中发现铁、铝超标的原因。

五、风险评估及防控措施

　　北江是珠江第二大水系,是广东省重要河流,主流流经广东省南雄市、始兴县、韶关市、英德市、清远市至佛山市三水区思贤滘,与西江相通后汇入珠江三角洲,于广州市南沙区黄阁镇小虎山岛淹尾出珠江口。此次事件中排入北江的镉污染量达 3.63 吨,如果不能及时处置,将对下游几个大中型城市以及数百万人口造成不可估量的影响。

　　根据有关报道称,此次镉污染带长度近 100km。污染事件发生的时间正值枯水期,北江 SG 段众多小型冶炼厂排放含镉污水也加重了此次镉污染程度。虽然北江广州段距离中心污染带将近300km,但是如果该起事件处理不及时,效果不明显,污染带将会进一步扩散,极有可能波及北江广州段,有可能引发农业用水污染甚至是饮用水污染,危害农作物、畜牧及居民的健康。因此,广州市疾病预防控制中心在上级卫生行政部门的指示下,迅速开展有关水厂的现场调查和水质监测工作,一是派出技术人员现场检查以北江水为水源的SX水厂、NZ水厂和XC水厂的实验室检测能力,同时督促市自来水公司准备充足的聚合硫酸铁和聚合氯化铝,如果出现水源水镉超标情况,立即有关水厂指导开展应急处置工作,直至危害因素消除。二是多次派出技术骨干到PY区、HD区和BY区等可能引起水质污染的区域,开展水质污染应急处置培训工作,指导各小型集中式供水水厂做好水质监测工作。三是制定全市水质监测工作方案,严格按照上级有关要求开展水质监测工作,加大监测力度和频率,确保能及时发现水质镉超标情况。

六、点评

此次北江镉污染是一起典型的工业事故引发的事件,在国家和省的高度重视下,经过各级政府、有关部门以及专家们的辛苦奋战,成功处置了该起镉污染事件,有效控制了污染损害,防止了污染进一步扩散。

此次污染事件的应急处置主战场在北江SG段,污染未波及北江广州段。广州市在这次污染事件处置过程中,反应迅速,未雨绸缪,通过迅速制定水质应急监测方案,严格按照相关要求开展水质监测工作,同时密切关注事件应急处置情况,及时调整水质监测力度和频率,为可能出现的水质污染事件提前做好预警工作。

(周自严　陈思宇　吴　迪)

参考文献

[1] Huff J, Lunn RM, Waalkes MP, et al. Cadmium-induced cancers in animals and in humans[J]. Int J Occup Environ Health, 2007, 13(2):202-212.

[2] 陈定仪,林希建. 湘江株洲段镉污染对长沙市水源水镉浓度的影响及其应急处理措施的探讨[J]. 实用预防医学,2011,18(5):848-851.

[3] 王明旭.突发公共卫生事件应急管理 [M].北京:军事医学科学出版社,
2004.

[4] 郭新彪,刘君卓.突发公共卫生事件应急指引 [M].北京:化学工业出版社,
2009.

[5] 中华人民共和国卫生部,中国国家标准化管理委员会.生活饮用水卫生标
准:GB 5749—2006 [S].北京:中国标准出版社,2007.

[6] 中华人民共和国卫生部,中国国家标准化管理委员会.生活饮用水标准
检验方法 水样的采集与保存:GB/T 5750.2—2006[S].北京:中国标准出版
社,2007.

[7] 国家环境保护总局.地表水环境质量标准:GB 3838—2002[S].2003.

[8] 杨克敌.环境卫生学 [M].8 版.北京:人民卫生出版社,2017.

第四章 涉水社会安全事件

涉水社会安全事件是突发社会安全事件之一,这类事件主要由社会个体或群体的主动行为引发,往往具有群体性、突发性、影响性的特点,给人们的生命安全和社会稳定带来严重威胁。

涉水社会安全事件常常发生于自挖井、公用水井、集水池及二次供水等。由于此类供水缺乏有效的管理制度、无专人看管、无相应的防护设施、未对水箱加盖上锁,以及许多居民法律意识淡薄、缺乏生活饮用水安全常识和农村区域精神病人管理不足等,导致出现恶意的水中投毒,引起因水中毒事件屡次发生,严重威胁群众的生命安全,并对社会的安定和经济的发展带来不良的负面影响。因此,全社会都要重视和关注生活饮用水的安全问题,加强群众卫生防范知识,做好卫生宣传,这是公共卫生工作中一项十分重要的任务。

案例一 一起水井投毒事件(一)

一、信息来源

2006年8月30日上午10:30,广州市疾病预防控制中心接到BY区疾病预防控制中心的电话:BY区SJ街Z村九口水井的井水散发强烈刺激农药味道,暂无人员饮用此水,且暂无报告村民出现不适症状,初步怀疑为人为井水投毒事件。

二、基本情况

2006年8月30日早上5点44分某村民发现家门外一口井散发着奇怪的味道,用桶打水后发现井水散发着强烈刺鼻的农药味道,立刻报告村委,村委经检查发现村中9口公用水井中有6口水井的井水均出现不同程度的刺鼻农药味。村委立刻用封条封闭所有的井口,禁止所有的村民使用井水,并立即向相关部门报告。

三、现场调查和检测

1. 现场基本情况 事发地位于广州市BY区SJ街Z村,该村总人口约800人,外来人口约300人。该村村民的生活饮用水主要为市政自来水,日常生活用水如洗衣、洗菜等主要使用散落着村民家门外的 9 口公用水井。在现场调查中还发现村民家中有自造水井。公用水井和自造水井的井深均不超过 8m。

2.**现场采样**　在村委协助下,经现场调查发现 Z 村 6 口疑似农药投毒的公用水井的水颜色呈现乳白色和浅蓝色,气味各不相同,其中两口散发着强烈的刺鼻农药味。

现场调查人员共抽取疑似农药投毒 6 口水井的水样送广州市疾病预防控制中心检验。结果见表 2-4-1-1。

表 2-4-1-1　Z 村水井采样检测结果

	外观	乐果 / (mg·L⁻¹)	毒死蜱 / (mg·L⁻¹)	辛硫磷 / (mg·L⁻¹)	马拉硫磷 / (mg·L⁻¹)	对硫磷 / (mg·L⁻¹)
Z 村 DY 巷 11 号（1 号井）	乳白色,浑浊,农药刺激味	0.01	0.081	—	—	—
Z 村 ZS 巷 5 号与 10 号之间（2 号井）	浅蓝色,浑浊,有泡沫,农药刺激味	—	—	4.1	—	—
Z 村 ZS 巷 6 号前（3 号井）	浑浊,很浓农药刺激呛鼻	—	—	—	0.20	0.72
Z 村 SJ 一巷（4 号井）	乳白色,浑浊,农药刺激味	23	—	—	—	—
Z 村 WM 街 18 号（5 号井）	微浑浊,微农药刺激味	0.46	—	—	—	0.017
Z 村 WM 街 23 号（6 号井）	澄清,无色,微农药刺激味	0.024	—	0.15	—	0.0061

三、结论与讨论

1.**结论**　根据检测结果及现场调查情况,初步认为该次投毒的毒物主要是有机磷农药。

2.**讨论**　化学农药主要有有机氯类、有机磷类、有机氮类、氨基甲酸酯类、苯氧酸类、有机金属化合物类等,其中有机磷农药(organophosphorus pesticides,OPs)由其极高的药效性和持久性,为实际应用中最广泛的农药之一,约占农药使用量的近四成。

有机磷农药通常是类油状液体,一般呈淡黄色、棕褐色或中间过渡色,具有特殊气味。其可以通过摄入、呼吸、皮肤等进入人体,和乙酰胆碱的结构类似,与酶共价结合,抑制酶的活性,导致乙酰胆碱代谢紊乱并在神经系统内大量积蓄,对胆碱能神经有毒蕈碱样作用、烟碱样作用和中枢神经系统作用,从而引发痉挛、腹泻、呕吐、抽搐、瘫痪甚至死亡。

有机磷农药是在农业上常用的农药之一,由于其易得性,高毒性,导致农村时有有机磷农药中毒事件的发生。

四、风险评估及防控措施

1.风险评估　农村地区虽已经有市政自来水供应,但是村民仍习惯使用公用或自挖水井的水洗衣、洗菜等。调查中发现,村民在使用这类井水过程中缺乏有效井水管理措施,如无任何井水防护设施、无专人管理及无过滤消毒设施等,易造成人为投毒或污染等卫生安全事件。

2.防控措施

(1)立即停用和封闭所有水井,包括公用水井和村民自家水井。因水井较浅,水井的水是浅表地表水,需防止井水相互渗透污染。村民只能使用市政自来水。

(2)在被怀疑有问题的水井中投放一定量的石灰,以中和井水中的有机磷农药。

(3)将所有井水掏干净,反复多次清洗井壁,经检验合格后才能使用。

(4)建议对该村公用水井进行整改,并设专人负责和看管,加强对公用水井的井水管理。

(5)加强村民卫生防范知识,做好卫生宣传,严禁食用病、死的家禽。

（李　琴　蒋琴琴　石同幸）

参考文献

[1] 钟巍,王德东,黄俊俏.一起农村饮水污染导致胃肠炎事件引发的思考[J].中国卫生检验杂志,2012,22(2):402-403.

[2] 钟嶷,孙兰,景钦隆,等.一起亚硝酸盐污染自来水管网的急性中毒暴发事件调查[J].热带医学杂志,2009,9(1):97-98.

[3] 王德东,钟嶷,黄仁德,等.2007—2015年广州市市政水厂水源水氨氮和硝酸盐及高锰酸盐指数的分布[J].环境与健康杂志,2017,34(4):329-331.

[4] 方小衡,张泽民.农药污染井水致食物中毒的调查分析[J].中国实用医药,2007,2(31):159-160.

[5] 向仕学,付松,胥飞,黄建中.1起鼠药污染井水引起的中毒事件调查报告[J].预防医学情报杂志,2002,18(4):349.

[6] 吴凡,郭常义.工作和生活环境突发健康危害事件百例剖解[M].上海:复旦大学出版社,2008.

[7] 邱建峰,王立斌.食物中毒应急处理[M].广州:中山大学出版社,2008.

[8] 中华人民共和国科学技术部.中毒预防与应急处置[M].徐州:中国矿业大学出版社,2010.

案例二　一起集水池投毒事件（二）

一、信息来源

2012 年 5 月 20 日 11 时 20 分，广州市疾病预防控制中心接到 CH 市应急办报告：CH 市 LK 镇 LP 村 XT 社的集水池散发着奇怪的味道，暂未发现人员出现不适症状，初步疑似精神病患者向 XT 社集水池投毒事件。已暂停止集水池供水。

二、基本情况

2012 年 5 月 20 日 6:30 分某村民发现家中水管水有异味，马上关上集水池水闸停止供水，同时告诫其他村民不能饮用或使用水管水。

三、现场调查和检测

1. 现场基本情况　事发地位于广州市 LK 镇 LP 村 XT 社。2007 年底，该社在其后山上建了一个圆形集水池（池深 2.5m × 直径 2m），现水深约 2m。该集水池收集从山上流下的山泉水，然后经管网接驳到 LK 镇 LP 村 XT 社，供该社 20 余户 76 人使用。该集水池每年清洗消毒一次，池口未设置任何防护设施。

2. 现场采样　在村民的带领下，经现场调查发现在集水池旁边有 20 瓶 500ml 高效氯氰菊酯，19 瓶已打开，1 瓶未开。

现场调查人员在集水池的水流出水口抽取 2.0L 水样送回广州市疾病预防控制中心检验。

采样检测结果：经实验室对送检水样进行检验，检测结果为氯氰菊酯 96.2mg/L。

四、结论及讨论

1. 结论　根据现场调查以及实验室检测结果，初步判断该事件为一起人为投放氯氰菊酯污染水源的事件。

2. 讨论　农村地区尚有通过水池收集山泉水、井水或溪水等经过管道引至居民家中使用的供水方式，且大多集水池无加盖、上锁等保护措施和人员看管，有一定的安全隐患，有投毒和异物进入的风险，此次事件现场调查时发现有集水池边有高效氯氰菊酯,能很好地锁定投毒药物,并经实验室检测验证,能迅速对事件进行处理。

五、风险评估和防控措施

1. 风险评估　氯氰菊酯是一种人工合成的Ⅱ型拟除虫菊酯类杀虫剂,杀虫谱广、高效,农业应用日趋广泛,不仅可防治多种害虫如蝇、蟑螂、蚊、蚤、虱、臭虫及动物体外寄生虫(如蜱、螨等),氯氰菊酯还可作为渔药用于中华鳋、锚头鳋、鱼鲺等鱼类寄生虫疾病的预防和治疗。氯氰菊酯对鱼类等水生生物具有很高的毒性,通过食物链传递,氯氰菊酯还可进一步进入哺乳动物机体。有研究表明氯氰菊酯对哺乳动物的生殖、免疫和神经等多方面有明显的毒副作用。急性口服氯氰菊酯中毒病例时有发生,潜伏期为2～24小时,多数为6～8小时,以神经系统和消化系统表现为主。

2. 防控措施

(1)暂停饮用此集水池的水,设立专人管理,并在池口设置防护措施,加盖加锁。

(2)适当用含碱的药物中和毒性(例如小苏打)后,管网需反复冲洗。冲洗后进行2次检测,检测均合格后方可饮用。

(3)加强流行病学监测,密切关注村民健康状况,如该社村民觉得不适,要及时就医。

(4)有关部门和监护人加强对精神病患者的监管。

(5)建议政府和有关部门加强对农村生活饮用水卫生知识宣传,并制订和落实饮用水巡查制度,防止类似污染事件的发生。

(李　琴　陈思宇　谭　磊)

参考文献

[1] 钟嶷,王德东,黄俊俏.一起农村饮水污染导致胃肠炎事件引发的思考[J].中国卫生检验杂志,2012,22(2):402-403.

[2] 钟嶷,孙兰,景钦隆,等.一起亚硝酸盐污染自来水管网的急性中毒暴发事件调查[J].热带医学杂志,2009,9(1):97-98.

[3] 王德东, 钟嶷, 黄仁德, 等 . 2007—2015 年广州市市政水厂水源水氨氮和硝酸盐及高锰酸盐指数的分布 [J]. 环境与健康杂志, 2017, 34 (4) : 329-331.

[4] 方小衡, 张泽民 . 农药污染井水致食物中毒的调查分析 [J]. 中国实用医药, 2007, 2 (31) : 159-160.

[5] 向仕学, 付松, 胥飞, 黄建中 . 1 起鼠药污染井水引起的中毒事件调查报告 [J]. 预防医学情报杂志, 2002, 18 (4) : 349.

[6] 吴凡, 郭常义 . 工作和生活环境突发健康危害事件百例剖析 [M]. 上海 : 复旦大学出版社, 2008.

[7] 邱建峰, 王立斌 . 食物中毒应急处理 [M]. 广州 : 中山大学出版社, 2008.

[8] 中华人民共和国科学技术部 . 中毒预防与应急处置 [M]. 徐州 : 中国矿业大学出版社, 2010.

案例三　一起井水投毒事件(三)

一、信息来源

2006年2月10日16:00,广州市疾病预防控制中心接到广州市环保局电话:BY区LG镇WQ花园一家住户发现自家使用地下水井水喂养的金鱼陆续死亡,暂无人员出现不适症状,希望相关部门调查处理。

二、基本情况

自2006年2月9日开始,广州市BY区LG镇WQ花园一家住户发现家中利用自家地下水井养的金鱼陆续出现死亡,户主怀疑井水被人投毒。2月10日13:00户主拨打110报警。

三、现场调查和检测

1. 现场基本情况　事发地位于广州市BY区LG镇WQ花园一家住户,该住户自行挖有地下水井,常年有水,用于自家使用,该地下水井无任何消毒防护措施。

2. 现场采样　现场调查人员于18:30到达现场后,抽取户主地下水井的水、养鱼池的水及生活饮用水水样,20:00送于广州市第十二人民医院职业中毒监测中心检测。

3. 采样检测结果　经广州市第十二人民医院检测,在所采集的3份水样中均未检测出农药类:乐果、杀虫磷、百草枯、氯氰菊酯、灭多虫、敌敌畏;毒鼠药类:毒鼠强、氟乙酰胺、敌鼠钠盐;兴奋剂类:摇头丸、咖啡因、利多卡因、可待因;镇静药类:安定、巴比妥、阿托品、氨基比林、芬那露、苯巴比妥、氯苯扑尔敏、阿普唑仑、氨基比林、阿司匹林等项目。

四、结论和讨论

1. 结论　根据广州市疾病预防控制中心的现场调查及广州市第十二人民医院检测结果,本次是一起原因不明的投毒事件。

2. 讨论　本次事件由于利用自家地下水井养的金鱼出现死亡,怀疑井水被人投毒,经过实验室检测尚未检出农药类、毒鼠药类、兴奋剂类和镇静药类,可能由于其他尚未检测的物质导致的中毒,尚需进一步检测确认。

五、风险评估及防控措施

1. 风险评估　在广州许多区域,虽已经有市政自来水,但村民仍习惯使用自挖井,将井水作为主要的生活饮用水。此类自挖井一般分布在自家小院里,未经过水质检测,无任何防护措施,易引起安全隐患。

2. 防控措施

(1)立即停用和封闭可疑被投毒的水井,对水井、养鱼池及饮用水储存器皿反复多次清洗,经过检验合格才能使用。

(2)鼓励村民尽可能使用市政自来水,如需使用井水,做好防护措施,密切关注水质状况,或仅用于清洗、浇花等用途。

(3)加强村民卫生防范知识,做好卫生宣传,严禁食用病、死的家禽。

六、点评

在广州许多区域虽已通市政自来水,但公用水井、自挖井或集水池仍存在,居民习惯用井水或山泉水洗衣、做饭及洗菜等,有一定的安全隐患,同时,由于当时检测技术所限,未能进一步查清原因。

此类公用水井、自挖井或集水池都暴露了诸多问题。①缺乏专人管理或管理不足,未建立有效的管理制度;②无相应的防护设施如无井盖、未上锁等;③村民生活饮用水卫生防范知识不足;④水质均未进行定期的检测。针对上述问题,相关部门应采取有效的预防控制措施,避免同类事件再次发生

（李　琴　谭　磊　陈思宇）

参考文献

[1] 钟嶷,王德东,黄俊俏.一起农村饮水污染导致胃肠炎事件引发的思考[J].中国卫生检验杂志,2012,22(2):402-403.

[2] 钟嶷,孙兰,景钦隆,等.一起亚硝酸盐污染自来水管网的急性中毒暴发事件调查[J].热带医学杂志,2009,9(1):97-98.

[3] 王德东,钟嶷,黄仁德,等.2007—2015年广州市市政水厂水源水氨氮和硝酸盐及高锰酸盐指数的分布[J].环境与健康杂志,2017,34(4):329-

331.

[4] 方小衡,张泽民.农药污染井水致食物中毒的调查分析 [J].中国实用医药,2007,2(31):159-160.

[5] 向仕学,付松,胥飞,黄建中.1起鼠药污染井水引起的中毒事件调查报告 [J].预防医学情报杂志,2002,18(4):349.

[6] 吴凡,郭常义.工作和生活环境突发健康危害事件百例剖析 [M].上海:复旦大学出版社,2008.

[7] 邱建峰,王立斌.食物中毒应急处理 [M].广州:中山大学出版社,2008.

[8] 中华人民共和国科学技术部.中毒预防与应急处置 [M].徐州:中国矿业大学出版社,2010.

案例四　一起二次供水投毒事件（四）

一、信息来源

2011 年 7 月 9 日上午 11:10,广州市疾病预防控制中心接到 BY 区卫生局电话:BY 区 LJ 路 CN 花园有居民楼生活饮用水出现异常情况,疑似被污染。

二、事发经过

2011 年 7 月 9 日凌晨 2 时,LJ 路 55 号(CN 花园其中一栋楼)居民发现家中自来水呈红色,于是告诉值班保安员。早上约 7 时,CN 花园物业部将小区内 5 栋楼的供水停止,并向有关部门报告。

三、现场调查及检测

1.**现场基本情况**　经现场调查,CN 花园小区由 LJ 路 53～69 号 5 栋楼(九梯)组成,楼高 9 层,4 楼以上使用楼顶的高位水池提供的二次供水,5 栋楼共5 个水池,每个水池容积大约 40 m³,均有盖,5 个水池之间有供水管相连。

现场发现 55 号楼顶的水池口(有盖,但没上锁)周围有几点红色粉末,但由于份量极少,无法采集。打开水池盖子后,肉眼可见水池口附近的水池水显紫红色,而在水池出水口水龙头流出的水则呈现淡红色。据现场公安刑警说明,小区内共用供水管的附近几栋楼的二次供水均出现类似颜色。

截至 7 月 9 日 14 时,未接到 CN 花园居民因饮用自来水出现不适症状的报告。

2.**现场采样**　广州市疾病预防控制中心采集 55 号楼顶水池水样 1500ml和出水口水样 3000ml 送实验室作水质污染快速检验。

3.**采样检测结果**　快速检验结果显示:水样 pH 为 7.9;未检出氰化物、砷化物;甲醛、亚硝酸盐、有机磷农药残留和重金属均未超出检出量限值。

四、结论和讨论

1.**结论**　根据检测结果及现场调查情况,初步认为该事件是一起人为投毒事件,经推测是某种工业染料。

2.**讨论**　本次事件由于居民发现自来水呈红色,经现场调查发现水池口周围有红色粉末,水样中未检出氰化物、砷化物,甲醛、亚硝酸盐、有机磷农药残留和重金属均未超出检出量限值,从而推测是工业染料的污染,应进一步对水质进行检测分析,从而判定其可能污染物质和污染来源。

五、风险评估及防控措施

1.风险评估　二次供水是指从城市公共供水管道取水经储存加压后,输送给高层楼房用户的供水方式。二次供水是大城市供水方式之一,但仍存在二次供水设施清理消毒不完善、二次供水设施未加盖、加锁及溢水管没有加网罩等易引发生活饮用水的安全卫生的一系列问题。此事件反映了二次供水单位的管理不到位,二次供水设施未上锁,导致存在人为的污染生活饮用水的隐患。

2.防控措施

(1)立即停止小区 5 栋楼的供水。

(2)密切观察小区居民的身体状况,提醒该小区居委接到有居民因饮用自来水出现不适要马上报告。

(3)有关部门立即对该小区的所有水池作彻底的清洗消毒,检测合格才能使用。

(4)小区物业加强对水池的管理,水池应上锁。

六、点评

这起事件反映了高层建筑的二次供水存在的问题。①管理不到位,未加盖上锁,未制定严格管理检查制度;②未定期对供水池进行清洗监测。相关的部门应该加大监管力度,确保生活饮用水安全卫生。

(李　琴　步　犁　谭　磊)

参考文献

[1] 钟嶷,王德东,黄俊俏.一起农村饮水污染导致胃肠炎事件引发的思考 [J].中国卫生检验杂志,2012,22(2):402-403.

[2] 钟嶷,孙兰,景钦隆,等.一起亚硝酸盐污染自来水管网的急性中毒暴发事件调查 [J].热带医学杂志,2009,9(1):97-98.

[3] 王德东,钟嶷,黄仁德,等 . 2007—2015 年广州市市政水厂水源水氨氮和硝酸盐及高锰酸盐指数的分布 [J]. 环境与健康杂志,2017,34(4):329-331.

[4] 方小衡,张泽民 . 农药污染井水致食物中毒的调查分析 [J]. 中国实用医药,2007,2(31):159-160.

[5] 向仕学,付松,胥飞,黄建中 . 1 起鼠药污染井水引起的中毒事件调查报告 [J]. 预防医学情报杂志,2002,18(4):349.

[6] 吴凡,郭常义 . 工作和生活环境突发健康危害事件百例剖析 [M]. 上海:复旦大学出版社,2008.

[7] 邱建峰,王立斌 . 食物中毒应急处理 [M]. 广州:中山大学出版社,2008.

[8] 中华人民共和国科学技术部 . 中毒预防与应急处置 [M]. 徐州:中国矿业大学出版社,2010.

第三部分 游泳池场所和游泳池污染引发的突发健康危害事件

游泳是集体育锻炼、休闲娱乐、避暑降温、缓解情绪压力几大功能于一体的运动项目而越来越受到人们的喜爱。在城市中，游泳池是游泳爱好者最主要的游泳场所，但如果游泳场所管理部门不加强对游泳池水的卫生管理，很难保证游泳池水质的安全卫生。游泳池水质的恶化加上游泳者个人卫生防护措施的缺乏，很容易造成各种疾病的介水传播和流行，直接影响游泳爱好者的身体健康。国内外的研究表明，游泳池水受到粪便等污染可以导致游泳者发生细菌性疾病、病毒性疾病、寄生虫病以及其他感染性疾病，比如沙眼、手脚真菌感染、钩体病等。

一、游泳场所容易发生的传染病

游泳场所是传染病的交叉感染易发地，主要有以下几种常见疾病：

1. **眼病** 眼睛是人体最脆弱的器官，在游泳时候也最容易受到伤害。在游泳时可能引起交叉感染的眼病有：急性结膜炎俗称"红眼病"，多由急性结膜炎杆菌、肺炎双球菌感染引起。流行性角膜炎由病毒经游泳池水传染；沙眼由衣原体通过游泳池水传染。

2. **皮肤病** 在游泳时也会传染皮肤病，由细菌感染引起的脓疱疮，溃烂后便结成浆痂，一经接触即会传染；而皮肤浅层的真菌感染包括股癣、脚气、灰指甲等也极易传染；游泳池中如有淋病患者，健康人也可能会因此患上尿路感染。

3. **游泳性耳病和肠道传染病** 游泳可以引起游泳性耳病。游泳性耳病是由于游泳或淋浴所致的耳内过度潮湿而引起的外耳道炎症。潮湿可引起耳部湿疹，由于反复搔抓湿疹造成的持续瘙痒所引起的皮肤破损可使泳池水中的细菌或真菌侵入耳道组织，引起感染，严重者可导致中耳炎的发生。游泳引起的肠道传染病主要有诺瓦克病毒或诺瓦克样病毒性肠炎、埃可病毒胃肠炎等。

4. 寄生虫病　游泳引起的寄生虫病主要包括隐孢子虫病、血吸虫病和贾第虫病等。

二、病因分析

1. 游泳池净化消毒设备故障　1987 年 6 月,美国科罗拉多州对 26 名因参加游泳课程而患病的儿童进行的调查显示,疾病发生前,游泳池的氯化消毒系统发生了故障,以致氯的水平达到或接近为 0。1988 年 8 月,英国 Doncaster 皇家医院报告了一起隐孢子虫病暴发,67 人发病。调查发现游泳池有明显的管道损坏,污水通过主污水管道涌入循环的游泳池水中,并且在池水中查找到隐孢子虫卵。

2. 游泳池管理不善,消毒操作不规范　1999 年 2 月,美国科罗拉多州某宾馆发生了一起毛囊炎暴发疫情。调查发现是由于在宾馆游泳池游泳而引起。原因是宾馆职员未执行常规的游泳池或温浴池水质检测,氯调剂员操作错误以至游泳池水中氯水平下降,并持续约 69 小时维持在规定水平以下,从而使游泳者感染。国内调查发现,游泳馆的管理力度薄弱,卫生意识较差,游泳馆无卫生管理制度及操作规程,管理人员及操作工对处理工艺不清楚,未按卫生要求进行规范加药及补充新水操作;对入池游泳者未进行健康检查,是游泳引起疾病暴发的主要原因。

3. 游泳场所设计不规范　何伟华等报道,1998 年 8 月江西省新余市发生了一起游泳池水污染引发的急性眼结膜炎、病毒性上呼吸道感染流行。该游泳馆选址、设计及竣工验收均未经过卫生监督部门进行卫生审查和预防性卫生监督,设计不符合卫生要求,水处理量过小,水处理循环系统无法满足水质要求,且无持续投药消毒设施。

4. 游泳池受到人为污染　1985 年夏天,美国新泽西州一家室内游泳池游泳的人群中发生了贾第虫感染疫情,9 人发病。调查发现,贾第虫的污染源是一名残疾儿童,粪便污染了游泳池。1990 年,加拿大不列颠哥伦比亚省发生了一起历时 3 个多月的隐孢子虫病暴发疫情。研究发现是由于当地娱乐中心的儿童游泳池发生了排泄物污染。1997—1998 年,美国共有 18 个州报告了 32 起由于接触游乐活动用水而引起的疾病暴发。与游泳有关的由寄生虫引起的胃肠疾病暴发均由隐孢子虫引起,感染途径由粪便污染水质而致。2001—2002 年,美国共报告了 12 起接触游乐活动用水而引起的寄生虫性胃肠道疾病暴发,其中 3 起是由于粪便污染而引起,感染者都超过 100 人。Kee F 等报道了一起因有人在游泳池中呕吐而引发的埃可病毒感染疫情,有46人出现了呕吐、腹泻和头痛等症状。

目前,国内游泳池存在水质净化设施与技术相对落后、消毒不严、换水周期过长、无入池前的冲淋设施、浸脚池的消毒设施流于形式,水质监测力度不够、监测技术不完善、高峰期游泳者过多、健康检查制度不落实、管理不善等诸多不良因素。监测结果表明,游泳池卫生监测各项指标的合格率均较低。

三、游泳池水质常用检测指标

1. 游离余氯　游离性余氯主要来自含氯消毒剂,对游泳池水保持灭菌作用,防止疾病的传播。游泳池水中的游离性余氯国家卫生标准为 0.3～1.0 mg/L。游离性余氯在泳池水中的含量随加氯量、接触时间、泳客流量、pH 和温度而变。温度高,日光照射强,则氯气挥发快,游离性余氯残留量也会相应减少。温度愈高,pH 愈高,接触时间愈短,则要求有更高的余氯,需要加入的氯量也相应增加。游泳池水中应保持一定的游离性余氯含量。若游离性余氯过低,就不能有效控制传染病的传播;游离性余氯过高,则产生使人不快的氯臭味,并且刺激皮肤、黏膜,伤害人的头发,使头发褪色,同时产生大量的三卤甲烷,增加了潜在致癌危险。长期接触室内游泳池中的氯可能导致过敏性哮喘。调查 341 名 10～13 岁的孩子发现,在游泳池运动的时间与哮喘发生率的增加有关联。也有报道 7 岁前常在游泳池里游泳的孩子,关联最强,表明接触室内含氯游泳池水与过敏体质相互作用促发儿童(特别是年幼的孩子)过敏性哮喘。游离性余氯是泳池水卫生监测的重要项目,受影响因素多,又是游泳池水达标率的基本项目,因此要随客流量等因素变化及时调整游泳池水的游离性余氯含量。

2. 尿素　游泳池水中的尿素来源于人体的分泌物、排泄物,特别是尿中的尿素含量最多,它是表明游泳池水受人体污染程度的一项重要指标。尿素超标说明游泳的人多,以及有人不注重公共道德(在池中小便)。尿素氮溶解在水中很难去除,需要用活性炭吸附。一般的泳池很少会进行如此处理,常规是换水。尿素超标影响游泳池水质质量,且有可能对皮肤黏膜造成损伤。各泳池要定期更换池水以使其达到卫生标准,控制人流量也是降低尿素含量的有效措施。

3. pH　游泳池水中的 pH(酸碱度)超标将导致头发、皮肤干燥。游泳池水中的 pH 变化主要来自于加氯消毒剂的品种。加氯气消毒 pH 降低,加次氯酸钠消毒 pH 上升,同时也会随着游泳人数增加而向碱性转化。游泳池水 pH 偏低,可能会导致游泳者皮肤受刺激,而 pH 偏高,则影响消毒的作用。

4. **浑浊度** 游泳池水中的浑浊度,主要由悬浮物、藻类的分泌物而影响。浑浊度超标,则致使水质不透明,将留下安全隐患。通过絮凝沉淀方法可以去除,聚合氯化铝是目前使用普遍的水质处理絮凝物。

5. **细菌总数、大肠菌群** 游泳池水中的细菌总数、大肠菌群是游泳池水质监测的主要卫生指标。细菌总数、大肠菌群超标表明游泳池水受到人畜粪便的直接或间接污染,可威胁游泳者身体健康,同时也表明消毒不到位,游泳池水中消毒剂达不到杀死致病菌和寄生虫的有效浓度,可导致游泳者被传染上红眼病、肠道传染病等介水传染病。

(杨轶戬　蒋琴琴)

参考文献

[1] LEVY DA, BENS MS, CRAUN GF, et al. Surveillance for waterborne-disease outbreaks-United States, 1995-1996[J]. Mor Mortal Wkly Rep CDC Surveill Summ.,1998, 47(5):1-34.

[2] LEE SH, LEVY DA, CRAUN GF, et al. Surveillance for waterborne-disease outbreaks-United States, 1999—2000[J]. Mor Mortal Wkly Rep, 2002, 51(SS8):1-28.

[3] YODER JS, BLACKBURN BG, CRAUN GF, et al. Surveillance for waterborne-disease outbreaks associated with recreational water-United States, 2001-2002[J]. Mor Mortal Wkly Rep, 2004, 53(SS08):1-22.

[4] PAPAPETROPOULOU M, VANTARAKIS AC. Detection of adenovirus outbreak at a municipal swimming pool by nested PCR amplification[J]. J of Infect, 1998, 36:101-103.

[5] 张濛, 廖兴广, 李靖, 等. 从引起人感染的游泳池水中检出绿脓感菌[J]. 中国卫生检验杂志,2005,15(3):347-348.

[6] 曹丽霞, 潘曙勤, 陆佩峰. 一起游泳者中咽结膜热暴发的调查[J]. 中国公共卫生管理,2005,21(1):77-78.

[7] 潘会明,周会林,董学平,等. 1 起室内游泳池引起儿童腺病毒感染暴发的报告 [J].预防医学情报杂志,2003,19(3):237-238.

[8] 黄小平,卢玉海,周昆就.一起因游泳引起儿童腺病毒感染暴发的调查及处理 [J].华南预防医学,2006,32(1):77-78.

[9] 朱义国.游泳池暴发流行咽结合膜热 40 例 [J].中国当代儿科杂志,2000,2(3):230.

[10] 何伟华,李彪.一起游泳池水污染引发疾病流行的调查 [J].环境与健康杂志,2002,19(1):56.

[11] LENAWAY DD, BROCKMANN R, DOLAN GJ, et al. An outbreak of enterovirus- like illness at a community wading pool: implications for public health inspection programs[J]. Am J Public Health, 1989, 79(7):889-890.

[12] JOCE RE, BRUCE J, KIELY D, et al. An outbreak of Cryptosporidiosis associatedwith a swimming pool[J]. Epidemiol Infect,1991,107(3):497-508.

[13] BECKETT G, WILLIAMS D, GIBERSONG, et al. Pseudomonas dermatitis/ folli-culitis associated with pools and hot tubs- Colorado and Maine,1999- 2000[J]. MMWR, 2000, 49(48):1087-1089.

[14] 庄颖.水中有机污染物对人体的潜在危害及预防对策 [J].环境与健康杂志,2001,18(3):187-189.

[15] 孙江城.露天游泳池水质的动态变化 [J].上海预防医学杂志,1997,5(9):291.

案例一　大型水表演会场发生的急性出血性结膜炎事件

一、信息来源

2010 年 9 月,广州市疾病预防控制中心接到报告,YYH 开闭幕场馆 HXS 疑似出现急性出血性结膜炎聚集病例。

二、基本情况

1. 场馆基本概况　HXS 场馆分东区和西区,西区包括观看台和表演舞台等,为一级保障区域;东区为演排人员、工作人员、工程人员及武警部队官兵的驻地,属二级保障区域。驻地共有约 5 栋宿舍楼,其中 SLSTG 武术学校住 3 栋(约 84 个房间,每间住 18～22 人),其他工作人员住 2 栋。每日在 HXS 场馆住宿约 2000 人,包括 BA 工作人员约 100 人,SLSTG 武术学校约 1500 人,武警部队约 400 人(包括消防、警备、表演 3 个中队),以及一些工程人员。每日在 HXS 场馆就餐人员约 2500 人,共有 5 个集体食堂。

2. 患者基本情况　除 SLSGT 武术学校报告急性出血性结膜炎外,其他人员未有病例报告。

三、现场调查和检测

1. 传染病调查情况　患病人群除了 SLSGT 武术学校报告急性出血性结膜炎外,其他人员未上报此病。据武术学校负责人报告,截至 10 月 2 日 11 时,共有急性结膜炎病例 56 例,"皮肤疾患" 129 例,"烂脚" 103 例。

经现场调查发现,学生宿舍无防蚊措施,居住拥挤,环境卫生状况差。患病学生治疗用药品和消毒药品明显不足,平均每两个患病学生共用一支眼药。

2. 表演舞台水池水调查情况　HXS 场馆表演舞台水池尚有部分工程未完工,水池使用自来水。调查发现水池水面漂浮有较多垃圾、水质比较混浊、池底部较多泥沙积存。水池由活动主办单位的场地保障团队水保障组负责管理,JG 公司负责清洁,据 JG 公司介绍自 9 月份以来水池更换过 3 次水。调查中 BA 后勤部人员介绍每次彩排,参加排演的人员和马匹均进入水池中,与水池中的水有身体接触。

3. 食品卫生方面　HXS 内现有 XZZ 公司、BA 公司、SLSGT 武术学校、武警演出队、JZ 公司等 5 个集体食堂,以上食堂均未能出示餐饮服务许可证。

XZZ 公司、JZ 公司和武警演出队食堂是供用本公司员工和演出队员就餐,人数不足 200 人,BA 公司食堂每日三餐供给 BA 公司、JG 公司的工作人员和 HXS 消防、保安、保洁人员进餐,供餐人数达 800 人以上。SLSGT 武术学校每日三餐供应给参加开幕式演出队员进餐,供餐人数达 1500 人以上。BA 公司和 SLSGT 武术学校食堂加工经营场所设置和布局不合理,设备简陋,未设置相适应的粗加工、切配、烹饪、备餐等场所。食品在存放、操作中易产生交叉污染;门窗装配不严密,场所内有苍蝇活动;食品处理场所内地面有积垢,垃圾未及时清理,环境卫生极差;离食品处理场所 10m 范围以内有一比赛马匹圈养场和垃圾堆放点。

4. 宿舍和周围环境卫生调查情况 环境卫生条件差,患者住宿异常拥挤,宿舍阳台有垃圾堆放现象。蝇类孳生情况严重,特别是 SLSGT 武术学校食堂周围,垃圾桶数量有限,且未盖好,大量垃圾散在堆放,臭气熏天,苍蝇漫天飞舞。西区看台后面绿化带苍蝇密度乃至整个环境蚊类密度很高,白天服务区会议室有成蚊活动,表演团队反应有蚊虫叮咬,宿舍无纱门纱窗。西区贵宾接待大厅多处积水,有蚊虫孳生。现场检查了 10 个消防栓,其中 6 个有漏水、积水现象,4 个有白蚊伊蚊幼虫孳生。另一处水沟,库蚊密度高,且有大量库蚊卵。厨房操作间无防蝇、防鼠措施,发现多处蟑迹。外环境绿化带有鼠迹。

现场调查情况提示:病媒生物孳生情况严重,有肠道传染病、登革热等暴发的潜在危险。

5. 水池水质抽检 10 月 3 日,抽检了 3 宗水样(分别是表演舞台升降平台池水、中间池水和 HXS 开闭幕式场馆自来水)进行游离余氯、菌落总数、总大肠菌群、耐热大肠菌群、霉菌和霍乱弧菌的检测,结果见表 3-1-1-1。

表 3-1-1-1　HXS 开闭幕式场馆表演舞台水池水水质检测结果

检测项目	表演舞台升降平台池	表演舞台中间池	参考值	HXS 开闭幕式场馆自来水	参考值
游离余氯	0.02	0.04	0.3~0.5mg/L	0.04	≥0.05 mg/L
菌落总数	2100 cfu/ml	9700 cfu/ml	≤1000 cfu/ml	190 cfu/ml	≤100 cfu/ml
总大肠菌群	2 MPN/100ml	未检出	≤ 18 MPN/100ml	未检出	不得检出
耐热大肠菌群	未检出	未检出	—	未检出	< 0 MPN/100ml

检测项目	表演舞台升降平台池	表演舞台中间池	参考值	HXS 开闭幕式场馆自来水	参考值
霉菌	未检出	未检出	—	未检出	≤10 cfu/ml
霍乱弧菌	未检出	未检出	—	未检出	—

检测结果可见:表演舞台升降平台池和表演舞台中间池水的游离余氯和菌落总数不符合《游泳场所卫生标准》(GB 9667—1996),总大肠菌群未超标,未检出耐热大肠菌群、霉菌、O_1 群和 O_{139} 群霍乱弧菌。HXS 场馆自来水的游离余氯和菌落总数不符合《生活饮用水卫生标准》(GB 5749—2006)。未检出总大肠菌群、耐热大肠菌群、霉菌和 O_1 群 O_{139} 群霍乱弧菌。

四、结论与讨论

1. 结论　结合患者临床症状和现场环境和水质检测结果,判定是由水池水污染导致的急性出血性结膜炎聚集事件。

2. 讨论

(1)聚集性病例的临床表现

1)本案例中患者潜伏期很短,接触传染源后 2～48 小时内双眼可同时或先后发病。自觉眼不适感,1～2 小时即开始眼红,很快加重。患者具有明显的眼刺激症状,表现为刺痛、沙砾样异物感、烧灼感、畏光、流泪。眼睑水肿,睑、球结膜高度充血,符合典型急性出血性结膜炎的症状特征。

2)急性出血性结膜炎的流行病学特征:本病传染性极强,人群普遍易感,发病率高,传播很快,发病集中。通常的人患上红眼病,如不及时隔离、治疗和预防,在一两天内全家受感染,有时甚至一两周造成全班、全单位、全村流行。大流行期间曾造成一些城市停课、停产、停市,给人民生活、工作和社会生产造成严重危害。

传播方式是接触传染。主要通过患眼 - 手 - 物品 - 手 - 健眼,患眼 - 水 -健眼的方式进行传播,前者为家庭、同学、同事之间的传播方式,如接触患者或接触患者使用过的生活用品,与患者公用洗脸毛巾、脸盆等,或者接触患者摸过的东西,如门把、生产工具、娱乐玩具等;后者为污水、家庭之间的传播途径。

本病多于夏秋季节流行,多见于成人。自然病程短,目前尚无特殊有效疗法,预后良好。印度、新加坡、泰国、美国及我国均有个别病例在结膜炎愈后出现下肢运动麻痹等神经系统症状。结膜炎愈后一段时间人群虽有一定免疫力但中和抗体滴度升高频率低,仍易感。

3）鉴别诊断:急性出血性结膜炎易与细菌或其他病毒引起的结膜炎相混淆,应结合实验室检测确诊。

4）急性出血性结膜炎病原学:本病病原体为微小核糖核酸病毒科中的新型肠道病毒 70 型（enterovirus 70,EV70）或柯萨奇病毒 A24 型变种（Coxsakie virus A24 ,CA24v）。两种病毒形态相似,皆为球形,直径 20～30nm。蛋白质衣壳呈立体对称二十面体,有 32 个子粒,无外膜。基因组为单股正链 RNA,在宿主细胞胞浆内繁殖复制。病毒耐酸、耐乙醚,对一般常用消毒剂、脂溶剂抵抗,对紫外线、氧化剂、高温干燥敏感。世界范围急性出血性结膜炎流行地区分离出的病毒常为 EV70,亚洲地区急性出血性结膜炎流行分离的病毒以 CA24v 为多。EV70 和 CA24v 两种病毒引起的急性出血性结膜炎临床表现基本相同,两者不能区别。

世界各国在本病流行时,都曾分离出一种新型的微小核糖酸病毒。该病毒直径 20～30 毫微米、球形、RNA 单股病毒,耐酸、耐乙醚、对碘苷抵抗;对热敏感,加热到 50℃即能灭活。能在 Hela 细胞及人胚肺细胞培养基上生长。该病毒是一种嗜神经病毒,某些毒株经脑内或脊髓接种猴子时,可使猴子产生神经损害,或下肢弛缓性麻痹,作为本病的病原是微小核糖核酸病毒中的肠道病毒 70 型所致。近来发现另一种肠道病毒柯萨奇 A24 型也能引起同样临床病变。

中国历次急性出血性结膜炎流行中各地区也都分离出 EV70 或 CA24v,或两种病毒同时流行感染。临床诊疗中用75%酒精消毒是最可靠的消毒方法。

5）急性出血性结膜炎的监测及报告:医院、医务室、诊所等发现急性出血性结膜炎临床诊断病例时,应及时向主管卫生防疫部门进行传染病报告,密切观察疫情,采取措施控制蔓延。对临床典型病例进行个案调查,在发病 1～3 日内用结膜拭子在结膜囊、结膜表面涂擦取材,冷藏条件下（冰瓶 4℃以下）送有条件的实验室作病毒分离。收集急性期、恢复期血清进行血清学检查,确诊病原。

（2）现场调查和实验室检测:根据现场调查和实验室检测结果,参考《游泳场所卫生标准》（GB 9667—1996）,表演舞台水池水菌落总数严重超标,水池水表面有垃圾、水质较混浊、水池底部较多泥沙,说明水池水受到污染。

五、风险评估及防控措施

1. 风险评估 本事件中涉及人数众多,人员复杂,住宿、餐饮、表演环境复杂,存在较多健康安全风险因素。

1)空气污染因素:本场馆中住宿拥挤,卫生条件差,易导致呼吸道传染病的传播。

2)水池水污染因素:参加展演的人员和马匹均进入水池中表演,池中还有一些建筑垃圾,极易导致水质微生物超标。本次事件由于水质微生物超标,参演人员接触到污染的水质而导致的急性出血性结膜炎的聚集暴发。

3)食品卫生方面:本次事件中食堂加工经营场所设置和布局不合理,设备简陋,没有设置相适应的粗加工、切配、烹饪、备餐等场所,食品在存放、操作中产生交叉污染;门窗装配不严密,场所内有苍蝇活动;食品处理场所内地面有积垢,垃圾未及时清理,环境卫生差;离食品处理场所10m范围以内有一比赛马匹圈养场和垃圾堆放点。且10月广州的气温高,容易发生食物中毒。

4)病媒生物因素:本事件中患者居住条件拥挤,周围垃圾堆放,蚊蝇孳生情况严重,厨房操作间无防蝇、防鼠措施,发现多处蟑迹和鼠迹。有肠道传染病、登革热等暴发的潜在危险。

2. 防控措施 针对本事件可能存在的风险因素,疾病预防控制中心提出了详细的建议和整改措施,以防范类似事件再次发生。

(1)水质卫生方面

1)立即将HXS开闭幕式场馆表演舞台水池内的水排放干净,对整个水池进行彻底的清洗消毒处理后,重新注入新水。

2)管理公司需设置池水净化消毒员,对重新更换的水池水进行加氯消毒处理,保证游离余氯含量在0.3～0.5mg/L,根据排演时间进行游离余氯和pH的检测,定期送检水质。

3)每次排演前做好水池水的消毒,每日排演结束后,由池水净化消毒员或专业公司对水池进行彻底的水质净化和消毒处理。

4)每次排演后对水池更换补充部分新水,每次至少更换1/3。

5)参与排演人员开始排演和结束排演时各使用一次眼药水,并于排演结束时彻底清洁身体;已经感染红眼病的人员禁止进入表演舞台水池;参演的马匹要做好防护措施,防止马匹将大小便排入水池中。

6）定期对 HXS 开闭幕式场馆对自来水进行监测,及时发现问题。

（2）针对大型表演场所,还从传染病控制、食品卫生、消杀,以及其他协调工作给出相应的建议。

1）传染病控制方面:建立疫情日报制度。各排演团队应指定专责人员,每日摸排团队发病情况,当日报告场馆公共卫生保障团队,卫生保障团队收集整理上报 Y 组委、广州市卫健委（原卫生局）、广州市疾病预防控制中心信息组。建议医疗点医生尽快对患者进行隔离治疗,提供药品,严防疫情扩散。建议业主立即改善学生住宿拥挤问题,加强通风换气,定期消毒。特别是患病学生隔离区不得过于拥挤,帮助学生改善卫生状况,指导学生养成良好的卫生习惯。继续对场馆内其他排演团队进行调查,摸排患者,除红眼病外,还要重视发现其他疾病如登革热、食物中毒、皮肤疾病等。指导落实防控措施。

2）食品卫生方面:所属区域食品安全监管部门和 YY 卫生保障团队迅速派出食品卫生监督人员对以上食堂进行监督指导,以杜绝食物中毒事故的发生,保障开幕式演出队员的身体健康。

3）消杀灭虫方面:做好场馆内的病媒生物环境治理工作,垃圾定期清理,增加清运次数,保证垃圾不过夜。增加垃圾桶,清除蚊、蝇孳生地,安装防蝇、防蚊、防鼠设施。聘请的病媒生物防制机构应提高专业技术水平,在实际操作中多与相关专业人员联系,切实开展场馆内病媒生物控制工作,迅速将场馆的病媒生物控制在《YYH 及 YCYH 场馆病媒生物控制效果评估规范》要求的标准之内。应开窗通风,搞好环境卫生,清理宿舍卫生死角,保持环境整洁。注意个人卫生,尤其需注意保持手的清洁,不要用手揉擦眼睛,毛巾、脸盆、手帕应当单用,洗脸最好使用流水。患者使用的毛巾建议用 0.04% 过氧乙酸浸泡 2 小时。室内墙壁用 0.5% 过氧乙酸喷洒,喷至地面均匀湿透,消毒 60 分钟以上;地面及家具,建议用 0.5% 过氧乙酸擦拭或湿拖,消毒 60 分钟以上。餐、饮具、日常用具及耐水耐热的物品,建议蒸煮或用 0.05% 过氧乙酸浸泡 10 分钟。床垫、床褥等,置阳光下暴晒或用 0.2%～0.05% 过氧乙酸擦拭。

4）有关协调工作:主办单位协调场馆业主,主动配合了解情况,督促落实以上各项防控措施。

六、点评

这起事件涉及的人数众多,患者的临床症状基本一致,结合现场流行病学调查和实验室水质检测,确认引起该事件的原因是水质污染导致的急性出血性结膜炎传播。及时采取有效的措施阻断了传播途径,控制了事件的进一步发展;应急处置时从现场患者的临床症状的调查,周围环境因素的调查取证,水质实验室检测,准确地找到了本次急性出血性结膜炎聚集事件的原因,并根据调查结果对传染病防控、水质污染防控、食品卫生、病媒生物防制 4 方面,全方位提出了具体的建议和整改措施,应急处置及时,防控措施科学合理。本次事件,为今后做好各类大型活动表演的卫生保障,防止介水传染病的传播提供了较好的参考。

（蒋琴琴　杨轶戬　冯文如）

参考文献

[1] 中华人民共和国卫生部,中国国家标准化管理委员会.公共场所设计卫生规范 第 3 部分 人工游泳场所:GB 5749—2006[S].北京:中国标准出版社,2007.

[2] 国家市场监督管理总局,中国国家标准化管理委员会.生活饮用水卫生标准:GB 37489.3—2019[S].北京:中国标准出版社,2019.

[3] 国家市场监督管理总局,中国国家标准化管理委员会.公共场所卫生指标及限值要求:GB 37488—2019[S].北京:中国标准出版社,2019.

[4] 李兰娟.传染病学 [M].9 版.北京:人民卫生出版社,2018.

案例二　一起幼儿园泳池水污染引起的咽结合膜热暴发事件

一、信息来源

2004 年 7 月 11 日上午,某报刊报道某幼儿园"数十名幼儿集体感染咽结合膜炎",广州市疾病预防控制中心通过 DS 区疾病预防控制中心得到证实。

二、基本情况

幼儿园设 10 个班,共有幼儿 349 人,其中日托 7 个班共 236 人,全托 3 个班共 110 人。全校教职员工 58 人,包括教师 24 人,保育员,16 人,办公室人员 9 人,其余为清洁工。

学校有一游泳池,该泳池于 5 月初开放,6 月底停止开放,每日换水,加含氯消毒剂进行消毒。

患者表现以高热、咽痛、咳嗽为主要症状,热程为 5～10 天,并有眼结膜充血。

三、现场调查和检测

1. **现场工作调查**　广东省、广州市、DS 区疾病预防控制中心先后 4 次到该幼儿园进行流行病学调查并采样,调查幼儿园游泳池基本情况,为回园患病师生采集恢复期血清。

2. **病例分布**　2004 年 6 月 21 日至 7 月 16 日,该幼儿园 349 名幼儿中共有 258 人发病(其中有 28 名患儿需入院治疗),罹患率 73.9%。病例的临床表现以高热、咽痛、咳嗽等上呼吸道症状为主,病程为 5～10 天,伴有眼结膜充血和白细胞计数升高。

(1)病例班级分布:全部 10 个班均有学生发病,各班罹患率在 61.1%～88.6% 之间。

(2)病例时间分布:调查中发现最早的符合病例发生在 6 月 21 日,最后,1 例发生在 7 月 15 日。发病高峰在 7 月 2～6 日,7 月 19 日后再无新发病例。

(3)病例人群分布:在发病幼儿中,男童 133 人,女童 125 人,年龄在 3～6 岁之间。病例在不同年龄间无明显差异,男女发病有显著性差异(χ^2=7.74, P=0.005),女童发病高于男童。教师中有 2 人发病,儿童发病率明显高于成人(χ^2=107.07, P=0.005)。

（4）病例主要临床表现：以上呼吸道症状为主，病人以高热、咽痛、咳嗽等为主要表现。在有体温记录 246 例发热病例中，低热（37~38℃）8 例占 3.3%，中热（38~39℃）49 例占 19.9%，高热（39~40℃）114 例占 46.3%，超高热（40℃及以上）75 例占 30.5%。热程多在 5～10 天，伴眼结膜充血的病例占总病例的 43.9%，部分病例的血白细胞计数升高，部分病例伴有呕吐、恶心、腹泻等消化道症状。

3. 环境因素和其他可能引起咽结合膜热暴发的原因调查　幼儿园游泳池未申办卫生许可证，处于无人监管状态。园方对游泳池的消毒管理不规范，游泳池水容量偏小，消毒剂投放量不足，沐浴洗脚池设置不合理，学生泳后由老师统一滴眼药水，未设淋浴间，未经淋浴和漱口清洁直接回教室更衣。

收集全托班 6 月 25 日之前与日托班 6 月 25 日之后的游泳课课程表（全托班在 6 月 25 日后停开游泳课）、每班每节游泳课的出、缺勤名单，进行统计学分析后发现，游泳史对全托幼儿发病无影响。在日托幼儿中，参加游泳幼儿的罹患率明显高于未参加游泳的幼儿（χ^2=28.96，P=0.001），且随游泳次数的增多罹患率升高。

4. 病原学检测结果　广东省疾病预防控制中心对 44 份血清标本检测，结果为：腺病毒 IgM 抗体阳性 10 份（阳性率 22.7%），呼吸道合胞病毒阳性 3 份（阳性率 6.8%），副流感病毒阳性 3 例（阳性率 6.8%），进一步用 PCR 检测 27 例病人的咽拭子标本的腺病毒基因，结果 10 份阳性（阳性率 37.0%），对 10 份腺病毒 PCR 扩增阳性标本中的 6 份进行基因序列测定，并对获得的基因序列（290bp 分析，结果显示与腺病毒 3 型同源性达 97%，可认为 PCR 扩增物为 3 型腺病毒。

四、结论与讨论

1. 结论　根据本次疫情的流行病学特点及实验室病原学结果，经省、市、区疾控中心的流行病学，微生物学专家，某医院临床，微生物专家共同讨论后，一致认为，此次疫情是由腺病毒Ⅲ型引起的咽结合膜热暴发。

2. 讨论

（1）咽结合膜热的诊断与鉴别诊断

1）诊断标准：急性起病，高热、咽部充血，疼痛明显、眼睛发红显著（医学上称睑结膜滤泡增生、充血、水肿）；体温可达 39～40℃或更高，高热时间比普通的上呼吸道感染要长，常可持续 3～5 天；咽结合膜热的眼睛发红多数仅限于一侧眼睛,并且眼分泌物少,这是区别其他疾病的眼睛发红的关键。也有出现两侧眼睛发红,但发红的程度不同;病人的颈部、耳后及颌下的淋巴结常肿大;有时有胃肠道症状,如恶心、呕吐、腹痛或腹泻等;实验室病原学检测常可检测到腺病毒等。

2)病原学及流行特征:咽结合膜热是由腺病毒引起,常发生于春夏季,散发或小流行发生,以发热、咽炎、结膜炎为特征。引起咽结合膜热的病原是42型腺病毒中的两种类型3型和7型。病毒由口进入小儿胃肠道。游泳池水污染有腺病毒时可能导致咽结合膜热,并可在集体儿童中小流行。

3)与红眼病的鉴别:"红眼病"在医学上称为急性结膜炎,由细菌引起,表现为两只眼睛均充血发红,有较多分泌物,常使眼睑粘连,晨起尤甚。急性结膜炎少发高热。咽结合膜热与急性结膜炎的主要区别是前者常有高热、单侧眼睛充血和无明显眼分泌物。

(2)引起眼部传染性疾病的常见原因分析:眼睛感染指细菌、病毒、真菌、寄生虫等病原体侵入人体眼部所引起的局部组织炎症反应。最常受到感染的部位包括眼皮、结膜、角膜和巩膜。

感染的原因很多:不注意眼部卫生,用手揉眼睛引起的细菌或病毒感染;被已感染者直接或间接传染;灰尘等进入眼睛造成角膜异物也可引发感染;母婴传播也可引起眼部感染。受微生物污染的水浸润也可以引起眼部感染,如游泳。

主要感染的病毒有单纯疱疹病毒、水痘带状疱疹病毒、巨细胞病毒、人类免疫缺陷病毒、腺病毒和肠道病毒等。

(3)流行病学调查溯源:通过问卷、现场调查等多种方式对传染病进行溯源调查。本次事件中,患者多数与游泳相关,提示可能是游泳池水质不合格导致的咽结合膜热暴发。

(4)游泳池水质检测:本次事件调查结果提示,该幼儿园对游泳池的消毒管理不规范,游泳池水容量偏小,消毒剂投放量不足,沐浴洗脚池设置不合理,学生泳后由老师统一滴眼药水,未设淋浴间,未经淋浴和漱口清洁直接回教室更衣。日托幼儿中,参加游泳幼儿的罹患率明显高于未参加游泳的幼儿,且随游泳次数的增多,罹患率升高,考虑游泳是此次疫情传播的重要促进因素,泳池水质不合格可能是导致咽结合膜热的直接原因。

本次事件由于检测条件和实际情况的限制,未对水质进行采样检测。今后发生类似事件,建议对游泳池水质进行全面检测,通过水质检测结果更加直观的反应事件的因果关系。

3. 目前游泳池水质检测的要求

（1）检测依据：现行的游泳场所相关卫生标准包括 2019 年发布的《公共场所设计卫生规范　第 3 部分　人工游泳场所》（GB 37489.3—2019）、《公共场所卫生管理规范》（GB 37487—2019）以及《公共场所卫生指标及限值要求》（GB 37488—2019），《游泳池水质标准》（CJ/T 244）、《公共场所卫生检验方法》（GB/T 18204）、《生活饮用水卫生标准》（GB 5749—2006）。

（2）检测内容

物理因素：游泳池的水面水平照度、池水温度。

游泳池水质：游泳池水浑浊度、pH、游离性余氯、化合性余氯、浸脚池游离性余氯、臭氧、氧化还原电位、氰尿酸、尿素、菌落总数、大肠菌群、三卤甲烷。

（3）检测方法：按照《公共场所卫生检验方法》（GB/T 18204）要求进行检测。

（4）游泳池水监测的要求：人工游泳场所应在场所营业的客流高峰时段监测。儿童池布置 1～2 个采样点，成人泳池面积≤1000m² 的，布置 2 个采样点，成人泳池＞1000m² 的，布置 3 个采样点，在泳池水面下 30cm 处采集水样 500ml。

五、风险评估及防控措施

1. 风险评估　本次事件中，通过流行病学调查，游泳池水质污染、园方对游泳池的消毒管理不规范，且调查发现参加游泳幼儿的罹患率明显高于未参加游泳的幼儿，判定泳池水受污染是本次事件的重要因素。

2. 防控措施　立即隔离传染源，彻底清洗消毒游泳池；园方发现类似聚集病例应及时向相关部门报告，应加强类似疫病暴发报告的调查处理工作；幼儿园游泳池应申办卫生许可证；加强游泳场（社会、小区、学校等单位）设计、消毒等卫生状况的监督及检测工作。

六、点评

此次事件，通过各部门的配合，较快地查明疫情是由腺病毒Ⅲ型引起的咽结合膜热暴发。但是事件首先是由媒体曝光才引起相关部门的关注。由于幼儿园的原因，相关部门不能第一时间介入，未能第一时间及时控制疫情的发展，导致更多的幼儿罹患。警示我们：应在托幼机构和学校等重点场所建立完善的疾病预警机制,以及时发现各类疾病特别是急性传染病,做到早发现、早介入、早控制。

在这次事件中,通过流行病学调查确定了感染来源,对幼儿园的课室以及游泳池进行全面的消毒,及时隔离患儿,疫情得到控制。不足之处是未对泳池水进行水质检测,以明确感染来源。

（蒋琴琴　谭　磊　陈思宇）

参考文献

[1] 中华人民共和国卫生部,中国国家标准化管理委员会.公共场所设计卫生规范 第 3 部分 人工游泳场所:GB 5749—2006[S].北京:中国标准出版社,2007.

[2] 国家市场监督管理总局,中国国家标准化管理委员会.生活饮用水卫生标准:GB 37489.3—2019[S].北京:中国标准出版社,2019.

[3] 国家市场监督管理总局,中国国家标准化管理委员会.公共场所卫生指标及限值要求:GB 37488—2019[S].北京:中国标准出版社,2019.

[4] 李兰娟.传染病学 [M].9 版.北京:人民卫生出版社,2018.

案例三 一起游泳场所儿童上呼吸道感染暴发事件

一、信息来源

2005 年 8 月 6 日上午,广州市疾病预防控制中心接到广州市卫健委(原卫生局)电话通知,CH 市多个儿童于游泳后出现"发热,咽痛"症状,在 CH 中心医院住院治疗,效果不明显,持续发热。某报刊也刊登了有关报道。

二、基本情况

2005 年 8 月 5 日上午,CH 一家长电话投诉,有小孩于 CH 某泳场游泳后出现"发热,咽痛"等症状,于 CH 中心医院治疗后效果不明显。广州市疾病预防控制中心和 CH 区疾病预防控制中心分别于 5～7 日到医院和游泳场进行调查,发现有同样症状的小孩 14 名,其中 5 名参加该泳场的游泳培训班。

三、现场调查和检测情况

1. 现场工作调查 广州市疾病预防控制中心到 CH 区疾病预防控制中心了解情况,收集个案调查资料及游泳场泳池水检验结果,现场抽检 XRGW 游泳场泳池水,检查游泳池清洁消毒记录,询问基本情况。

2. 住院儿童基本情况 住院儿童 14 名,主要症状为发热、咽痛、乏力、头痛,体温在 38.7～40.7℃之间,大部分患者扁桃体不同程度肿大,WBC 轻度增高。两名儿童支原体抗体检测结果阳性,滴度分别为 1∶80 和 1∶640。在 5 名体温异常患者咽拭子检验结果中:3 名患者检出腺病毒,2 名腺病毒合并合胞病毒感染。其中有 10 名儿童患病前曾在该游泳场游泳,5 名患儿参加该游泳场培训班。

3. 某游泳场基本情况

(1)该游泳池体积 1500m³,每天开放时间为 16:00—21:00,日平均游泳人次 350 人。游泳场培训班从 7 月 1 日开始招生,7 月 5 日开始训练,至 8 月 6 日下午已招学员 150 名。

(2)CH 区疾病预防控制中心 2005 年 6 月 15 日抽检该泳场泳池水,浅水池细菌总数、总大肠菌群均超标,游离余氯均不达标。

4. 现场调查结果

(1)据某游泳场负责人介绍,该泳场每周换水一次,每天更换新水 30%,每天投氯消毒 2 次,分别为上午 9 时及下午 3 时。

(2)现场调查发现,该泳场从业人员缺乏泳池管理及消毒知识。从 8 月 1 日才开始设立消毒检测记录,未使用自动投氯装置。投放消毒药为"XS"牌消毒片,包装上无卫生许可证标识。

(3)游泳场浸脚消毒池未注水,进入泳池时无强制通过浸脚池,可由其他入口进入。更衣室顶部与泳场购票大厅相通,无独立排风设施。

(4)8 日上午 11 时现场抽检泳池水游离余氯 2 宗,检测结果为浅水池 1.0mg/L、深水池 0.5mg/L(泳场自述 8 时投氯);池水实验室检验结果未检出腺病毒,其余检验项目符合《游泳场所卫生标准》(GB 9667—1996)。(表 3-1-3-1)

表 3-1-3-1　泳池水检验结果

地点	细菌总数 / (个·ml^{-1})	大肠菌群 / (个·L^{-1})	游离余氯 / (mg·L^{-1})	pH	浑浊度	尿素
浅水区	2	未检出	1.0	7.5	0.4	0.48
深水区	0	未检出	0.5	7.3	0.9	0.58

四、结论与讨论

1. 结论　经流行病学调查结合实验室结果,判定是游泳场所引起上呼吸道感染暴发事件。

2. 讨论　该游泳场管理层对游泳场所的卫生管理不重视,卫生制度不健全、卫生措施不落实,未做好游泳池水消毒净化,导致池水污染,引起多例儿童上呼吸道感染。

3. 该事件对日后游泳池监管工作的启迪

(1)流行病学调查溯源:通过问卷、现场调查等多种方式对传染病进行溯源调查,本次事件中,主要症状为发热、咽痛、乏力、头痛,体温在 38.7～40.7℃之间,大部分患者扁桃体不同程度肿大,WBC 轻度增高。两名儿童支原体抗体检测结果阳性,滴度分别为 1∶80 和 1∶640。有 10 名儿童患病前曾在该游泳场游泳,其中 5 名患者参加该游泳场培训班。提示可能是游泳池水质不合格导致的上呼吸道感染暴发。

(2)游泳引起的上呼吸道感染的诊断与鉴别诊断。

1)诊断标准:急性起病,高热,咽部充血,发热、咽痛、乏力、头痛,体温在

38.7～40.7℃之间,大部分患者扁桃体不同程度肿大,WBC轻度增高,实验室病原学检测等,有游泳史。

2)病原学及流行特征:腺病毒感染,常发生于春夏季,散发或发生小流行。以发热、咽炎等为特征。病毒从口进入小儿胃肠道,游泳池水污染腺病毒时可能导致呼吸道疾病的发生。

3)与其他呼吸道疾病的鉴别:主要鉴别方法为是否有游泳史。

五、风险评估及防控措施

1. 风险评估　本次事件中,通过流行病学调查,患儿均有游泳史,考虑泳池水不合格是本次事件暴发的主要原因。

2. 防控措施及建议

(1)游泳场从业人员必须进行体格检查,取得健康合格证,参加卫生知识培训班。设立专职的水质净化员,且需持有相应资格证书方能上岗。

(2)严格实行游泳场所卫生管理负责人制度,完善和落实各项水质处理消毒制度和卫生管理措施。

(3)浸脚消毒池应保持有5～10mg/L的有效氯,定期换水。进入泳池必须强制经过浸脚池,关闭其他入口。

(4)适当控制人流量及游泳时间。开场前、开场中必须检测池水余氯,确保游离余氯保持在卫生要求内(标准值0.3～0.5mg/L)。

(5)游泳池注意每天补充新水。

(6)更衣室及卫生间需独立隔开,并设独立排风。

(7)采用自动循环过滤水设备的游泳场所,使用自动加氯设备。注意监控该设备,如果设备出现故障,应立即采用人工投消毒药方法。

(8)应使用有效的消毒药,在通风条件较好的地方进行消毒药存放及配制,按消毒药包装说明正确调配。

(9)做好卫生知识宣传,游泳前后沐浴,尤其是游泳后注意冲洗干净身体,漱口。经常检查游泳池、沐浴间、卫生间设施及卫生状况。

六、点评

此次事件,通过流行病学调查确定了感染来源,对游泳池进行全面的消毒,及时隔离治疗患儿,疫情得到控制。由于是事后才介入调查,未能第一时间采集样本,无法确定泳池水是否受到病原污染,对确认此次是否是经水传播疾病的传播方式产生较大的影响。

（蒋琴琴　江思力　郭重山）

参考文献

［1］中华人民共和国卫生部,中国国家标准化管理委员会.公共场所设计卫生规范 第3部分 人工游泳场所:GB 5749—2006[S].北京:中国标准出版社,2007.

［2］国家市场监督管理总局,中国国家标准化管理委员会.生活饮用水卫生标准:GB 37489.3—2019[S].北京:中国标准出版社,2019.

［3］国家市场监督管理总局,中国国家标准化管理委员会.公共场所卫生指标及限值要求:GB 37488—2019[S].北京:中国标准出版社,2019.

［4］李兰娟.传染病学[M].9版.北京:人民卫生出版社,2018.

案例四　某游泳馆发生的含氯消毒剂中毒事件

一、信息来源

2010年11月19日9时,广州市疾病预防控制中心接到YX区疾病预防控制中心电话:报告GZ市某游泳馆4名泳客在2010年11月18日21时至21时30分出现头晕、胸闷、强烈咳嗽、呕吐等症状,怀疑为游泳场馆空气污染事件。

二、基本情况

事发场所位于YX区,共三层楼,一楼为营业接待厅,二楼游泳池,三楼为更衣室,负一层是放置自动循环机组的机房。二楼游泳池是室内游泳池,采用自然通风和排气扇排气方式进行空气交换。游泳池为21m×50m泳池,北面为浅水区,南面为深水区;泳池与南、北外墙之间的通道各约4m,与东、西外墙之间的通道各约3m。游泳馆西侧外墙有18台(40cm×40cm)排气扇,东侧外墙有26个、西侧外墙有27个可开启的窗户。

游泳池采用自动循环过滤系统进行消毒处理,自动循环过滤系统机组位于负一楼机房,机房内环境一般,有空调送风口和排风口。

三、现场调查和检测

1. 病例情况　4名患者(2男2女,年龄32～55岁)均为该游泳馆顾客,互不认识。11月18日21时,患者罗某首先出现头晕、胸闷、强烈咳嗽、呕吐等症状。至11月18日21时30分,共有4名顾客出现类似症状。大约在21时30分,由GZ市120救护车送往医院就诊,其中2名患者送到GD省人民医院就诊,2名患者到ZS大学附属第一医院就诊。经急诊对症治疗后症状有所缓解,其中ZS大学附属第一医院的2名患者自行回家,省人民医院2名患者在观察室补液,于11月19日上午7时左右回家。

病人临床实验室检查结果:血常规、肝功能、血生化8项、胸片、心电图均正常,心肌酶检查除肌酸激酶偏高外其余正常。

2. 检测情况　11月19日凌晨,YX区疾病预防控制中心对涉事游泳馆泳池水质进行了检测。对游泳池进行布点监测,共布5个监测点。监测项目为游离余氯、pH、浑浊度、尿素。游离余氯浓度范围在2.14～2.47mg/L,pH范围在 7.54～7.61,浑浊度<0.5 NTU,尿素为 2.4 mg/L。结果显示游离余氯最高浓度超标 2.5 倍。见表 3-1-4-1。

11 月 19 日上午,广州市疾控预防控制中心对涉事游泳馆室内空气和泳池水质进行了检测。泳池布 3 个监测点,监测项目为游离余氯;室内空气布 4 个监测点,监测项目为氯气、二氧化氯、CO_2。游离余氯浓度范围在2.7～3.0mg/L,CO_2 浓度范围在 0.0582%～0.0859%,氯气和二氧化氯未检出。结果显示游离余氯浓度最高超标 3 倍。(表 3-1-4-2)

表 3-1-4-1　某游泳馆泳池水质检测结果

检测地点	游离余氯 /(mg·L^{-1})	pH	浑浊度 /NTU	尿素 /(mg·L^{-1})
游泳池 1	2.40	7.54	< 0.5	2.4
游泳池 2	2.14	7.61	< 0.5	2.4
游泳池 3	2.23	—	—	—
游泳池 4	2.17	—	—	—
游泳池 5	2.47	—	—	—
标准值	0.3～1.0	7.0～7.8	≤ 1	≤ 3.5

表 3-1-4-2　某游泳馆室内空气和泳池水质检测结果

检测地点	游离余氯 /(mg·L^{-1})	氯气 /ppm	二氧化氯 /ppm	CO_2 /%
游泳池西北角	3.0	0	0	0.0597
游泳池西南角	2.7	0	0	0.0582
游泳池东侧	3.0	0	0	—
自动循环加药机房	—	0	0	0.0859
室外对照	—	0	0	0.0660
标准值	0.3～1.0	—	—	≤ 0.15

3. 环境因素调查　游泳池采用自动循环过滤系统进行消毒处理,自动循环过滤系统机组位于负一楼机房。据泳池管理人员介绍,该游泳馆的游泳池一直使用次氯酸钠消毒液对泳池水进行自动加药消毒,但自动加药系统有时

出现故障,需人工投药。11 月 18 日晚上约有 20 多名顾客在游泳馆游泳,而当班的水质消毒员因父亲病危请假,临时由救生员实施游泳池水质消毒工作。18 日 21 时,临时充当消毒员的救生员使用万消灵(主要成分为三氯异氰尿酸,具有强烈的氯气刺激味道)固体消毒剂进行泳池水消毒处理(消毒剂有卫生许可批件)。

进一步检查发现,万消灵存放于游泳池边的西北角,当时救生员直接在存放地方配制消毒液,但由于其不熟悉消毒液配制方法和比例,操作失误,直接将水倒入万消灵固体消毒剂内,造成消毒液沸腾,氯气外逸至游泳馆内,救生员慌忙把整桶消毒药倒进游泳池。调查人员在现场仍可闻到轻微的刺激性气体味道。

经患者自述,首先出现症状的患者是在游泳馆内离配药处约 10m 的地方,在救生员配药的过程中吸入刺激性气体引起不适,另外一名患者是在配药处楼上的女浴室内吸入刺激性气体引起不适。

四、结论与讨论

1. **结论**　从监测结果及现场调查情况,初步认定本次中毒事件主要是由于吸入过量氯气引起。

2. **讨论**　事故发生后,涉事游泳馆通知医院接送病人,组织人员疏散,加强了自然与机械性通风,却拖延了事故报告时间。市、区疾病预防控制中心人员到达现场后,游泳馆室内空气中已无明显的刺激性气味,空气卫生学指标检测结果已符合游泳场馆空气卫生标准。市、区疾病预防控制中心人员分别对涉事游泳馆泳池水水质进行了检测,其中游离余氯浓度超标 2～3 倍。根据疾控中心人员对涉事游泳馆负责人、设备间操作人员及服务人员进行询问调查,认定事件是由于涉事游泳馆缺乏严格的管理制度、操作规程以及人员上岗前培训不足等原因造成,临时充当消毒员的救生员不熟悉消毒液配制方法和比例,盲目操作,直接将水倒入万消灵固体消毒剂内,造成消毒液沸腾,氯气外逸至游泳馆内,从而产生大量刺激性气体包括氯气、氯化氢。在相对封闭的游泳馆内逸散,加上游泳馆内通风不良,造成多名泳客的中毒现象。

本次中毒事件,首先要甄别有毒气体中毒和食物中毒。根据 4 名患者临床症状主要以呼吸道症状为主,无腹痛、腹泻等胃肠道症状,结合现场检测结果,可以排除食物中毒,初步确认是有毒气体中毒。在室内空气中毒调查中,最重要的证据是现场检测出中毒气体,并找到有毒气体产生的原因。由于气体具有来去无踪的特点,加上涉事游泳馆拖延了事故报告时间,导致现场无法检测出中毒气体。因此,我们调查人员要依靠扎实的专业知识,对突发公共卫生事件要有高度敏感性。本次事件我们考虑涉事场所为游泳馆,跟游泳池水消毒药可能有密切关系。现场调查人员对涉事游泳馆泳池水水质进行了检测,其中游离余氯浓度超标2~3倍,最后,再通过对涉事游泳馆负责人、设备间操作人员及服务人员进行询问调查,终于找到了中毒事件的原因。

氯气是一种强烈的刺激性气体,它主要的毒性作用是由于氯气吸入呼吸道后,与黏膜水分作用形成盐酸和次氯酸,次氯酸又分解成盐酸和新生态氧。氯化氢对黏膜有烧灼感,可引起炎性水肿、充血及坏死。新生态氧对组织有强烈的氧化作用,在氧化过程中产生对细胞原浆有毒性的臭氧并刺激呼吸道黏膜,造成局部平滑肌痉挛,加重通气障碍,导致缺氧,引起胸闷、咳嗽、气急等临床症状,严重者可致急性肺水肿甚至呼吸衰竭。一般认为氯气在$3\sim9mg/m^3$时即感到明显气味,刺激眼鼻;$90mg/m^3$时,致咳嗽发作,难以耐受;$120\sim180mg/m^3$浓度下$30\sim60$分钟,引起严重危害;$300mg/m^3$时,可造成致命性损伤。氯气浓度过高时,可发生急性死亡。根据现场调查及发病情况,估计当时空气中氯气浓度在$50\sim100mg/m^3$之间。因此,对氯气中毒要早发现、早诊断、早治疗,早期给予吸氧及抗生素治疗,以预防继发感染,避免肺水肿的发生。

五、风险评估及防控措施

急性氯气中毒在化工生产企业较为常见,企业一般都有一套完善的安全吸收处理装置及事故报警装置,因此事故发生时常能得到及时处理,造成的影响相对较小。我国有许多室内外游泳场馆常采用定时定量向游泳池水中加入氯气或氯制剂的池水消毒方式,因工作人员操作失误导致游泳者出现氯气中毒的事件则鲜有报道。室内游泳馆通风不良,应引起高度重视。此次事故的主要原因是由于涉事游泳馆内部管理混乱,缺乏严格的管理制度、操作规程以及未进行人员上岗前培训。当遇到自动加药系统出现故障时也没有及时进行修复和处理。临时充当消毒员的救生员不熟悉消毒液配制方法和比例,盲目操作,氯气外逸至游泳馆内,导致了事故的发生。

市、区疾病预防控制中心分别对涉事游泳馆泳池水水质进行了检测,游离余氯浓度范围分别为2.7~3.0mg/L和2.14~2.47mg/L,按《公共场所卫生指标及限值要求》(GB 37488),游离余氯浓度超标2~3倍。结果提示事故发生时游泳馆空气中氯气浓度可能较高。此外,游泳馆内通风不良也是导致事故发生的主要原因,虽然事发游泳馆采用自然通风和机械性通风方式进行空气交换,但事发时广州气候正值秋冬季节,晚上天气比较凉爽,加上涉事游泳馆由于缺乏严格的管理制度等原因,场馆内部分排气扇不能正常使用,部分窗户未开启等因素,都可能造成当时游泳馆室内空气中氯气浓度的聚集。

本次中毒事故虽未引起严重后果,但提醒卫生行政部门在对游泳场馆进行卫生许可的审查时,应注重对游泳场馆内布局、通道设计和消毒设施、消毒药物存放位置的卫生审查。必须要求游泳场馆设施及通道设置布局合理且保持通风良好,特别是自动循环过滤系统机房和存储消毒药液的设备间,应有机械通风设施并设立独立的直接通向室外的出口。同时,要求游泳场馆管理单位做好人员上岗前安全和卫生知识培训,严格执行游泳场馆消毒操作规程。当进行人工投药时,应将消毒液加至游泳池水中,消毒药标签需清晰。建立应急预案,以应对各种突发公共卫生安全事件。发生事故后场所要及时报告。

六、点评

这是一起室内游泳池由于消毒不规范产生的有害气体(氯气)引起的人员吸入中毒事件。这起中毒事件的曲折之处在于涉事游泳馆采用自动循环过滤系统进行消毒处理却发生游泳馆氯气中毒,而自动循环过滤系统机组位于负一楼机房。现场调查人员凭着精湛的专业精神、细致的工作态度以及丰富的流行病调查经验,除了对涉事游泳馆室内空气进行检测,还对泳池水质进行了检测,抽丝剥茧,对每一个细微的环节都不轻易放过,最终查明气体中毒原因,水落石出。但在这次调查事件中,由于现场未检测出中毒气体,无法找到有毒气体的来源。我们在保证安全的前提下进行模拟试验,以证实中毒气体的来源。如果现场仪器不能检测该气体,可以采集空气样品送实验室检测。

在这次调查事件中,说明了正确的消毒方法的必要性,消毒不当,也易造成中毒事件。在日常卫生监管中,应要求游泳场所配备专职或兼职消毒员,消毒员经过培训上岗,以保证消毒措施有效、安全。

(江思力　蒋琴琴　石同幸)

参考文献

[1] 王洪波,郑洋,刘永泉,等 . 某室内游泳馆急性氯气中毒事故调查 [J]. 中国
卫生监督杂志,2006,13(5):352-353.

[2] 陶柏文,赖燕 . 一起氯气中毒的调查 [J]. 实用预防医学,2000,7(2):145.

[3] 宋红,常雪琴,陈莹 .34 例儿童急性氯气中毒病例分析 [J]. 中华预防医学
杂志,1998,32(5):299.

附录

附录一　公共场所卫生管理条例

　　《公共场所卫生管理条例》是为创造良好的公共场所卫生条件,预防疾病,保障人体健康制定。由国务院于 1987 年 4 月 1 日发表并实施。2016 年 2 月 6 日根据《国务院关于修改部分行政法规的决定》(国务院令第 666 号)第一次修改。2019 年 4 月 23 日根据《国务院关于修改部分行政法规的决定》(国务院令第 714 号)第二次修改。

　　中文名　公共场所卫生管理条例

　　发布机构　国务院

　　发布日期　1987 年 4 月 1 日

　　实施日期　1987 年 4 月 1 日

　　当前版本　第二次 2019 年 4 月 23 日修订

目　录

1 修订信息

2 条例全文

修订信息

2016年2月6日,中华人民共和国国务院令(第666号)公布,对《公共场所卫生管理条例》部分条款予以修改。

2019年4月23日,中华人民共和国国务院令(第714号)公布,对《公共场所卫生管理条例》部分条款予以修改。

条例全文

公共场所卫生管理条例

1987年4月1日国务院发表并实施。2016年2月6日根据《国务院关于修改部分行政法规的决定》(国务院令第666号)第一次修改。2019年4月23日根据《国务院关于修改部分行政法规的决定》(国务院令第714号)第二次修改。

第一章　总则

第一条　为创造良好的公共场所卫生条件,预防疾病,保障人体健康,制定本条例。

第二条　本条例适用于下列公共场所:

(一)宾馆、饭馆、旅店、招待所、车马店、咖啡馆、酒吧、茶座;

(二)公共浴室、理发店、美容店;

(三)影剧院、录像厅(室)、游艺厅(室)、舞厅、音乐厅;

(四)体育场(馆)、游泳场(馆)、公园;

（五）展览馆、博物馆、美术馆、图书馆；

（六）商场（店）、书店；

（七）候诊室、候车（机、船）室、公共交通工具。

第三条 公共场所的下列项目应符合国家卫生标准和要求：

（一）空气、微小气候（湿度、温度、风速）；

（二）水质；

（三）采光、照明；

（四）噪音；

（五）顾客用具和卫生设施。

公共场所的卫生标准和要求，由国务院卫生行政部门负责制定。

第四条 国家对公共场所实行"卫生许可证"制度。

"卫生许可证"由县以上卫生行政部门签发。

第二章 卫生管理

第五条 公共场所的主管部门应当建立卫生管理制度，配备专职或者兼职卫生管理人员，对所属经营单位（包括个体经营者，下同）的卫生状况进行经常性检查，并提供必要的条件。

第六条 经营单位应当负责所经营的公共场所的卫生管理，建立卫生责任制度，对本单位的从业人员进行卫生知识的培训和考核工作。

第七条 公共场所直接为顾客服务的人员，持有"健康合格证"方能从事本职工作。患有痢疾、伤寒、病毒性肝炎、活动期肺结核、化脓性或者渗出性皮肤病以及其他有碍公共卫生的疾病的，治愈前不得从事直接为顾客服务的工作。

第八条 除公园、体育场（馆）、公共交通工具外的公共场所，经营单位应当及时向卫生行政部门申请办理"卫生许可证"。"卫生许可证"两年复核一次。

第九条 公共场所因不符合卫生标准和要求造成危害健康事故的，经营单位应妥善处理，并及时报告卫生防疫机构。

第三章 卫生监督

第十条 各级卫生防疫机构，负责管辖范围内的公共场所卫生监督工作。民航、铁路、交通、厂（场）矿卫生防疫机构对管辖范围内的公共场所，施行卫生监督,并接受当地卫生防疫机构的业务指导。

第十一条　卫生防疫机构根据需要设立公共场所卫生监督员,执行卫生防疫机构交给的任务。公共场所卫生监督员由同级人民政府发给证书。

民航、铁路、交通、工矿企业卫生防疫机构的公共场所卫生监督员,由其上级主管部门发给证书。

第十二条　卫生防疫机构对公共场所的卫生监督职责:

(一)对公共场所进行卫生监测和卫生技术指导;

(二)监督从业人员健康检查,指导有关部门对从业人员进行卫生知识的教育和培训。

第十三条　卫生监督员有权对公共场所进行现场检查,索取有关资料,经营单位不得拒绝或隐瞒。卫生监督员对所提供的技术资料有保密的责任。

公共场所卫生监督员在执行任务时,应佩戴证章、出示证件。

第四章　罚则

第十四条　凡有下列行为之一的单位或者个人,卫生防疫机构可以根据情节轻重,给予警告、罚款、停业整顿、吊销"卫生许可证"的行政处罚:

(一)卫生质量不符合国家卫生标准和要求,而继续营业的;

(二)未获得"健康合格证",而从事直接为顾客服务的;

(三)拒绝卫生监督的;

(四)未取得"卫生许可证",擅自营业的。

罚款一律上交国库。

第十五条　违反本条例的规定造成严重危害公民健康的事故或中毒事故的单位或者个人,应当对受害人赔偿损失。

违反本条例致人残疾或者死亡,构成犯罪的,应由司法机关依法追究直接责任人员的刑事责任。

第十六条　对罚款、停业整顿及吊销"卫生许可证"的行政处罚不服的,在接到处罚通知之日起十五天内,可以向当地人民法院起诉。但对公共场所卫生质量控制的决定应立即执行。对处罚的决定不履行又逾期不起诉的,由卫生防疫机构向人民法院申请强制执行。

第十七条　公共场所卫生监督机构和卫生监督员必须尽职尽责,依法办事。对玩忽职守,滥用职权,收取贿赂的,由上级主管部门给予直接责任人员行政处分。构成犯罪的,由司法机关依法追究直接责任人员的刑事责任。

第五章　附则

第十八条　本条例的实施细则由国务院卫生行政部门负责制定。

第十九条　本条例自发布之日起施行。

附录二　公共场所卫生管理条例实施细则 （卫生部令第 80 号）

第一章　总则

第一条　根据《公共场所卫生管理条例》的规定,制定本细则。

第二条　公共场所经营者在经营活动中,应当遵守有关卫生法律、行政法规和部门规章以及相关的卫生标准、规范,开展公共场所卫生知识宣传,预防传染病和保障公众健康,为顾客提供良好的卫生环境。

第三条　卫生部主管全国公共场所卫生监督管理工作。

县级以上地方各级人民政府卫生行政部门负责本行政区域的公共场所卫生监督管理工作。

国境口岸及出入境交通工具的卫生监督管理工作由出入境检验检疫机构按照有关法律法规的规定执行。

铁路部门所属的卫生主管部门负责对管辖范围内的车站、等候室、铁路客车以及主要为本系统职工服务的公共场所的卫生监督管理工作。

第四条　县级以上地方各级人民政府卫生行政部门应当根据公共场所卫生监督管理需要,建立健全公共场所卫生监督队伍和公共场所卫生监测体系,制定公共场所卫生监督计划并组织实施。

第五条　鼓励和支持公共场所行业组织开展行业自律教育,引导公共场所经营者依法经营,推动行业诚信建设,宣传、普及公共场所卫生知识。

第六条　任何单位或者个人对违反本细则的行为,有权举报。接到举报的卫生行政部门应当及时调查处理,并按照规定予以答复。

第二章　卫生管理

第七条　公共场所的法定代表人或者负责人是其经营场所卫生安全的第一责任人。公共场所经营者应当设立卫生管理部门或者配备专(兼)职卫生管理人员,具体负责本公共场所的卫生工作,建立健全卫生管理制度和卫生管理档案。

第八条　公共场所卫生管理档案应当主要包括下列内容:

(一)卫生管理部门、人员设置情况及卫生管理制度;

(二)空气、微小气候(湿度、温度、风速)、水质、采光、照明、噪声的检

测情况;

（三）顾客用品用具的清洗、消毒、更换及检测情况;

（四）卫生设施的使用、维护、检查情况;

（五）集中空调通风系统的清洗、消毒情况;

（六）安排从业人员健康检查情况和培训考核情况;

（七）公共卫生用品进货索证管理情况;

（八）公共场所危害健康事故应急预案或者方案;

（九）省、自治区、直辖市卫生行政部门要求记录的其他情况。

公共场所卫生管理档案应当有专人管理,分类记录,至少保存两年。

第九条 公共场所经营者应当建立卫生培训制度,组织从业人员学习相关卫生法律知识和公共场所卫生知识,并进行考核。对考核不合格的,不得安排上岗。

第十条 公共场所经营者应当组织从业人员每年进行健康检查,从业人员在取得有效健康合格证明后方可上岗。患有痢疾、伤寒、甲型病毒性肝炎、戊型病毒性肝炎等消化道传染病的人员,以及患有活动性肺结核、化脓性或者渗出性皮肤病等疾病的人员,治愈前不得从事直接为顾客服务的工作。

第十一条 公共场所经营者应当保持公共场所空气流通,室内空气质量应当符合国家卫生标准和要求。

公共场所采用集中空调通风系统的,应当符合公共场所集中空调通风系统相关卫生规范和规定的要求。

第十二条 公共场所经营者提供给顾客使用的生活饮用水应当符合国家生活饮用水卫生标准要求。游泳场（馆）和公共浴室水质应当符合国家卫生标准和要求。

第十三条 公共场所的采光照明、噪声应当符合国家卫生标准和要求。

公共场所应当尽量采用自然光。自然采光不足的,公共场所经营者应当配置与其经营场所规模相适应的照明设施。

公共场所经营者应当采取措施降低噪声。

第十四条 公共场所经营者提供给顾客使用的用品用具应当保证卫生安全,可以反复使用的用品用具应当一客一换,按照有关卫生标准和要求清洗、消毒、保洁。禁止重复使用一次性用品用具。

第十五条 公共场所经营者应当根据经营规模、项目设置清洗、消毒、保洁、盥洗等设施设备和公共卫生间。

公共场所经营者应当建立卫生设施设备维护制度,定期检查卫生设施设备,确保其正常运行,不得擅自拆除、改造或者挪作他用。公共场所设置的卫生间,应当有单独通风排气设施,保持清洁无异味。

第十六条　公共场所经营者应当配备安全、有效的预防控制蚊、蝇、蟑螂、鼠和其他病媒生物的设施设备及废弃物存放专用设施设备,并保证相关设施设备的正常使用,及时清运废弃物。

第十七条　公共场所的选址、设计、装修应当符合国家相关标准和规范的要求。

公共场所室内装饰装修期间不得营业。进行局部装饰装修的,经营者应当采取有效措施,保证营业的非装饰装修区域室内空气质量合格。

第十八条　室内公共场所禁止吸烟。公共场所经营者应当设置醒目的禁止吸烟警语和标志。

室外公共场所设置的吸烟区不得位于行人必经的通道上。

公共场所不得设置自动售烟机。

公共场所经营者应当开展吸烟危害健康的宣传,并配备专(兼)职人员对吸烟者进行劝阻。

第十九条　公共场所经营者应当按照卫生标准、规范的要求对公共场所的空气、微小气候、水质、采光、照明、噪声、顾客用品用具等进行卫生检测,检测每年不得少于一次;检测结果不符合卫生标准、规范要求的应当及时整改。

公共场所经营者不具备检测能力的,可以委托检测。

公共场所经营者应当在醒目位置如实公示检测结果。

第二十条　公共场所经营者应当制定公共场所危害健康事故应急预案或者方案,定期检查公共场所各项卫生制度、措施的落实情况,及时消除危害公众健康的隐患。

第二十一条　公共场所发生危害健康事故的,经营者应当立即处置,防止危害扩大,并及时向县级人民政府卫生行政部门报告。

任何单位或者个人对危害健康事故不得隐瞒、缓报、谎报或者授意他人隐瞒、缓报、谎报。

第三章　卫生监督

第二十二条　国家对公共场所实行卫生许可证管理。

公共场所经营者应当按照规定向县级以上地方人民政府卫生行政部门申请卫生许可证。未取得卫生许可证的,不得营业。

公共场所卫生监督的具体范围由省、自治区、直辖市人民政府卫生行政部门公布。

第二十三条 公共场所经营者申请卫生许可证的,应当提交下列资料:

(一)卫生许可证申请表;

(二)法定代表人或者负责人身份证明;

(三)公共场所地址方位示意图、平面图和卫生设施平面布局图;

(四)公共场所卫生检测或者评价报告;

(五)公共场所卫生管理制度;

(六)省、自治区、直辖市卫生行政部门要求提供的其他材料。

使用集中空调通风系统的,还应当提供集中空调通风系统卫生检测或者评价报告。

第二十四条 县级以上地方人民政府卫生行政部门应当自受理公共场所卫生许可申请之日起20日内,对申报资料进行审查,对现场进行审核,符合规定条件的,作出准予公共场所卫生许可的决定;对不符合规定条件的,作出不予行政许可的决定并书面说明理由。

第二十五条 公共场所卫生许可证应当载明编号、单位名称、法定代表人或者负责人、经营项目、经营场所地址、发证机关、发证时间、有效期限。

公共场所卫生许可证有效期限为四年,每两年复核一次。

公共场所卫生许可证应当在经营场所醒目位置公示。

第二十六条 公共场所进行新建、改建、扩建的,应当符合有关卫生标准和要求,经营者应当按照有关规定办理预防性卫生审查手续。预防性卫生审查程序和具体要求由省、自治区、直辖市人民政府卫生行政部门制定。

第二十七条 公共场所经营者变更单位名称、法定代表人或者负责人的,应当向原发证卫生行政部门办理变更手续。

公共场所经营者变更经营项目、经营场所地址的,应当向县级以上地方人民政府卫生行政部门重新申请卫生许可证。

公共场所经营者需要延续卫生许可证的,应当在卫生许可证有效期届满30日前,向原发证卫生行政部门提出申请。

第二十八条 县级以上人民政府卫生行政部门应当组织对公共场所的健康危害因素进行监测、分析,为制定法律法规、卫生标准和实施监督管理提供科学依据。

县级以上疾病预防控制机构应当承担卫生行政部门下达的公共场所健康危害因素监测任务。

第二十九条　县级以上地方人民政府卫生行政部门应当对公共场所卫生监督实施量化分级管理，促进公共场所自身卫生管理，增强卫生监督信息透明度。

第三十条　县级以上地方人民政府卫生行政部门应当根据卫生监督量化评价的结果确定公共场所的卫生信誉度等级和日常监督频次。

公共场所卫生信誉度等级应当在公共场所醒目位置公示。

第三十一条　县级以上地方人民政府卫生行政部门对公共场所进行监督检查，应当依据有关卫生标准和要求，采取现场卫生监测、采样、查阅和复制文件、询问等方法，有关单位和个人不得拒绝或者隐瞒。

第三十二条　县级以上人民政府卫生行政部门应当加强公共场所卫生监督抽检，并将抽检结果向社会公布。

第三十三条　县级以上地方人民政府卫生行政部门对发生危害健康事故的公共场所，可以依法采取封闭场所、封存相关物品等临时控制措施。

经检验，属于被污染的场所、物品，应当进行消毒或者销毁；对未被污染的场所、物品或者经消毒后可以使用的物品，应当解除控制措施。

第三十四条　开展公共场所卫生检验、检测、评价等业务的技术服务机构，应当具有相应专业技术能力，按照有关卫生标准、规范的要求开展工作，不得出具虚假检验、检测、评价等报告。

技术服务机构的专业技术能力由省、自治区、直辖市人民政府卫生行政部门组织考核。

第四章　法律责任

第三十五条　对未依法取得公共场所卫生许可证擅自营业的，由县级以上地方人民政府卫生行政部门责令限期改正，给予警告，并处以五百元以上五千元以下罚款；有下列情形之一的，处以五千元以上三万元以下罚款：

（一）擅自营业曾受过卫生行政部门处罚的；

（二）擅自营业时间在三个月以上的；

（三）以涂改、转让、倒卖、伪造的卫生许可证擅自营业的。

对涂改、转让、倒卖有效卫生许可证的,由原发证的卫生行政部门予以注销。

第三十六条 公共场所经营者有下列情形之一的,由县级以上地方人民政府卫生行政部门责令限期改正,给予警告,并可处以二千元以下罚款;逾期不改正,造成公共场所卫生质量不符合卫生标准和要求的,处以二千元以上二万元以下罚款;情节严重的,可以依法责令停业整顿,直至吊销卫生许可证:

(一)未按照规定对公共场所的空气、微小气候、水质、采光、照明、噪声、顾客用品用具等进行卫生检测的;

(二)未按照规定对顾客用品用具进行清洗、消毒、保洁,或者重复使用一次性用品用具的。

第三十七条 公共场所经营者有下列情形之一的,由县级以上地方人民政府卫生行政部门责令限期改正;逾期不改的,给予警告,并处以一千元以上一万元以下罚款;对拒绝监督的,处以一万元以上三万元以下罚款;情节严重的,可以依法责令停业整顿,直至吊销卫生许可证:

(一)未按照规定建立卫生管理制度、设立卫生管理部门或者配备专(兼)职卫生管理人员,或者未建立卫生管理档案的;

(二)未按照规定组织从业人员进行相关卫生法律知识和公共场所卫生知识培训,或者安排未经相关卫生法律知识和公共场所卫生知识培训考核的从业人员上岗的;

(三)未按照规定设置与其经营规模、项目相适应的清洗、消毒、保洁、盥洗等设施设备和公共卫生间,或者擅自停止使用、拆除上述设施设备,或者挪作他用的;

(四)未按照规定配备预防控制鼠、蚊、蝇、蟑螂和其他病媒生物的设施设备以及废弃物存放专用设施设备,或者擅自停止使用、拆除预防控制鼠、蚊、蝇、蟑螂和其他病媒生物的设施设备以及废弃物存放专用设施设备的;

(五)未按照规定索取公共卫生用品检验合格证明和其他相关资料的;

(六)未按照规定对公共场所新建、改建、扩建项目办理预防性卫生审查手续的;

(七)公共场所集中空调通风系统未经卫生检测或者评价不合格而投入使用的;

(八)未按照规定公示公共场所卫生许可证、卫生检测结果和卫生信誉度等级的;

（九）未按照规定办理公共场所卫生许可证复核手续的。

第三十八条 公共场所经营者安排未获得有效健康合格证明的从业人员从事直接为顾客服务工作的,由县级以上地方人民政府卫生行政部门责令限期改正,给予警告,并处以五百元以上五千元以下罚款;逾期不改正的,处以五千元以上一万五千元以下罚款。

第三十九条 公共场所经营者对发生的危害健康事故未立即采取处置措施,导致危害扩大,或者隐瞒、缓报、谎报的,由县级以上地方人民政府卫生行政部门处以五千元以上三万元以下罚款;情节严重的,可以依法责令停业整顿,直至吊销卫生许可证。构成犯罪的,依法追究刑事责任。

第四十条 公共场所经营者违反其他卫生法律、行政法规规定,应当给予行政处罚的,按照有关卫生法律、行政法规规定进行处罚。

第四十一条 县级以上人民政府卫生行政部门及其工作人员玩忽职守、滥用职权、收取贿赂的,由有关部门对单位负责人、直接负责的主管人员和其他责任人员依法给予行政处分。构成犯罪的,依法追究刑事责任。

第五章 附则

第四十二条 本细则下列用语的含义:

集中空调通风系统,指为使房间或者封闭空间空气温度、湿度、洁净度和气流速度等参数达到设定的要求,而对空气进行集中处理、输送、分配的所有设备、管道及附件、仪器仪表的总和。

公共场所危害健康事故,指公共场所内发生的传染病疫情或者因空气质量、水质不符合卫生标准、用品用具或者设施受到污染导致的危害公众健康事故。

第四十三条 本细则自 2011 年 5 月 1 日起实施。卫生部 1991 年 3 月 11 日发布的《公共场所卫生管理条例实施细则》同时废止。

附录三 公共场所卫生相关标准及文件

公共场所卫生管理规范（GB 37487—2019）

公共场所卫生指标及限值要求（GB 37488—2019）

公共场所设计卫生规范 总则（GB 37489.1—2019）

公共场所设计卫生规范 住宿场所（GB 37489.2—2019）

公共场所设计卫生规范 人工游泳场所（GB 37489.3—2019）

公共场所设计卫生规范 沐浴场所（GB 37489.4—2019）

公共场所设计卫生规范 美容美发场所（GB 37489.5—2019）

公共场所卫生学评价规范（GB/T 37678—2019）

公共场所卫生检验方法 第 1 部分：物理因素（GB/T 18204.1—2013）

公共场所卫生检验方法 第 2 部分：化学污染物（GB/T 18204.2—2014）

公共场所卫生检验方法 第 3 部分：空气微生物（GB/T 18204.3—2013）

公共场所卫生检验方法 第 4 部分：公共用品用具微生物（GB/T 18204.4—2013）

公共场所卫生检验方法 第 5 部分：集中空调通风系统（GB/T 18204.5—2013）

公共场所卫生检验方法 第 6 部分：卫生监测技术规范（GB/T 18204.6—2013）

公共场所集中空调通风系统卫生规范（WS 394—2012）

公共场所集中空调通风系统卫生学评价规范（WS/T 395—2012）

室内空气质量标准（GB/T 18883—2002）

公共场所集中空调通风系统清洗消毒规范（WS/T 396—2012）

地表水环境质量标准（GB 3838—2002）

生活饮用水卫生标准（GB 5749—2006）

生活饮用水卫生规范（2001）

食品安全国家标准 包装饮用水（GB 19298—2014）

饮用净水水质标准（CJ 94—2005）